水利工程建设
与生态环境保护研究

闫金涛　戴　维　李　岱　著

吉林科学技术出版社

图书在版编目（CIP）数据

水利工程建设与生态环境保护研究 / 闫金涛，戴维，
李岱著 . -- 长春 : 吉林科学技术出版社，2023.7
ISBN 978-7-5744-0796-1

Ⅰ . ①水… Ⅱ . ①闫… ②戴… ③李… Ⅲ . ①水利建
设—研究②水环境—生态环境保护—研究 Ⅳ . ① TV
② X143

中国国家版本馆 CIP 数据核字 (2023) 第 166964 号

水利工程建设与生态环境保护研究

著	闫金涛 戴 维 李 岱
出 版 人	宛 霞
责任编辑	李玉玲
封面设计	道长矣
制 版	道长矣
幅面尺寸	185mm×260mm
开 本	16
字 数	281 千字
印 张	19.25
印 数	1-1500 册
版 次	2023年7月第1版
印 次	2024年2月第1次印刷

出 版 吉林科学技术出版社
发 行 吉林科学技术出版社
地 址 长春市福祉大路5788号
邮 编 130118
发行部电话/传真 0431-81629529 81629530 81629531
81629532 81629533 81629534
储运部电话 0431-86059116
编辑部电话 0431-81629518
印 刷 三河市嵩川印刷有限公司

书 号 ISBN 978-7-5744-0796-1
定 价 114.00元

前　言

随着当前经济的高速增长，资源环境约束进一步强化，环境保护正处于负重爬坡的艰难阶段。治污减排的压力有增无减，环境质量改善的压力不断加大，防范环境风险的压力持续增加，确保核与辐射安全的压力继续加大，应对全球环境问题的压力急剧加大。要破解发展经济与保护环境的难点，解决影响可持续发展和群众健康的突出环境问题，确保环保工作不断上台阶出亮点，必须充分依靠科技创新和科技进步，构建强大坚实的科技支撑体系。

本书主攻水利工程与环境保护方向，主要研究水利工程建设事项与生态环境保护措施，首先从水资源保护管理基础介绍入手，针对水资源开发与供需平衡进行了分析；其次深入水利水电工程建设，研究水利水电工程移民安置管理与监督、施工建设监理以及水利水电工程管理与控制实践，另外阐述了生态环境分析与保护的相关理论，并对城市生态水系规划与优化调控作了探讨；最后着重研究了水污染治理技术与水环境生态修复工程。对水资源开发、水利工程建设以及生态环境保护的现实应用有一定的借鉴意义。水利工程施工的过程中，可能会对施工区域周围环境产生一定的影响，在施工过程中一定要做好相应的防护措施，避免环境问题产生，有针对性地采取合理措施，以便后期进行管理和维护。

本书由闫金涛、戴维、李岱所著，具体分工如下：闫金涛（河南润安工程管理服务有限公司）负责第三章、第四章、第五章内容撰写，计10.1万字；戴维（湖北工业大学）负责第一章、第二章、第七章内容撰写，计10万字；李岱（北京市城市河湖管理处）负责第六章、第八章、第九章、第十章内容撰写，计8万字。

本书在撰写过程中，参考和借鉴了许多专家学者的文献资料和研究成果，具体已在参考文献中一一列出，在此向他们表示衷心的感谢！由于作者学识有限，修订成文时间较为紧张，因此书中难免有不妥和错误之处，欢迎广大读者批评指正。

目 录

第一章　水资源保护管理基础

第一节　水资源保护管理意义

一、水资源的重要性与用途

(一) 水资源的重要性

水资源的重要性主要体现在以下几个方面:

1. 生命之源

水是生命的摇篮,最原始的生命是在水中诞生的,水是生命存在不可缺少的物质。不同生物体内都拥有大量的水分,一般情况下,植物植株的含水率为60%~80%,哺乳类体内约有 65%,鱼类 75%,藻类 95%,成年人体内的水占体重的 65%~70%。此外,生物体的新陈代谢、光合作用等都离不开水,每人每日需要2~3 L 的水才能维持正常生存。

2. 文明的摇篮

没有水就没有生命,没有水更不会有人类的文明和进步。文明往往发源于大河流域,世界四大文明古国——古代埃及、古代巴比伦、古代印度和古代中国,最初都是以大河为基础发展起来的,尼罗河孕育了古埃及的文明,底格里斯河与幼发拉底河流域促进了古巴比伦王国的兴盛,恒河带来了古印度的繁荣,长江与黄河是华夏民族的摇篮。古往今来,人口稠密、经济繁荣的地区总是位于河流湖泊沿岸。沙漠缺水地带人烟往往比较稀少,经济也比较萧条。

3. 社会发展的重要支撑

水资源是社会经济发展过程中一种不可缺少的重要的自然资源,与人类社会的进步与发展紧密相连,是人类社会和经济发展的基础与支撑。农业用水方面,水资源是一切农作物赖以生存的基础物质,对农作物的重要作用表现在它几乎参与了农作物生长的每一个过程,农作物的发芽、生长、发育和结实都需要有足够的水分,当提供的水分不能满足农作物的生长需求时,农作物极有可能减产甚至死亡。工业用水方面,水是工业的血液,工业生产过程中的许多生产环节(如加工、冷却、净化、洗涤等) 都需要水的参与。每个工厂都要利用水来维持正常生产，没有足够的水量，工业生产就无法进行正常生产，水资源保证程度对工业发展规模起着非常重要的作用。生活用水方面，随着经济发展水平的不断提高，人们对生活质量的要求也不断提高，对水资源的需求量越来越大，若生活需水量无法得到满足，必然会成为制约社会进步与发展的一个"瓶颈"。

4. 生态环境基本要素

生态环境是影响人类生存与发展的水资源、土地资源、生物资源以及气候资源数量与质量的总称，是关系到社会和经济持续发展的复合生态系统。水资源是生态环境的基本要素，是良好的生态环境系统结构与功能的组成部分。水资源充沛，有利于营造良好的生态环境；水资源匮乏，则不利于营造良好的生态环境，如我国水资源比较缺乏的华北和西北干旱、半干旱区，大多是生态系统比较脆弱的地带。水资源比较缺乏的地区，随着人口的增长和经济的发展，会使本已比较贫乏的水资源进一步短缺，从而更容易产生生态环境问题，如草原退化、沙漠面积扩大、水体面积缩小、生物种类和种群减少。

(二) 水资源的用途

水资源是人类社会进步和经济发展的基本物质保证，人类的生产活动和生活活动都离不开水资源的支撑，水资源在许多方面都具有使用价值，主要有农业用水、工业用水、生活用水、生态环境用水、发电用水、航运用水、旅游用水等。

1. 农业用水

农业用水包括农田灌溉和林牧渔畜用水。农业用水是我国用水大户，农业用水量占总用水量的比例最大。农业用水中，农田灌溉用水是主要用水和耗水对象，采取有效节水措施，提高农田水资源利用效率，是缓解水资源供求矛盾的一个主要措施。

2. 工业用水

工业用水是工、矿企业的各部门，在工业生产过程 (或期间) 中，如制造、加工、冷却、空调、洗涤、锅炉等处使用的水及厂内职工生活用水的总称。工业用水是水资源利用的一个重要组成部分，由于工业用水组成十分复杂，工业用水的多少受工业类别、生产方式、用水工艺和水平以及工业化水平等因素的影响。

3. 生活用水

生活用水包括城市生活用水和农村生活用水两个方面，其中，城市生活用水包括城市居民住宅用水、市政用水、公共建筑用水、供热用水、环境景观用水和娱乐用水等；农村生活用水包括农村日常生活用水和家养禽畜用水等。

4. 生态环境用水

生态环境用水是指为达到某种生态水平，并维持这种生态平衡所需要的用水量。生态环境用水有一个阈值范围，如果生态环境用水量超过这个阈值范围，就会导致生态环境遭到破坏。许多水资源短缺的地区，在开发利用水资源时，往往不考虑生态环境用水，产生了许多生态环境问题。因此，进行水资源规划时，充分考虑生态环境用水，是这些地区修复生态环境的前提。

5. 水力发电

地球表面各种水体(河川、湖泊、海洋)蕴藏的能量，称为水能资源或水力资源。水力发电是利用水能资源生产电能。

6. 其他用途

水资源除了在上述的农业、工业、生活、生态环境和水力发电方面具有重要使用价值并得到广泛应用外，还可用于发展航运事业、渔业养殖和旅游事业等。在上述水资源的用途中，农业用水、工业水和生活用水的比例称为用水结构，用水结构能够反映出一个国家的工农发展水平和城市建设发展水平。

美国、日本和中国的农业用水量、工业用水量和生活用水量有显著差别。在美国，首先工业用水量最大，其次为农业用水量，最后为生活用水量；在日本，农业用水量最大，除个别年份外，工业用水量和生活用水量相差不大；在中国，首先农业用水量最大，其次为工业用水量，最后为生活用水量。

水资源的用途不同，对水资源本身产生的影响就不同，对水资源的要求也不尽相同，如水资源用于农业、生活和工业等部门时，这些用水部门会把水资源当作物质加以消耗。此外，这些用水部门对水资源的水质要求也不相同，当水资源用于水力发电、航运和旅游等部门时，被利用的水资源一般不会发生明显的变化。水资源具有多种用途，开发利用水资源时，要考虑水源的综合利用，不同用水部门对水资源的要求不同，这为水资源的综合利用提供了可能，但同时也要妥善解决不同用水部门对水资源要求不同而产生的矛盾。

二、水资源保护与管理的意义

水资源是基础自然资源，为人类社会进步和经济发展提供了基本的物质保证。由于水资源的固有属性(如有限性和分布不均匀性等)、气候条件的变化和人类的不合理开发利用，在水资源的开发利用过程中产生了许多水问题，如水资源短缺、水污染严重、洪涝灾害频繁、地下水过度开发、水资源开发管理不善、水资源浪费严重和水资源开发利用不够合理等，这些问题不仅限制了水资源的可持续发展，也阻碍了社会经济的可持续发展和人民生活水平的不断提高。因此，进行水资源的保护与管理是人类社会可持续发展的重要保障。

(一) 缓解和解决各类水问题

进行水资源保护与管理，有助于缓解或解决水资源开发利用过程中出现的各类水问题，如通过采取高效节水灌溉技术，减少农田灌溉用水的浪费，提高灌溉水利用率；通过提高工业生产用水的重复利用率，减少工业用水的浪费；通过建立合理的水费体制，减少生活用水的浪费；通过采取储蓄引水等措施，缓解一些地区的水资源短缺问题；通过对污染物进行达标排放与总量控制，以及提高水体环境容量等措施，改善水体水质，减少和杜绝水污染现象的发生；通过合理调配农业用水、工业用水、生活用水和生态环境用水之间的比例，改善生态环境，防止生态环境问题的发生；通过对供水、灌溉、水力发电、航运、渔业、旅游等用水部门进行水资源的优化调配，解决各用水部门之间的矛盾，减少不应有的损失；通过进一步加强地下水开发利用的监督与管理工作，完善地下水和地质环境监测系统，有效控制地下水的过度开发；通过采取工程措施和非工程措施改变水资源在空间分布和时间分布上的不均匀性，减轻洪涝灾害的影响。

(二) 提高人们的水资源管理和保护意识

水资源开采利用过程中产生的许多水问题，都是由于人类不合理利用以及缺乏保护意识造成的，通过让更多的人参与水资源的保护与管理，加强水资源保护与管理教育，以及普及水资源知识，进而增强人们的水治意识和水资源观念，提高人们的水资源管理和保护意识，人们会自觉地珍惜水，合理地用水，从而为水资源的保护与管理创造一个良好的社会环境与氛围。

(三) 保证人类社会的可持续发展

水是生命之源，是社会发展的基础，进行水资源保护与管理研究，建立科学合理的水资源保护与管理模式，实现水资源的可持续开发利用，能够确保人类生存、生活和生产，以及生态环境等用水的长期需求，从而为人类社会的可持续发展提供坚实的基础。

第二节　水资源多方位管理方法

水资源是生命之源。是实现经济社会可持续发展的重要保证；现在世界各国在经济社会发展中都面临水资源短缺、水污染和洪涝灾害等各种水问题，水问题对人类生存发展的威胁越来越大，因此，我国必须加强对水资源的管理，进行水资源的合理分配和优化调度，提高水资源开发利用水平和保护水资源的能力，保障经济社会的可持续发展。

一、水资源管理概述

(一)水资源管理的含义

对水资源管理的含义，国内外专家学者有着不同理解和定义，还没有统一的认识，目前，关于水资源管理的定义有以下几个方面：

①水资源管理是水资源开发利用的组织、协调、监督和调度。运用行政、法律、经济、技术和教育等手段，组织各种社会力量开发水利和防治水害；协调社会经济发展与水资源开发利用之间的关系，处理各地区、各部门之间的用水矛盾；监督、限制不合理的开发水资源和危害水源的行为；制定供水系统和水库工程的优化调度方案，科学分配水量。

②水资源管理是防止水资源危机，保证人类生活和经济发展的需要，运用行政、技术立法等手段对淡水资源进行管理的措施。水资源管理工作的内容包括调查水量，分析水质，进行合理规划、开发和利用，保护水源，防止水资源衰竭和污染等。同时也包括涉及与水资源的工作，如保护森林、草原、水生生物、植树造林、涵养水源、防止水土流失、防止土地盐渍化、沼泽化、沙化等。

③水资源管理是水行政主管部门综合运用法律、行政、经济、技术等手段，对水资源的分配、开发、利用、调度和保护进行管理，以求可持续地满足社会经济发展和生态环境改善对水的需求的各种活动的总称。

④水资源管理就是为保证特定区域内可以得到一定质和量的水资源，使之能够持久开发和永续利用，以最大限度地促进经济社会的可持续发展和改善环境而进行的各项活动(包括行政、法律、经济、技术等方面)。

⑤水资源管理是为支持实现可持续发展战略目标，在水资源及水环境的开发、治理、保护、利用过程中，所进行的统筹规划、政策指导、组织实施、协调控制监督检查等一系列规范性活动的总称。统筹规划是合理利用有限水资源的整体布局、

全面策划的关键；政策指导是进行水事活动决策的规则与指南；组织实施是通过立法、行政经济、技术和教育等形式组织社会力量，实施水资源开发利用的一系列活动实践；协调控制是处理好资源、环境与经济、社会发展之间的协同关系和水事活动之间的矛盾关系，控制好社会用水与供水的平衡和减轻水旱灾害损失的各种措施；监督检查则是不断提高水的利用率和执行正确方针政策的必需手段。

⑥ 水资源管理就是协调人水关系，是为了人类满足生命、生活、生产和生态等方面的水资源需求所采取的一系列工程和非工程措施之总和。

⑦ 依据水资源环境承载能力，遵循水资源系统自然循环功能，按照经济社会规律和生态环境规律，运用法规、行政、经济、技术、教育等手段，通过全面系统地优化配置水资源，对人们的涉水行为进行调整与控制，保障水资源开发利用与经济社会和谐持续发展。

⑧ 支撑从现在到未来社会及其福利而不破坏他们赖以生存的水文循环及生态系统的稳定性的水的管理与使用。

(二) 水资源管理的目标

水资源管理的最终目标是使有限的水资源创造最大的社会经济效益和生态环境效益，实现水资源的可持续利用和促进经济社会的可持续发展。

水资源管理的总要求是水量与水质并重，资源和环境管理一体化。水资源管理的基本目标如下：

1. 形成能够高效利用水的节水型社会

在对水资源的需求有新发展的形势下，必须把水资源作为关系到社会兴衰的重要因素来对待，并根据中国水资源的特点，厉行节约用水，大力保护并改善天然水质。

2. 建设稳定、可靠的城乡供水体系

在节水战略指导下，预测社会需水量的增长率将保持或略高于人口的增长率。在人口达到高峰以后，随着科学技术的进步，需水增长率将有所降低。应按照这个趋势制订相应计划以求解决各个时期的水供需平衡，提高枯水期的供水安全度，以及对特殊干旱等，并定期修正计划。

3. 建立综合性防洪安全的社会保障制度

由于人口的增长和经济的发展，遭遇洪水等灾难，社会经济造成的损失将比过去加重很多。中国的自然条件下江河洪水的威胁将长期存在。因此，要建立综合性防洪安全的社会保障体制，以有效地保护社会安全、经济繁荣和人民生命财产安全，以求在发生特大洪水的情况下，不致影响社会经济发展。

4.加强水环境系统的建设和管理，建成国家水环境监测网

水是维系经济和生态系统的最关键要素。通过建设国家和地方水环境监测网和信息网，掌握水环境质量状况，努力控制水污染发展的趋势，加强水资源保护，实行水量与水质并重、资源与环境一体化管理，以应对缺水与水污染的挑战。

（三）水资源管理的原则

水资源管理要遵循以下原则：

1.维护生态环境，实施可持续发展战略

生态环境是人类生存、生产与生活的基本条件，而水是生态环境中不可缺少的组成要素之一，在对水资源进行开发利用与管理保护时，必须把维护生态环境的良性循环放到突出位置，才可能为实施水资源可持续利用、保障人类和经济社会的可持续发展战略奠定坚实的基础。

2.地表水与地下水、水量与水质实行统一规划调度

地球上的水资源分为地表水资源与地下水资源，而且地表水资源与地下水资源之间存在一定关系，联合调度，统一配置和管理地表水资源和地下水资源，可以提高水资源的利用效率。水资源的水量与水质既是一组不同的概念，又是一组相辅相成的概念，水质的好坏会影响水资源量的多少。人们谈及水资源量的多少时，往往是指能够满足不同用水要求的水资源量，水污染的发生会减少水资源的可利用量，水资源的水量多少会影响水资源的水质。将同样量的污物排入不同水量的水体，由于水体的自净作用，水体的水质会产生不同程度的变化。在制订水资源开发利用规划时，水资源的水量与水质也需统一考虑。

3.加强水资源统一管理

水资源的统一管理包括：水资源应当按流域与区域相结合，实行统一规划、统一调度，建立权威、高效、协调的水资源管理体制；调蓄径流和分配水量，应当兼顾上下游和左右岸用水、航运、竹木流放、渔业和保护生态环境的需要；统一发放取水许可证与统一征收水资源费，取水许可证和水资源费体现了国家对水资源的权属管理、水资源配置规划和水资源有偿使用制度的管理；实施水务纵向一体化管理是水资源管理的改革方向，建立城乡水源统筹规划调配，从供水、用水、排水，到节约用水、污水处理及再利用、水源保护的全过程管理体制，要把水源开发、利用、治理、配置、节约、保护有机地结合起来，实现水资源管理在空间与时间的统一、水质与水量的统一、开发与治理的统一、节约与保护的统一，达到开发利用和管理保护水资源的最佳经济、社会、环境效益的结合。

4. 保障人民生活和生态环境基本用水，统筹兼顾其他用水

水资源的用途主要有农业用水、工业用水、生活用水、生态环境用水、发电用水、航运用水、旅游用水、养殖用水等。开发、利用水资源，应当首先满足城乡居民生活用水，并兼顾农业、工业、生态环境用水以及航运等需要。在干旱和半干旱地区开发、利用水资源，应当充分考虑生态环境用水需要。

5. 坚持开源节流并重、节流优先治污为本的原则

虽然我国水资源总量相对丰富，但人均拥有量少，在水资源的开发利用过程中，又面临水污染和水资源浪费等水问题，严重影响水资源的可持续利用，因此，进行水资源管理时，只有坚持开源节流并重、节流优先治污为本的原则，才能实现水资源的可持续利用。

6. 坚持按市场经济规律办事

发挥市场机制对促进水资源管理的重要作用。水资源管理中的水资源费和水费经济制度，以及谁耗费水量谁补偿、谁污染水质谁补偿、谁破坏生态环境谁补偿的补偿机制，确立全成本水价体系的定价机制和运行机制，水资源使用权和排水权的市场交易运作机制和规则等，都应在政府宏观监督管理下，运用市场机制和社会机制的规则，管理水资源，发挥市场调节在配置水资源和促进合理用水、节约用水中的作用。

7. 坚持依法治水的原则

进行水资源管理时，必须严格遵守相关的法律法规和规章制度，如《中华人民共和国水法》《中华人民共和国水污染防治法》《中华人民共和国水土保持法》《中华人民共和国环境保护法》等。

8. 坚持水资源属于国家所有的原则

水资源属于国家所有，水资源的所有权由国务院代表国家行使，这从根本上确立了我国的水资源所有权原则。坚持水资源属于国家所有，是进行水资源管理的基本点。

9. 坚持公众参与和民主决策的原则

水资源的所有权属于国家，任何单位和个人引水、截（蓄）水、排水，不得损害公共利益和他人的合法权益，这使水资源具有公共性的特点，成为社会的共同财富，任何单位和个人都有享受水资源的权利，因此，公共参与和民主决策是实施水资源管理工作时需要坚持的一个原则。

（四）水资源管理的内容

水资源管理是一项复杂的水事行为，涉及的内容很多，综合国内外学者的研究，

本书提出的水资源管理主要包括水资源水量与质量管理、水资源法律管理、水资源水权管理、水资源行政管理、水资源规划管理、水资源合理配置管理、水资源经济管理、水资源投资管理、水资源统一管理、水资源管理的信息化、水灾害防治管理、水资源宣传教育、水资源安全管理等。

1.水资源水量与质量管理

水资源水量与质量管理是水资源管理的基本组成内容之一，水资源水量与质量管理包括水资源水量管理、水资源质量管理，以及水资源水量与水资源质量的综合管理。

2.水资源法律管理

法律是国家制定或认可的，由国家强制力保证实施的行为规范，以规定当事人权利和义务为内容的具有普遍约束力的社会规范。法律是国家和人民利益的体现和保障。水资源法律管理是通过法律手段强制性管理水资源行为。水资源的法律管理是实现水资源价值和可持续利用的有效手段。

3.水资源水权管理

水资源水权是指水的所有权、开发权、使权以及与水开发利用有关的各种用水权利的总称。水资源水权是调节个人之间、地区与部门之间以及个人、集体与国家之间使用水资源及相邻资源的一种权益界定的规则。水资源属于国家所有，水资源的所有权由国务院代表国家行使。

4.水资源行政管理

水资源行政管理是指与水资源相关的各类行政管理部门及其派出机构，在宪法和其他相关法律、法规的规定范围内，对于与水资源有关的各种社会公共事务进行的管理活动，不包括水资源行政组织对内部事务的管理。

5.水资源规划管理

开发、利用、节约、保护水资源和防治水害，应当按照流域、区域统一制订规划。规划分为流域规划和区域规划，流域规划包括流域综合规划和流域专业规划，区域规划包括区域综合规划和区域专业规划。综合规划是指根据经济社会发展需要和水资源开发利用现状编制的开发、利用、节约、保护水资源和防治水害的总体部署。专业规划是指防洪、治涝、灌溉、航运、供水、水力发电、竹木流放、渔业、水资源保护、水土保持、防沙治沙、节约用水等规划。

6.水资源合理配置管理

水资源合理配置方式是水资源持续利用的具体体现。水资源配置如何关系到水资源开发利用的效益、公平原则和资源、环境可持续利用能力的强弱。全国水资源的宏观调配由国务院发展计划主管部门和国务院水行政主管部门负责。

7. 水资源经济管理

水资源是有价值的，水资源经济管理是通过经济手段对水资源利用进行调节和干预。水资源经济管理是水资源管理的重要组成部分，有助于增强社会公众的节水意识和环境意识，对于遏止水环境恶化和缓解水资源危机具有重要作用，是实现水资源可持续利用的重要经济手段。

8. 水资源投资管理

为维护水资源的可持续利用，必须要保证水资源的投资。此外，水资源投资面临短缺时，如何提高水资源的投资效益也是非常重要的。

9. 水资源统一管理

对水资源进行统一管理，实现水资源管理在空间与时间的统一、质与量的统一、开发与治理的统一、节约与保护的统一，为实施水资源的可持续利用提供基本支撑条件。

10. 水资源管理的信息化

水资源管理是一项复杂的水事行为，需要收集和处理大量的信息，在复杂的信息中又需要及时得到处理结果，提出合理的管理方案，使用传统的方法很难达到这一要求。基于现代信息技术，建立水资源管理信息系统，能显著提高水资源的管理水平。

11. 水灾害防治管理

水灾害是影响我国最广泛的自然灾害，也是我国经济建设、社会稳定敏感度最大的自然灾害。危害最大、范围最广、持续时间较长的水灾害有干旱、洪水、涝渍、风暴潮、灾害性海浪、泥石流、水生态环境灾害。

12. 水资源宣传教育

通过书刊、报纸、电视、讲座等多种形式与途径，向公众宣传有关水资源信息和业务准则，提高公众对水资源的认识。同时，搭建不同形式的公众参与平台，提高公众对水资源管理的参与意识，为实施水资源的可持续利用奠定广泛与坚实的群众基础。

13. 水资源安全管理

水资源安全是水资源管理的最终目标。水资源是人类赖以生存和发展不可缺少的一种宝贵资源，也是自然环境的重要组成部分，因此，水资源安全是人类生存与社会可持续发展的基础条件。

二、水资源水量及水质管理

(一) 水资源水量管理

1. 水资源总量

水资源总量是地表水资源量和地下水资源量两者之和，这个总量应是扣除地表水与地下水重复量之后的地表水资源和地下水资源天然补给量的总和。由于地表水和地下水相互联系和相互转化，故在计算水资源总量时，需地表水与地下水相互转化的重复水量。水资源总量的计算公式为：

$$W = R + Q - D$$

式中，W 为水资源总量；R 为地表水资源量；Q 为地下水资源量；D 为地表水与地下水相互转化的重复水量。

水资源总量中可能被消耗利用的部分称为水资源可利用量，包括地表水资源可利用量和地下水资源可利用量。水资源可利用量是指在可预见的时期内，在统筹考虑生活、生产和生态环境用水的基础上，通过经济合理、技术可行的措施，在当地水资源中可一次性利用的最大水量。

2. 水资源供需平衡管理

水是基础性的自然资源和战略性的经济资源，是生态环境的控制性要素。水资源的可持续利用，是城市乃至国家经济社会可持续发展极为重要的保证，也是维护人类环境的极为重要的保证。我国人均、亩均占有水资源量少，水资源时空分布极为不均匀。特别是西北干旱、半干旱区，水资源是制约当地社会经济发展和生态环境改善的主要因素。

(1) 水资源供需平衡分析的意义

城市水资源供需平衡分析是指在一定范围内 (行政、经济区域或流域) 不同时期的可供水量和需水量的供求关系分析。其目的一是通过可供水量和需水量的分析，弄清楚水资源总量的供需现状和存在的问题；二是通过不同时期、不同部门的供需平衡分析，预测未来水资源余缺的时空分布；三是针对水资源供需矛盾，进行开源节流的总体规划，明确水资源综合开发利用保护的主要目标和方向，以实现水资源的长期供求计划。因此，水资源供需平衡分析是国家和地方政府制订社会经济发展计划和保护生态环境必须进行的行动，也是进行水源工程和节水工程建设，加强水资源、水质和水生态系统保护的重要依据。开展此项工作，有助于使水资源的开发利用获得最大的经济、社会和环境效益，满足社会经济发展对水量和水质日益增长的要求，同时在维护资源的自然功能，以及维护和改善生态环境的前提下，实现社会经济的可持续发展，使水资源承载力、水环境承载力相协调。

（2）水资源供需平衡分析的原则

水资源供需平衡分析涉及社会、经济、环境、生态等方面，无论是从可供水量还是需水量方面分析，牵涉面广且关系复杂。因此，水资源供需平衡分析必须遵循以下原则。

① 长期与近期相结合原则：水资源供需平衡分析实质上就是对水的供给和需求进行平衡计算。水资源的供与需不仅受自然条件的影响，更重要的是受人类活动的影响。在社会不断发展的今天，人类活动对供需关系的影响已经成为基本的因素，而这种影响又随着经济条件的不断改善而发生阶段性的变化。因此，进行水资源供需平衡分析时，必须有中长期的规划，做到未雨绸缪，而不是临渴掘井。

对水资源供需平衡作具体分析时，根据长期与近期原则，可以分成以下几个阶段：现状水资源供需分析，即对近几年来本地区水资源实际供水、需水的平衡情况，以及在现有水资源设施和各部门需水的水平下，对本地区水资源的供需平衡情况进行分析；今后5年内水资源供需分析，它是在现状水资源供需分析的基础上，结合国民经济五年计划对供水与需求的变化情况进行供需分析；今后10年或20年内水资源供需分析，必须紧密结合本地区的长远规划来考虑，同样也是本地区国民经济远景规划的组成部分。

② 宏观与微观相结合原则，即大区域与小区域相结合，单一水源与多个水源相结合，单一用水部门与多个用水部门相结合。水资源具有区域分布不均匀的特点，在进行全省或全市（县）的水资源供需平衡分析时，往往以整个区域内的平衡值来计算，这就势必造成全局与局部矛盾。大区域内水资源平衡了，各小区域内可能有亏有盈。因此，在进行大区域的水资源供需平衡分析后，还必须进行小区域的供需平衡分析，只有这样才能反映各小区域的真实情况，从而提出切实可行的措施。

在进行水资源供需平衡分析时，除了对单一水源地（如水库和机井群）的供需平衡加以分析外，更应重视对多个水源地联合起来的供需平衡进行分析，这样可以最大限度地发挥各水源地的调解能力和提高供水保证率。

由于各用水部门对水资源的量与质的要求不同，对供水时间的要求也相差较大。因此在实践中许多水源是可以重复交叉使用的。例如，内河航运与养鱼、环境用水相结合，城市河湖用水、环境用水和工业冷却水相结合等。一个地区水资源利用得是否科学，重复用水量是一个很重要的指标。因此，在进行水资供需平衡分析时，除考虑单一用水部门的特殊需要外，本地区各用水部门应综合起来统一考虑，否则可能会造成很大的损失。这对一个地区的供水部门尚未确定安置地点的情况尤为重要。这项工作完成后可以提出哪些部门设在上游，哪些部门设在下游，或哪些部门可以放在一起等合理的建议，为将来水资源合理调度创造条件。

③ 科技、经济、社会三位一体统一考虑原则：对现状或未来水资源供需平衡的分析都涉及技术和经济方面的问题、行业间的矛盾以及省市之间的矛盾等社会问题。在解决实际的水资源供需不平衡的许多措施中，被采用的可能是技术上合理，而经济上并不一定合理的措施；也可能是矛盾最小，但技术与经济上都不合理的措施。因此，在进行水资源供需平衡分析时，应统一考虑以下三种因素，即社会矛盾最小、技术与经济都较合理，并且综合起来最为合理（对某一因素而言并不一定是最合理的）。

④ 水循环系统综合考虑原则：水循环系统指的是人类利用天然的水资源时所形成的社会循环系统。人类开发利用水资源经历三个系统：供水系统、用水系统、排水系统。这三个系统彼此联系、相互制约。从水源地取水，经过城市供水系统净化，提升至用水系统；经过使用后，受到某种程度的污染流入城市排水系统；经过污水处理厂处理后，一部分退至下游，另一部分达到再生水回用标准重新返回到供水系统，被用户再利用，从而形成了水的社会循环。

(3) 水资源供需平衡分析的方法

水资源供需平衡分析必须根据一定的雨情、水情来进行，主要有两种分析方法：一种为系列法，另一种为典型年法（或称代表年法）。系列法是按雨情、水情的历史系列资料进行逐年的供需平衡分析计算；典型年法仅是根据有代表性的几个不同年份的雨情、水情进行分析计算，而不必逐年计算。这里必须强调，无论采用何种分析方法，所采用的基础数据（如水文系列资料、水文地质的有关参数等）的质量均是至关重要的，其将直接影响到供需分析成果的合理性和实用性。下面介绍两种方法：一种叫典型年法，另一种叫水资源系统动态模拟法（系列法的一种）。在了解两种分析方法之前，首先介绍一下供水量和需水量的计算与预测。

① 供水量的计算与预测：可供水量是指不同水平年、不同保证率或不同频率条件下通过工程设施可提供的符合一定标准的水量，包括区域内的地表水、地下水外流域的调水，污水处理回用和海水利用等。它有别于工程实际的供水量，也有别于工程最大的供水能力，不同水平年意味着计算可供水量时，要考虑现状近期和远景的几种发展水平的情况，是一种假设的来水条件。用不同保证率或不同频率条件表示计算可供水量时，要考虑丰水期、平水期、枯水期几种不同的来水情况，保证率是指工程供水的保证程度（或破坏程度），可以通过系列调算法进行计算习得。频率一般表示来水的情况，在计算可供水量时，既表示要按来水系列选择代表年，也表示应用代表年法来计算可供水量。

可供水量的影响因素：

a. 来水条件：由于水文现象的随机性，将来的来水是不可预知的，因而将来的可供水量随不同水平年的来水变化及其年内的时空变化而变化。

b. 用水条件：由于可供水量有别于天然水资源量，例如，只有农业用户的河流引水工程，虽然可以长年引水，但非农业用水季节所引水量没有用户，不能算为可供水量。又如，河道的冲淤用水、河道的生态用水，都会直接影响河道外的直接供水的可供水量；河道上游的用水要求也直接影响下游的可供水量。因此，可供水量是随用水特性、合理用水和节约用水等条件的变化而变化的。

c. 工程条件：工程条件决定了供水系统的供水能力。现有工程参数的变化，不同的调度运行条件以及不同发展时期新增工程设施，都将决定出不同的供水能力。

d. 水质条件：可供水量是指符合一定使用标准的水量，不同用户有不同的标准。在供需分析中计算可供水量时要考虑到水质量。例如，从多沙河流引水，高含沙量河水就不宜引用；高矿化度地下水不宜开采用于灌溉；对于城市的被污染水、废污水，在未经处理和论证时也不能算作可供水量。

总之，可供水量不同于天然水资源量，也不等于可利用水资源量。一般情况下，可供水量小于天然水资源量，也小于可利用水源量。对于可供水量，要分类、分工程、分区逐项逐时段计算，最后还要汇总成全区域的总供水量。

② 需水量的计算与预测：需水量可分为河道内用水和河道外用水两大类。河道内用水包括水力发电、航运、放牧、冲淤、环境、旅游等，主要利用河水的势能和生态功能，基本上不消耗水量、不污染水质，属于非耗损性清洁用水。河道外用包括生活需水量、工业需水量、农业需水量、生态环境需水量四种。

生活需水量是指为满足居民高质量生活所需要的用水量。生活需水量分为城市生活需水量和农村生活需水量，城市生活需水量是供给城市居民生活的用水量，包括居民家庭生活用水和市政公共用水两部分。居民家庭生活用水是指维持日常生活的家庭和个人需水，主要指饮用和洗涤等室内用水；市政公共用水包括饭店、学校、医院、商店、浴池、洗车场、公路冲洗、消防、公用厕所、污水处理厂等场所用水。农村生活需水量可分为农村家庭需水量、家养禽畜需水量等。

工业需水量是指在一定的工业生产水平下，为实现一定的工业生产产品量所需要的用水量。工业需水量分为城市工业需水量和农村工业需水量。城市工业需水量是供给城市工业企业的工业生产用水，一般是指工业企业生产过程中，用于制造、加工、冷却、空调、制造、净化、洗涤和其他方面的用水，也包括工业企业内工作人员的生活用水。

农业需水量是指在一定的灌溉技术条件下供给农业灌溉、保证农业生产产量所需要的用水量，主要取决于农作物品种、耕作与灌溉方法。农业需水量分为种植业需水量、畜牧业需水量、林果业需水量和渔业需水量。

生态环境需水量是指为达到某种生态水平，并维持这种生态系统平衡所需要的用水量。

生态环境需水量由生态需水量和环境需水量两部分构成。生态需水量是达到某种生态水平或者维持某种生态系统平衡所需要的水量，包括维持天然植被所需水量、水土保持及水土保持范围外的林草植被建设所需水量以及保护水生物所需水量；环境需水量是为保护和改善人类居住环境及其水环境所需要的水量，包括改善用水水质所需水量、协调生态环境所需水量、回补地下水量、美化环境所需水量及休闲旅游所需水量。

用水定额是用水核算单元规定或核定的使用新鲜水的水量限额，即单位时间内，单位产品、单位面积或人均生活所需要的用水量。用水定额一般可分为生活用水定额、工业用水定额和农业用水定额三部分。核算单元，对于城市生活用水可以是人、床位、面积等；对于城市工业用水可以是某种单位产品、单位产值等；对于农业用水可以是灌溉面积、单位产量等。

用水定额随社会、科技进步和国民经济发展而变化，经济发展水平、地域、城市规模工业结构、水资源重复利用率、供水条件、水价、生活水平、给排水及卫生设施条件、生活方式等，都是影响用水定额的主要因素。如生活用水定额随社会的发展、文化水平提高而逐渐提高。通常住房条件较好、给水设备较完善、居民生活水平相对较高的大城市，生活用水定额也较高。而工业用水定额和农业用水定额因科技进步而逐渐降低。

用水定额是计算与预测需水量的基础，需水量计算与预测的结果正确与否，与用水定额的选择有极大的关系，应该根据节水水平和社会经济的发展，通过综合分析和比较，确定适应地区水资源状况和社会经济特点的合理用水定额。

城市生活需水量取决于城市人口、生活用水定额和城市给水普及率等因素。我国城市生活用水定额主要包括人均综合用水定额和居民生活用水定额，可按照相关标准及设计规范所规定的指标值选取。

城市综合用水指标是指从加强城市水资源宏观控制、合理确定城市用水需求的目的出发，为城市水资源总量控制管理以及城市相关规划服务，反映城市总体用水水平的特定用水指标。城市综合用水指标包括人均综合用水指标、地均综合用水指标、经济综合用水指标三类。人均综合用水指标是指将城市用总量折算到城市人口特定指标上所反映的用水量水平。综合生活用水为城市居民日常生活用水和公共建筑用水之和，不包括浇洒道路、绿地市政用水和管网漏失水量。

农业用水定额主要包括农业灌溉用水定额和畜禽养殖业用水定额。由于农业用水量中约90%以上为灌溉用水量,所以对农业灌溉用水定额的研究较多,资料也较丰富。

农业灌溉用水定额指某一种作物在单位面积上的各次灌水定额总和,即在播种前以及全生育期内单位面积上的总灌水量。其中,灌水时间和灌水次数根据作物的需水要求和土壤水分状况来确定,以达到适时适量灌溉。

对于作物灌溉用水定额,由于干旱年和丰水年的交替变换,同一地区的同一种作物的灌溉定额是不同的;不同地区和不同年份的同一种作物,也会因降水、蒸发等气候上的差异和不同性质的土壤而使灌溉定额有很大的不同;因灌水技术的改变,如采用地面灌溉、喷灌、滴灌、地下灌溉等不同技术,灌溉定额也会随之发生改变。

进行农业需水量计算与预测分析时,综合考虑地理位置、地形、土壤、气候条件、水资源特征及管理等因素,结合水资源综合利用、农业发展及节水灌溉发展等规划,根据研究区域所属的不同省份、省内不同分区或不同作物类型及灌溉方式,按照各省现行或在编的灌溉定额标准制定合理适宜的农业灌溉用水定额。

随着经济与城市化进程发展,我国用水人口相应增加,城市居民生活水平不断提高,公共市政设施范围不断扩大与完善,用水量不断增加。影响城市生活需水量的因素有很多,如城市规模、人口数量、所处地域、住房面积、生活水平、卫生条件、市政公共设施、水资源条件等,其中最主要的影响因素是人口数量和人均用水定额。

农业用水主要包括农业灌溉、林牧灌溉、渔业用水及农村居民生活用水、农村工业企业用水等。与城市工业和生活用水相比,农业用水具有面广量大、一次性消耗的特点,而且受气候的影响较大,同时也受作物的组成和生长期的影响。农业灌溉用水是农业用水的主要组成部分,约占90%以上,所以可依据农业灌溉需水量计算农业需水量。农业灌溉用水的保证率要低于城市工业用水和生活用水的保证率。因此,当水资源短缺时,一般要减少农业用水以保证城市工业用水和生活用水的需要。区域水资源供需平衡分析研究所关心的是区域的农业用水现状和对未来不同水平年、不同保证率需水量的预测,因为其大小和时空分布极大地影响了区域水资源的供需平衡。

(二) 水资源水质管理

水体的水质标志着水体的物理 (如色度、浊度、臭味等)、化学 (无机物和有机物的含量) 和生物 (细菌、微生物、浮游生物、底栖生物) 的特性及其组成的状况。在水文循环过程中,天然水水质会发生一系列复杂的变化,所以自然界中完全纯净的水是不存在的，水体的水质一方面取决于水体的天然水质，另一方面取决于随着人口和工农业的发展而导致水质水体受到污染。因此，要对水资源的水质进行管理，通过调查水资源的污染源实行水质监测，进行水质调查和评价，制定有关法规和标准，制订水质规划等。水资源水质管理的目标是维持地表水和地下水的水质量达到国家规定的不同要求标准，特别是保证饮用水源地不受污染，以及风景游览区和生活区水体不致发生富营养化和变臭。

1.地表水环境质量标准

依据地表水水域环境功能和保护目标，按功能高低依次划分为五类：

Ⅰ类：主要适用于源头水、国家自然保护区。

Ⅱ类：主要适用于集中式生活饮用水水源地一级保护区、珍稀水生生物栖息地、鱼虾类产卵场、仔稚幼鱼的索饵汤等。

Ⅲ类：主要适用于集中式生活饮用水水源地二级保护区、鱼虾类越冬场、洄游通道、水产养殖区等渔业水域及游泳区。

Ⅳ类：主要适用于一般工业用水区及人体非直接接触的娱乐用水区。

Ⅴ类：主要适用于农业用水区及一般景观要求水域。

对应地表水上述五类水域功能，将地表水环境质量标准基本项目标准值分为五类，不同功能类别分别执行相应类别的标准值。同一水域兼有多类使用功能的，执行最高功能类别对应的标准。

正确认识我国水资源质量现状，加强对水环境的保护和治理是我国水资源管理工作的一项重要内容。

2.地下水质量标准

依据我国地下水水质现状、人体健康基准值及地下水质量保护目标，并参照生活饮用水、工业用水水质要求，将地下水质量划分为五类：

Ⅰ类：主要反映地下水化学组分的天然背景含量。适用于各种用途。

Ⅱ类：主要反映地下水化学组分的天然背景含量。适用于各种用途。

Ⅲ类：以人体健康基准值为依据。主要适用于集中式生活饮用水及工、农业用水。

Ⅳ类：以农业和工业用水要求为依据。除适用于农业和部分工业用水外，适当处理后可作生活饮用水。

Ⅴ类：不宜饮用，其他用水可根据使用目的选用。

对应地下水上述五类质量用途，将地下水环境质量标准基本项目标准值分为五类，针对不同质量类别分别执行相应类别的标准值。

据有关部门统计，我国地下水环境并不乐观，地下水污染问题日趋严重，我国北方丘陵山区及山前平原地区的地下水水质较好，中部平原地区地下水水质较差，滨海地区地下水水质量差，南方大部分地区的地下水水质较好，可直接作为饮用水饮用。我国约有 7000 万人仍在饮用不符合饮用水水质标准的地下水。

（三）水资源水量与水质统一管理

水资源为可以利用或有可能被利用的水源，具有足够的数量和可用的质量，并能在某一地点为满足某种用途而可被利用。从水资源的定义来看，水资源包含水量和水质两个方面，是"水量"和"水质"的有机结合，二者互为依存，缺一不可。

造成水资源短缺的因素有很多，其中，两个主要因素是资源性缺水和水质性缺水，资源性缺水是指当地水资源总量少，不能适应经济发展的需要，形成供水紧张；水质性缺水是大量排放的废污水造成淡水资源受污染而短缺的现象。很多时候，水资源短缺并不是由于资源性缺水造成的，而是由于水污染，水资源的水质达不到用水要求。

水体本身具有自净能力，只要进入水体的污染物的量不超过水体自净能力的范围，便不会对水体造成明显的影响，而水体的自净能力与水体的水量有密切的关系，同等条件下，水体的水量越大，允许容纳的污染物的量越多。

地球上的水体受太阳能的作用，不断地进行相互转换和周期性的循环过程。在水循环过程中，水不断地与其周围的介质发生复杂的物理和化学作用，从而形成自己的物理性质和化学成分，所以自然界中完全纯净的水是不存在的。因此，进行水资源水量和水质管理时，需对水量与水质进行统一管理，只考虑水量或者水质，都是不可取的。

三、水价管理

水资源管理措施可分为制度性和市场性两种手段。对于水资源的保护，制度性手段可限制不必要的用水，市场性手段是用价格刺激自愿保护，市场性管理就是应用价格的杠杆作用，调节水资源的供需关系，达到资源管理的目的。一个完善合理的水价体系是我国现代水权制度和水资源管理体制建设的必要保障。价格是价值的货币表现，研究水资源价格首先需要研究水资源价值。

（一）水资源价值

1. 水资源价值论

对于水资源有无价值，国内外学术界有不同的解释。研究水资源是否具有价值的理论学说有劳动价值论、效用价值论、生态价值论和哲学价值论等。

（1）劳动价值论

马克思在其政治经济学理论中，把价值定义为抽象劳动的凝结，即物化在商品中的抽象劳动。价值量的大小取决于商品所消耗的社会必要劳动时间的多少，即在社会平均的劳动熟练程度和劳动强度下，制造某种使用价值所需的劳动时间。运用马克思的劳动价值论来考察水资源的价值，关键在于水资源是否凝结着人类的劳动。

对于水资源是否凝结着人类的劳动，存在两种观点：一种观点认为，自然状态下的水资源是自然界赋予的天然产物，不是人类创造的劳动产品，没有凝结人类的劳动，因此，水资源不具有价值；另一种观点认为，随着时代的变迁，当今社会早已不是马克思所处的年代，水资源是具有价值的。在过去，水资源的可利用量相对比较充裕，不需要人们再付出具体劳动就会自我更新和恢复，因而在这一特定的历史条件下，水资源似乎是没有价值的。而随着社会经济的高速发展，水资源短缺等问题日益严重，这表明水资源仅依靠自然界的自然再生产已不能满足日益增长的经济需求，我们必须付出一定的劳动参与水资源的再生产，水资源具有价值又正好符合劳动价值论的观点。

上述两种观点都是以水资源是否物化人类的劳动为出发点展开论证，但得出的结论截然相反，究其原因，主要是劳动价值论是否适用于现代的水资源。随着时代的变迁和社会的发展与进步，单纯地利用劳动价值论来解释水资源是否具有价值是有一定困难的。

（2）效用价值论

效用价值论是从物品满足人的欲望能力或人对物品效用的主观评价角度来解释价值及其形成过程的经济理论。物品的效用是指物品满足人的欲望的程度。价值则是人对物品满足人的欲望的主观估价。

效用价值论认为，一切生产活动都是创造效用的过程，然而人们获得效用却不一定非要通过生产来实现，效用不但可以通过大自然的赐予获得，而且人们的主观感觉也是效用的一个源泉。只要人们的某种欲望或需要得到了满足，人们就获得了某种效用。

边际效用论是效用价值论后期发展的产物，边际效用是指在不断增加某一消费品所取得一系列递减的效用中，最后一个单位所带来的效用。边际效用论主要包括四个观点：价值起源于效用，效用是形成价值的必要条件又以物品的稀缺性为条件，效用和稀缺性是价值得以出现的充分条件；价值取决于边际效用量，即满足人的最后的或最小欲望的那一单位商品的效用；边际效用递减和边际效用均等规律，边际效用递减规律是指人们对某种物品的欲望程度随着享用的该物品数量的不断增加而递减，边际效用均等规律（边际效用均衡定律）是指不管几种欲望最初绝对量如何，最终使各种欲望满足的程度彼此相同，才能使人们从中获得的总效用达到最大；效用量是由供给和需求之间的状况决定的，其大小与需求强度成正比，物品价值最终由效用性和稀缺性共同决定。

根据效用价值理论——凡是有效用的物品都具有价值，很容易得出水资源具有价值。因为水资源是生命之源、文明的摇篮、社会发展的重要支撑和构成生态环境的基本要素，对人类具有巨大的效用。此外，水资源短缺已成为全球性问题，水资源满足既短缺又有用的条件。

根据效用价值理论，很容易得出水资源具有价值，但效用价值论也存在几个问题，如效用价值论与劳动价值论相对抗，将商品的价值混同于使用价值或物品的效用，效用价值论决定价值的尺度是效用。

2. 水资源价值的内涵

水资源价值可以利用劳动价值论、效用价值论、生态价值论和哲学价值论等进行研究和解释，但无论用哪种价值论来解释水资源价值，水资源价值的内涵都主要表现在以下三个方面。

（1）稀缺性

稀缺性是资源价值的基础，也是市场形成的根本条件，只有稀缺的东西才具有经济学意义上的价值，才会在市场上有价格。对水资源价值的认识，是随着人类社会的发展和水资源稀缺性的逐步提高（水资源供需关系的变化）而逐渐发展和形成的，水资源价值也存在从无到有、由低向高的演变过程。

资源价值首要体现的是其稀缺性，水资源具有时空分布不均匀的特点，水资源价值的大小也是其在不同地区不同时段稀缺性的体现。

（2）资源产权

产权是与物品或劳务相关的一系列权利。产权是经济运行的基础，商品和劳务买卖的核心是产权的转让，产权是交易的基本先决条件。资源配置、经济效率和外部性问题都和产权密切相关。

从资源配置角度来看，产权主要包括所有权、使用权、收益权和转让权。要实现资源的最优配置，转让权是关键。要体现水资源的价值，一个很重要的方面就是对其产权的体现。产权体现了所有者对其拥有的资源的一种权利，是规定使用权的一种法律手段。

水流等自然资源属于国家所有，禁止任何组织或者个人用任何手段侵占或者破坏自然资源。水资源属于国家所有，水资源的所有权由国务院代表国家行使；国家鼓励单位和个人依法开发、利用水资源，并保护其合法权益，开发、利用水资源的单位和个人有依法保护水资源的义务。国家对水资源拥有产权，任何单位和个人开发利用水资源,即是水资源使用权的转让,需要支付一定的费用,这是国家对水资源所有权的体现,这些费用也正是水资源开发利用过程中所有权及其所包含的其他一些权利(使用权等)的转让的体现。

(3)劳动价值

水资源价值中的劳动价值主要是指水资源所有者为了在水资源开发利用和交易中处于有利地位,需要通过水文监测、水资源规划和水资源保护等手段,对其拥有的水资源的数量和质量进行调查和管理,投入其中的劳动和资金,必然使水资源价值包含一部分劳动价值。

水资源价值中的劳动价值是区分天然水资源价值和已开发水资源价值的重要标志,若水资源价值中含有劳动价值,则称其为已开发的水资源,反之,称其为尚未开发的水资源。尚未开发的水资源同样有稀缺性和资源产权形成的价值。

水资源价值的内涵包括稀缺性、资源产权和劳动价值三个方面。对于不同水资源类型来讲,水资源的价值所包含的内容会有所差异,如对水资源丰富程度不同的地区来说,水资源稀缺性体现的价值就会有所不同。

3.水资源价值定价方法

水资源价值的定价方法包括影子价格法、市场定价法、补偿价格法、机会成本法、供求定价法、级差收益法和生产价格法等。

(1)影子价格法

影子价格法是通过自然资源对生产和劳务所带来收益的边际贡献来确定其影子价格,然后参照影子价格将其乘以某个价格系数来确定自然资源的实际价格。

(2)市场定价法

市场定价法是用自然资源产品的市场价格减去自然资源产品的单位成本,从而得到自然资源的价值。市场定价法适用于市场发育完全的条件。

(3)补偿价格法

补偿价格法是把人工投入增强自然资源再生、恢复和更新能力的耗费作为补偿费用来确定自然资源价值定价的方法。

(4)机会成本法

机会成本法是按自然资源使用过程中的社会效益及其关系,将失去的使用机会所创造的最大收益作为该资源被选用的机会成本。

(二)水价

1.水价的概念与构成

水价是指水资源使用者使用单位水资源所付出的价格。

水价应该包括商品水的全部机会成本，概括起来，水价的构成应该包括资源水价、工程水价和环境水价。目前多数发达国家都在实行这种机制。资源水价、工程水价和环境水价的内涵如下：

（1）资源水价

资源水价即水资源价值或水资源费，是水资源的稀缺性、产权在经济上的实现形式。资源水价包括对水资源耗费的补偿；对水生态（如取水或调水引起的水生态变化）影响的补偿；为加强对短缺水资源的保护，促进技术开发，还应包括促进节水、保护水资源和海水淡化技术进步的投入。

（2）工程水价

工程水价是指通过具体的或抽象的物化劳动把资源水变成产品水，进入市场成为商品水所花费的代价，包括工程费（勘测、设计和施工等）、服务费（包括运行、经营、管理维护和修理等）和资本费（利息和折旧等）的代价。

（3）环境水价

环境水价是指经过使用的水体排出用户范围后污染了他人或公共的水环境，为污染治理和水环境保护所需要的代价。

资源水价作为取得水权的机会成本，受到需水结构和数量、供水结构和数量、用水效率和效益等因素的影响，在时间和空间上不断变化。工程水价和环境水价主要受取水工程和治污工程成本的影响，通常变化不大。

2. 水价制定原则

制定科学合理的水价，对加强水资源管理，促进节约用水和保障水资源可持续利用等具有重要意义。制定水价时应遵循以下四个原则：

（1）公平性和平等性原则

水资源是人类生存和社会发展的物质基础，而且水资源具有公共性的特点，任何人都享有用水的权利，因此，水价的制定必须保证所有人都能公平和平等地享受用水的权利。此外，水价的制定还要考虑行业、地区以及城乡之间的差别。

（2）高效配置原则

水资源是稀缺资源，水价的制定必须重视水资源的高效配置，以发挥水资源的最大效益。

（3）成本回收原则

成本回收原则是指水资源的供给价格不应小于水资源的成本价格。成本回收原则是保证水经营单位正常运行，调动水投资单位投资积极性的一个重要举措。

（4）可持续发展原则

水资源的可持续利用是人类社会可持发展的基础，水价的制定，必须有利于水资源的可持续利用，因此，合理的水价应包含水资源开发利用的外部成本（如排污费或污水处理费等）。

3. 水价实施种类

水价实施种类有单一计量水价、固定收费、二部制水价、季节水价、基本生活水价阶梯式水价、水质水价、用途分类水价峰谷水价、地下水保护价和浮动水价等。

四、水资源管理信息系统的内容

(一) 信息化与信息化技术

1. 信息化

信息化是指培养、发展以计算机为主的智能化工具为代表的新生产力，并使之造福于社会的历史过程。

2. 信息化技术

信息化技术是以计算机为核心，包括网络、通信、3S 技术、遥测、数据库、多媒体等技术的综合。

(二) 水资源管理信息化的必要性

水资源管理是一项涉及面广、信息量大和内容复杂的系统工程，水资源管理决策要科学、合理、及时和准确。水资源管理信息化的必要性包括以下几个方面：

① 水资源管理是一项复杂的水事行为，需要收集、储存和处理大量的水资源系统信息，传统的方法无济于事，而信息化技术在水资源管理中的应用，能够实现水资源信息系统管理的目标。

② 远距离水信息的快速传输，以及水资源管理各个业务数据的共享也需要现代网络或无线传输技术。

③ 复杂的系统分析也离不开信息化技术的支撑，它需要对大量的信息进行及时和可靠的分析，特别是对于一些突发事件的实时处理，如洪水问题，需要现代信息技术及时作出分析。

④ 对水资源管理进行实时的远程控制管理等也需要信息化技术的支撑。

(三) 水资源管理信息系统

1. 水资源管理信息系统的概念

水资源管理信息系统是传统水资源管理方法与系统论、信息论、控制论和计算机技术的完美结合，它具有规范化、实时化和最优化管理的特点，是水资源管理水平的一个飞跃。

2.水资源管理信息系统的结构

为了实现水资源管理信息系统的主要工作，水资源管理信息系统一般由数据库、模型库和人机交互系统三部分组成。

3.水资源管理信息系统的建设

（1）建设目标

水资源管理信息系统建设的具体目标：实时、准确地完成各类信息的收集、处理和存储；建立和开发水资源管理系统所需的各类数据库；建立适用于可持续发展目标的水资源管理模型库；建立自动分析模块和人机交互系统；具有水资源管理方案提取及分析功能；能够实现远距离信息传输功能。

（2）建设原则

水资源管理信息系统是一项规模巨大、结构复杂、功能强、涉及面广、建设周期长的系统工程。为实现水资源管理信息系统的建设目标，水资源管理信息系统建设过程中应遵循以下八项原则：

实用性原则：系统各项功能的设计和开发必须紧密结合实际，能够运用于生产过程中，最大限度地满足水资源管理部门的业务需求。

先进性原则：系统在技术上要具有先进性（包括软硬件和网络环境等的先进性），确保系统具有较强的生命力，高效的数据处理与分析等能力。

简捷性原则：系统使用对象并非全都是计算机专业人员，故系统表现形式要简单直观、操作简便、界面友好、窗口清晰。

标准化原则：系统要强调结构化、模块化、标准化，特别是借口要标准统一，保证连接通畅，可以实现系统各模块之间、各系统之间的资源共享，保证系统的推广和应用。

灵活性原则：系统各功能模块之间能灵活实现相互转换；系统能随时为使用者提供所需的信息和动态管理决策。

开放性原则：系统采用开放式设计，保证系统信息不断补充和更新；具备与其他系统的数据和功能的兼容能力。

经济性原则：在保持实用性和先进性的基础上，以最小的投入获得最大的产出，如尽量选择性价比高的软硬件配置，缩短开发周期，降低数据维护成本和开发成本。

安全性原则：应当建立完善的系统安全防护机制，阻止非法用户的操作，保障合法用户能方便地访问数据和使用系统；系统要有足够的容错能力，保证数据的逻辑准确性和系统的可靠性。

第二章　水资源开发与供需平衡

第一节　水资源开发基础

一、地球水量储存与水循环

(一) 地球水量储存与分布

1. 水在地理环境中的地位和作用

水是地球表面分布最广和最重要的物质，并作为最活跃的因素始终参与地球地理环境的形成和发展过程，在所有自然地理过程中都不可或缺。拥有由大量水体组成的水圈，使地球在太阳系九大行星中显得与众不同，得天独厚。正是因为有水，我们星球的地理环境才变得丰富多彩，充满生机。

2. 地球上水的分布

广义上包括地球水圈内所有的天然水。狭义上指在当前经济技术条件下可为人类利用的天然水，主要包括河水、湖泊水和地下水等淡水资源。水资源是地球上最宝贵的资源之一，是人类赖以生存和发展的条件。其中，河川水主要是水资源的丰富程度，称之为径流资源。河川水的水源以降水为主，因此又可把降水量看作水资源的总控制量。中国水资源并不丰富，而且时空分布不均匀。为了解决水资源供需矛盾，必须采取节流与开源的办法。节流就是节约用水，合理用水，保护水源，防止污染；开源即充分利用各种水源，积极开展海水淡化，合理利用污水灌溉。水能以气态、固态和液态等三种基本形态存在于自然界中，分布极其广泛。

(二) 地球上的水循环

水循环是指水由地球不同的地方通过吸收太阳带来的能量转变存在的模式到地球另一些地方，例如，地面的水分被太阳照射蒸发成为空气中的水蒸气。水在地球的存在模式包括固态、液态和气态。而地球的水多数存在于大气层、地面、地底、湖泊、河流及海洋中。水会通过一些物理作用，例如，蒸发、降水、渗透、表面的流动和表底下流动等，由一个地方移动至另一个地方。如水由河川流动至海洋。

水循环是多环节的自然过程，全球性的水循环涉及蒸发、大气水分输送、地表水和地下水循环以及多种形式的水量储蓄。

降水、蒸发和径流是水循环过程的三个最主要环节，这三者构成的水循环途径决定着全球的水量平衡，也决定着一个地区的水资源总量。

蒸发是水循环中最重要的环节之一。由蒸发产生的水汽进入大气并随大气而运动。大气中的水汽主要来自海洋，一部分还来自大陆表面的蒸散发。大气层中水汽的循环是蒸发—凝结—降水—蒸发的周而复始的过程。海洋上空的水汽可被输送到陆地上空凝结降水，称为外来水汽降水；大陆上空的水汽直接凝结降水，称内部水汽降水。地总降水量与外来水汽降水量的比值称该地的水分循环系数。全球的大气水分的交换周期为10天。在水循环中水汽输送是最活跃的环节之一。

径流是一个地区（流域）的降水量与蒸发量的差值。多年平均的大洋水量平衡方程为：蒸发量＝降水量＋径流量；多年平均的陆地水量平衡方程是：降水量＝径流量＋蒸发量。但是，无论是海洋还是陆地，降水量和蒸发量的地理分布都是不均匀的，这种差异最明显的就是不同纬度的差异。

中国的大气水分循环路径有太平洋、印度洋、南海、鄂霍次克海及内陆5个水分循环系统。它们是中国东南、西南、华南、东北及西北内陆的水汽来源。西北内陆地区还有盛行西风和气旋东移而来的少量大西洋水汽。

陆地上（或一个流域内）发生的水循环是降水—地表和地下径流—蒸发的复杂过程。陆地上的大气降水、地表径流及地下径流之间的交换又称三水转化。流域径流是陆地水循环中最重要的现象之一。

地下水的运动主要与分子力、热力、重力及空隙性质有关，其运动是多维的。通过土壤和植被的蒸发、蒸腾向上运动成为大气水分；通过入渗向下运动可补给地下水；通过水平方向运动又可成为河湖水的一部分。虽然地下水储量很大，但却是经过长年累月甚至上千年蓄集而成的，水量交换周期很长，循环极其缓慢。地下水和地表水的相互转换是研究水量关系的主要内容之一，也是现代水资源计算的重要问题。

1. 水循环的主要作用

水循环的主要作用表现在三个方面：

① 水是所有营养物质的介质，营养物质的循环和水循化不可分割的联系在一起。

② 水是物质量很好的溶剂，在生态系统中起着能量传递和利用的作用。

③ 水是地质变化的动因之一，一个地方矿质元素的流失，而另一个地方矿质元素的沉积往往要通过水循环来完成。

2. 水循环的途径

地球上的水是在不停地运动着的。它无处不在，通过蒸发、冷凝、降水等连续不断的循环。水的循环过程具体可以分为以下三个步骤：

(1) 蒸发和蒸腾的水分子进入大气

吸收太阳辐射热后，水分子从海洋、河流、湖泊、潮湿土壤和其他潮湿表面蒸发到大气中去；生长在地表的植物，通过茎叶的蒸发将水扩散到大气中，植物的这种蒸发作用通常又称为蒸腾。

(2) 以降水形式返回大地

水分子进入大气后，变为水汽随气流运动，在适当条件下，遇冷凝结形成降水，以雨或雪的形式降落到地面。降水不但给地球带来淡水，养育了千千万万的生命，同时，还能净化空气，从大气中洗去一些天然的和人为的污物。降水是陆地水资源的根本来源。

(3) 重新返回蒸发点

当降水到达地面时，一部分渗入地下，补给地下水；另一部分从地表流掉，补给河流。地表的流水，即径流可以带走泥粒，导致侵蚀；也可以带走细菌、灰尘和化肥、农药等，因而径流常常是被污染的。最后千流归大海，水又回到海洋以及河流、湖泊等蒸发点。这就是地球上的水循环。

由于水分循环的存在，水成为地球上最活跃的物质，全球的水量和热量得到均衡调节。正是由于这种年复一年、日复一日永不停息的水分循环，大气圈气象万千，地球表面千姿百态，生机盎然。假如水分循环停止，将再也看不到电闪雷鸣、雨雪霜雹；再也没有晴、雨、阴、云的天气变化；再也看不到江、河、湖、沼；更不会有森林、草原；动物与人类也将不复存在。地球上的水圈是一个永不停息的动态系统。在太阳辐射和地球引力的推动下，水在水圈内各组成部分之间不停地运动着，构成全球范围的海陆间循环（大循环），并把各种水体连接起来，使各种水体能够长期存在。海洋和陆地之间的水交换是这个循环的主线，意义最重大。在太阳能的作用下，海洋表面的水蒸发到大气中形成水汽，水汽随大气环流运动，一部分进入陆地上空，在一定条件下形成雨雪等降水；大气降水到达地面后转化为地下水、土壤水和地表径流，地下径流和地表径流量终又回到海洋，由此形成淡水的动态循环。这部分水容易被人类社会所利用，具有经济价值，正是我们说的水资源。

水循环是联系地球各圈和各种水体的"纽带"，是"调节器"，它调节了地球各圈层之间的能量，对冷暖气候变化起到了重要的作用。水循环是"雕塑家"，它通过侵蚀、搬运和堆积，塑造了丰富多彩的地表形象。水循环是"传输带"，它是地表物质迁移的强大动力和主要载体。更重要的是，通过水循环，海洋不断向陆地输送淡水，补充和更新陆地上的淡水资源，从而使水成为可再生的资源。

(三) 地球上的水量平衡

水量平衡是水文学基本原理之一。指地球任一区域在一定时段内，收入的水量与支出的水量之差等于该区域内的蓄水变量。水量平衡的研究区域可以是某个海洋或某个地区，也可以是整个地球。水量平衡的研究时段可以是日、月，也可以是一年、数十年或更长的时间。蓄水变量指时段始末区域内蓄水量之差。水量平衡是水文循环的数量描述，是质量守恒定律在水文循环中的特定表现形式。

所谓水量平衡，是指任意选择的区域 (或水体)，在任意时段内，其收入的水量与支出的水量之间差额必等于该时段区域 (或水体) 内蓄水的变化量，即水在循环过程中，从总体来说收支平衡。

水量平衡概念是建立在现今的宇宙背景下，地球上的总水量接近于一个常数，自然界的水循环持续不断，并具有相对稳定性这一客观的现实基础之上的。

从本质上来说，水量平衡是质量守恒原理在水循环过程中的具体体现，也是地球上水循环能够持续不断进行下去的基本前提。一旦水量平衡失控，水循环中某一环节就要发生断裂，整个水循环亦将不复存在。反之，如果自然界根本不存在水循环现象，亦就无所谓平衡了。因而，两者密不可分。水循环是地球上客观存在的自然现象，水量平衡是水循环内在的规律。水量平衡方程式则是水循环的数学表达式，而且可以根据不同水循环类型，建立不同水量平衡方程。如通用水量平衡方程、全球水量平衡方程、海洋水量平衡方程、陆地水量平衡方程、流域水量平衡方程、水体水量平衡方程等。

1. 水量平衡方程式

(1) 计算基础

水量平衡通常用水量平衡方程式表示。方程式中各收入项、支出项和蓄水变量随研究的区域不同而有所不同。利用水量平衡方程式，可以确定各要素 (水量平衡要素) 之间的数量关系，估计地区数量，也可用来鉴别各种水文学方法和研究成果。因此，水量平衡是水文学中最重要的基础理论和基本方法之一。

(2) 湖泊

收入项为：湖面降水量、地表径流和地下径流入湖水量；支出项为：湖面蒸发量、地表径流和地下径流出湖水量；湖泊蓄水变量是研究时段始末湖水位的变幅与相应湖水面平均面积的乘积。湖泊水量平衡特点随所在地区气候条件和湖泊类型不同而异。中国外流湖主要分布在中国的东部、东北和西南地区，这里气候湿润、降水丰沛。这类湖泊水量平衡特点是：收入部分主要是入湖径流量，支出部分主要是出湖径流量，湖面和渗漏所占的比例较小。中国内陆湖主要分布在内蒙古、新疆、甘肃、青海和西藏内流地区，这里远离海洋，气候干燥这类湖水量平衡的特点是：收入部分主要是入湖径流，支出部分主要是湖面蒸发，有许多闭口湖甚至没有出湖径流；湖水除渗漏外，几乎全部消耗与蒸发。

（3）沼泽

收入项为：沼泽范围内的直接降水，从上游和邻近地区汇入的地表和地下径流；支出项为：水面蒸发量和沼泽量，地表和地下水流出量。蓄水变量包括：沼泽地下水蓄水变量即研究时段始末沼泽地下水位变幅、相应的沼泽平均面积和沼泽的乘积；沼泽地表积水的变量。在支出项中，蒸发和散发所占比重大，而径流所占比重小，这是沼泽水量平衡的重要特点。

（4）地下水

地下水水量平衡方程的普遍形式可写成为：地下水储量变化等于总补给量与总排泄量之差。地下水总补给量包括降水入渗补给量、地表和地下径流补给量，土壤解冻补给的水量，人工回灌补给量和越流补给量；地下水总排泄量包括地下水开采量、潜水蒸发量、向地表自然排出量、地下径流流出量和越流流出量。不同地区的地下水量平衡要素不尽相同，各项平衡要素所占比重也不一样。例如，雨量充沛的平原地区，降雨是主要补给量；地下水位埋藏较浅地区，是主要的排泄水量；山前冲积扇地区，地下径流占收入和支出项很大比重；内陆灌溉区，抽水灌溉和灌溉水入渗补给是主要水平衡要素。冰川水量平衡通常称为冰川物质平衡。

2. 全球水量平衡

由大洋和大陆的水量平衡组成的全球水量平衡，是全球水循环水量平衡的定量描述。全球的水量平衡要素中，大洋与大陆不同，前者蒸发量大于降水量，其差值作为大陆水体的来源，参与降水过程；后者则是降水量大于蒸发量，其差值为径流量，成为大洋水量的收入项之一。在大洋多年平均的水量平衡中，出现了淡水平衡的概念，年平均大洋淡水平衡可用下式表示：

$$P + R - E = 0$$

式中，P 为年降水量；R 为大陆入海年径流量；E 为年蒸发量。

在大洋的海冰中还包含着大量的淡水。大陆湖泊、水库、地下水及大陆冰川的蓄水变化，均会导致海平面的升降，对地球的生态环境有重要意义。

3. 中国水量平衡

与世界大陆相比，中国年降水量偏低，但年径流系数均高，这是中国多山地形和季风气候影响所致。中国内陆区域的降水和蒸发均比世界内陆区域的平均值低，是中国内陆流域地处欧亚大陆腹地，远离海洋之故。

中国水量平衡要素组成的重要界线，是 1200 mm/年降水量。年降水量大于 1200 mm 的地区，径流量大于蒸散发量；反之，蒸散发量大于径流量。中国除东南部分地区外，绝大多数地区都是蒸散发量大于径流量，越向西北差异越大。水量平衡要素的相互关系还表明在径流量大于蒸发量的地区，径流与降水的相关性很高，蒸散发对水量平衡的组成影响甚小。在径流量小于蒸发量的地区，蒸散发量则随降水而变化。这些规律可作为年径流建立模型的依据。另外，中国平原区的水量平衡均为径流量小于蒸发量，说明水循环过程以垂直方向的水量交换为主。

4. 水量平衡的研究意义

水量平衡研究是水文、水资源学科的重大基础研究课题，同时又是研究和解决一系列实际问题的手段和方法。因而具有十分重要的理论意义和实际应用价值。

① 通过水量平衡的研究，可以定量地揭示水循环过程与全球地理环境、自然生态系统之间的相互联系、相互制约的关系；可以揭示水循环过程对人类社会的深刻影响，以及人类活动对水循环过程的消极影响和积极控制的效果。

② 水量平衡又是研究水循环系统内在结构和运行机制，分析系统内蒸发、降水及径流等各个环节相互之间的内在联系，揭示自然界水文过程基本规律的主要方法；是人们认识和掌握河流、湖泊、海洋、地下水等各种水体的基本特征、空间分布、时间变化，以及今后发展趋势的重要手段。通过水量平衡分析，还能对水文测验站网布局，观测资料的代表性、精度及其系统误差等作出判断，并加以改进。

③ 水量平衡分析又是水资源现状评价与供需预测研究工作的核心。从降水、蒸发、径流等基本资料的代表性分析开始，到进行径流还原计算，再到研究大气降水、地表水、土壤水、地下水四水转换的关系，以及区域水资源总量评价，基本上都是根据水量平衡原理进行的。

水资源开发利用现状以及未来供需平衡计算，更是围绕着用水、需水与供水之间能否平衡的研究展开的，所以水量平衡分析是水资源研究的基础。

④ 在流域规划、水资源工程系统规划与设计工作中，同样离不开水量平衡工作，它不仅为工程规划提供基本设计参数，而且可以用来评价工程建成以后可能产生的实际效益。

此外，在水资源工程正式投入运行后，水量平衡方法又往往是合理处理各部门不同用水需要，进行合理调度、科学管理，充分发挥工程效益的重要手段。

二、地表水资源的形成

地表水资源指地表水中可以逐年更新的淡水量，是水资源的重要组成部分，包括冰雪水、河川水和湖沼水等。地表水由分布于地球表面的各种水体，如海洋、江河、湖泊、沼泽、冰川、积雪等组成。作为水资源的地表水，一般是指陆地上可实施人为控制、水量调度分配和科学管理的水。

从供水角度来讲，地表水资源指那些赋存于江河、湖泊和冰川中的淡水；从航运和养殖角度来讲，地表水资源主要指河道和水域中所赋存的水；从能源利用角度来讲，地表水资源主要指具有一定落差的河川径流。

(一) 降水

降水是指空气中的水汽冷凝并降落到地表的现象，它包括两部分：一部分是大气中水汽直接在地面或地物表面及低空的凝结物，如霜、露、雾和雾凇，又称为水平降水；另一部分是由空中降落到地面上的水汽凝结物，如雨、雪、霰雹和雨凇等，又称为垂直降水。但是单纯的霜、露、雾和雾凇等，不作降水量处理。中国气象局地面观测规范规定，降水量仅指垂直降水，水平降水不作为降水量处理，发生降水不一定有降水量，只有有效降水才有降水量。一天之内，50 mm 以上降水为暴雨 (豪雨)，25 mm 以上为大雨，10 ~ 25 mm 为中雨，10 mm 以下为小雨，75 mm 以上为大暴雨 (大豪雨)，200 mm 以上为特大暴雨。

1. 形成原因

水汽在上升过程中，因周围气压逐渐降低，体积膨胀，温度降低而逐渐变为细小的水滴或冰晶飘浮在空中形成云。当云滴增大到能克服空气的阻力和上升气流的顶托，且在降落时不被蒸发掉才能形成降水。水汽分子在云滴表面上的凝聚，大小云滴在不断运动中的合并，使云滴不断凝结 (或凝华) 而增大。云滴增大为雨滴、雪花或其他降水物，最后降至地面。人工降雨是根据降水形成的原理，人为地向云中播撒催化剂促使云滴迅速凝结、合并增大，形成降水。

2. 形成过程

产生降水的主要过程有：

① 天气系统的发展，暖而湿的空气与冷空气交汇，促使暖湿空气被冷空气强迫抬升，或由暖湿空气沿锋面斜坡爬升。

② 夏日的地方性热力对流，使暖湿空气随强对流上升形成小型积雨云和雷阵雨。

③ 地形的起伏，使其迎风坡产生强迫抬升，但这是一个比较次要的因素。多数情况下，它和前两种过程结合影响降水量的地理分布。

3. 分类

(1) 锋面雨

在锋面上空气缓慢上升 (以每秒厘米的速度计算)，在冷气团一侧形成层状降水。

（2）对流雨

如果下垫面高温潮湿，近地面空气强烈受热，引起空气的对流运动，湿热空气在上升过程中，随气温的下降，形成对流云而降水，如积雨云和浓积云，条件一定时即可降水。特点是强度大、历时短、范围小，还常伴有暴风、雷电，故又称热雷雨。在热带雨林气候区和夏季的亚热带季风气候区多见。

（3）地形雨

暖湿气流在运行的过程中，遇到地形的阻挡，被迫沿着山坡爬行上升，从而引起水汽凝结而形成降水，称为地形雨。地形雨一般只发生在山地迎风坡，背风坡气流存在下沉或者下滑，温度不断增高，形成雨影区，不易形成地形雨。

（4）气旋雨

气旋中心附近气流上升，引起水汽凝结而形成降水，称为气旋雨。常见的有热带气旋和温带气旋带来的降水。

（二）径流

径流是指降雨及冰雪融水或者在浇地的时候在重力作用下沿地表或地下流动的水流。径流有不同的类型，按水流来源可有降雨径流和融水径流以及浇水径流；按流动方式可分地表径流和地下径流，地表径流又分坡面流和河槽流。此外，还有水流中含有固体物质（泥沙）形成的固体径流，水流中含有化学溶解物质构成的离子径流等。

流域产流是径流形成的第一环节。同传统的概念相比，产流不只是一个产水的静态概念，而是一个具有时空变化的动态概念，包括产流面积在不同时刻的空间发展及产流强度随降雨过程的时程变化。同时，产流又不只是一个水量的概念，而是一个包括产水、产沙和溶质输移的多相流的形成过程。此外，产流主要发生在流域坡面上，就不同大小的流域而言，坡面面积所占的比重不同，坡面上各种影响产流的因素，包括植被、土壤、坡度、土地利用状况及坡面面积和位置等在不同大小的流域表现不同。

流域的降水，由地面与地下汇入河网，流出流域出口断面的水流，称为径流。液态降水形成降雨径流，固态降水则形成冰雪融水径流。由降水到达地面时起，到水流流经出口断面的整个物理过程，称为径流形成过程。降水的形式不同，径流的形成过程也各异。我国的河流以降雨径流为主，冰雪融水径流只是在西部高山及高纬地区河流的局部地段发生。根据形成过程及径流途径不同，河川径流又可由地面径流、地下径流及壤中流（表层流）三种径流组成。

径流是大气降水形成的，并通过流域内不同路径进入河流、湖泊或海洋的水流。

习惯上也表示一定时段内通过河流某一断面的水量，即径流量。按降水形态分为降雨径流和融雪径流。按形成及流经路径分为生成于地面、沿地面流动的地面径流；在土壤中形成并沿土壤表层相对不透水层界面流动的表层流，也称壤中流；形成地下水后从水头高处向水头低处流动的地下水流。广义上来说，径流还包括固体径流和化学径流。径流是引起河流、湖泊、地下水等水体水情变化的直接因素。其形成过程是一个从降水到水流汇集于流域出口断面的整个过程。降雨径流的形成过程包括降雨、截留、下渗、填洼、流域蒸散发、坡地汇流和河槽汇流等。融雪径流的形成需要有一定的热量，使雪转化为液体。在融雪期间发生降雨，就会形成雨雪混合径流。影响径流的因素有降水、气温、地形、地质、土壤、植被和人类活动等。

1. 类型

按水流来源有降雨径流和融水径流；按流动方式可分地表径流和地下径流，地表径流又分坡面流和河槽流。此外，还有水流中含有固体物质（泥沙）形成的固体径流，水流中含有化学溶解物质构成的离子径流等。

2. 径流的形成

降水是径流形成的首要环节。降在河槽水面上的雨水可以直接形成径流。流域中的降雨如遇植被，要被截留一部分。

降在流域地面上的雨水渗入土壤，当降雨强度超过土壤渗入强度时产生地表积水，并填蓄于大小坑洼，蓄于坑洼中的水渗入土壤或被蒸发。坑洼填满后即形成从高处向低处流动的坡面流。坡面流里许多大小不等、时分时合的细流（沟流）向坡脚流动，在降雨强度很大和坡面平整的条件下，可成片流动。从坡面流开始至流入河槽的过程称为漫流过程。河槽汇集沿岸坡地的水流，使之纵向流动至控制断面的过程为河槽集流过程。自降雨开始至形成坡面流和河槽集流的过程中，渗入土壤中的水使土壤含水量增加并产生自由重力水，在遇到渗透率相对较小的土壤层或不透水的母岩时，便在此界面上蓄积并沿界面坡向流动，形成地下径流（表层流和深层地下流），最后汇入河槽或湖、海之中。在河槽中的水流称河槽流，通过流量过程线分割可以分出地表径流和地下径流。

（1）形成过程

从降雨到达地面至水流汇集、流经流域出口断面的整个过程，称为径流形成过程。径流的形成是一个极为复杂的过程，为了在概念上有一定的认识，可把它简化为两个阶段，即产流阶段和汇流阶段。

（2）产流阶段

当降雨满足了植物截留、洼地蓄水和表层土壤储存后，后续降雨强度又超过下渗强度，其超过下渗强度的雨量，降到地面以后，开始沿地表坡面流动，称为坡面漫流，是产流的开始。如果雨量继续增大，漫流的范围也就增大，形成全面漫流，这种超渗雨沿坡面流动注入河槽，称为坡面径流。地面漫流的过程，即为产流阶段。

（3）汇流阶段

降雨产生的径流，汇集到附近河网后，又从上游流向下游，最后全部流经流域出口断面，叫作河网汇流，这种河网汇流过程，即为汇流阶段。

3. 影响因素

径流是流域中气候和下垫面各种自然地理因素综合作用的产物。径流的分布特性首先取决于气候条件。在同一气候区，山区流域径流量一般大于平原；地质、土壤条件不同，流域的渗水性不同，渗水性强的流域产生的径流量少，反之则多。受高程的影响，径流有垂直差异的特点。流域面积的尺度决定着径流量的大小，植被、湖泊、沼泽则有调节径流的功能。径流的时空变化特性还深受人类活动的影响：砍伐森林会使水土流失加剧，洪峰径流剧增；水库等蓄水工程的兴建，会增加流域的持水能力，调节径流；工业、农田的大量用水会减少河川径流量；跨流域引水能减少被引水流域的径流量，增加引入流域的径流量等。径流是地球表面水循环过程中的重要环节，其化学、物理特性对地理环境和生态系统有重要的作用。

（1）气候因素

气候是影响河川径流量基本和最重要的因素。气候要素中的降水和蒸发直接影响河川径流的形成和变化。降水方面，降水形式、总量、强度、过程以及在空间上的分布，都会影响河川径流的变化。例如，降水量越大，河川径流就越大；降水强度越大，短时间内形成洪水的可能性就越大。蒸发方面，主要受制于空气饱和差和风速。饱和差越大，风速越大，则蒸发越强烈。气候的其他要素如温度、风、湿度等往往也通过降水和蒸发影响河川径流。

（2）流域的下垫面因素

下垫面因素主要包括地貌、地质、植被、湖泊和沼泽等。地貌中山地高程和坡向影响降水的多少，如迎风坡多雨，背风坡少雨。坡地影响流域内汇流和下渗，如山溪的水就容易陡涨陡落。流域内地质和土壤条件往往决定流域的下渗、蒸发和地下最大蓄水量，如在断层、节理和裂缝发育的地区地下水丰富，河川径流受地下水的影响较大。植被，特别是森林植被，可以起到蓄水、保水、保土作用，削减洪峰流量，增加枯水流量，使河川径流的年内分配趋于均匀。

（3）人类活动

例如，通过人工降雨、人工融化冰雪、跨流域调水增加河川径流量；通过植树造林、修筑梯田、筑沟开渠调节径流变化；通过修筑水库和蓄洪、分洪、泄洪等工程改变径流的时间和空间分布。

径流是地球表面水循环过程中的重要环节，其化学、物理特性对地理环境和生态系统有重要的作用。

（三）河流

河流是指由一定区域内地表水和地下水补给，经常或间歇地沿着狭长凹地流动的水流。

河流是地球上水文循环的重要路径，是泥沙、盐类和化学元素等进入湖泊、海洋的通道。中国对于河流的称谓有很多，较大的河流常称江、河、水，如长江、黄河、汉水等；浙、闽、台地区的一些河流较短小，水流较急，常称溪，如台湾地区的蜀水溪，福建的沙溪、建溪等。

1. 河流形态特征

河流形态特征一般包括地貌特征和几何特征两方面。

（1）地貌特征

较大的河流上游和中游一般具有山区河流的地貌特征：河谷狭窄，横断面多呈 V 或 U 形，两岸山嘴突出，岸线犬牙交错很不规则；河道纵向坡度大，水流急，常形成许多深潭；河岸两侧形成数级阶地。平原河流在松散的冲积层上，地貌特征与山区河流很不相同。横断面宽浅，纵向坡度小，河床上浅滩深槽交替，河道蜿蜒曲折，多曲流于汉河。

（2）几何特征

河流几何特征用以下参数表示：自河口沿干流至支流量远点的长度称为河长。河长基本上反映出河流集水面积的大小。河源与河口的垂直高差称为河流的落差。落差大表明河水能资源丰富。落差与河长的比值称为河流的比降，比降越大，河道汇流越快。河流实际长度与河流两端直线距离的比值称为弯曲系数，弯曲系数越大，对洪水宣泄越不利。

2. 河流水文动态

包括河流补给、径流变化、河流热状况、河流化学变化、河流泥沙运动和河水运动等。河流补给主要有雨水、冰雪融水、湖泊、沼泽水和地下水。雨水是热带、亚热带和温带地区河流主要补给源，北温带和寒带地区河流主要靠冰雪融水补给。中国雨水对河流的补给量一般由东南向西北减少。西北内陆地区的河流以高山冰雪融水为主要补给，雨水补给居次要地位。地下水在枯季是河流的主要补给。中国西南广大岩溶地区，地下水补给占有相当大的比重。

（四）流域

流域，指由分水线所包围的河流集水区，分地面集水区和地下集水区两类。如果地面集水区和地下集水区相重合，称为闭合流域；如果不重合，则称为非闭合流域。平时所称的流域，一般都指地面集水区。

1. 流域概念

每条河流都有自己的流域，一个大流域可以按照水系等级分成数个小流域，小流域又可以分成更小的流域等。另外，也可以截取河道的一段，单独划分为一个流域。流域间的分水地带称为分水岭，分水岭上最高点的连线为分水线，即集水区的边界线。处于分水岭最高处的大气降水，以分水线为界分别流向相邻的河系或水系。例如，中国秦岭以南的地面水流向长江水系，秦岭以北的地面水流向黄河水系。分水岭有的是山岭，有的是高原，还有可能是平原或湖泊。山区或丘陵地区的分水岭明显，在地形图上容易勾绘出分水线。平原地区分水岭不显著，仅利用地形图勾绘分水线有困难，有时需要进行实地调查确定。

在水文地理研究中，流域面积是一个极为重要的数据。自然条件相似的两个或多个地区，一般是流域面积越大的地区，该地区河流的水量也越丰富。

2. 流域特征

流域特征包括流域面积、河网密度、流域形状、流域高度、流域方向以及干流方向。

① 流域面积：流域地面分水线和出口断面所包围的面积，在水文上又称集水面积，单位是平方千米。这是河流的重要特征之一，其大小直接影响河流和水量大小及径流的形成过程。

② 河网密度：流域中干支流总长度和流域面积之比，单位是 km/km^2。其大小说明水系发育的疏密程度，受气候、植被、地貌特征、岩石土壤等因素的控制。

③ 流域形状：对河流水量变化有明显影响。

④ 流域高度：主要影响降水形式和流域内的气温，进而影响流域的水量变化。

⑤ 流域方向或干流方向对冰雪消融时间有一定的影响。

流域根据其中的河流量最终是否入海可分为内流区（内流流域）和外流区（外流流域）。

（五）河川径流

汇集陆地表面和地下而进入河道的水流，包含大气降水和高山冰川积雪融水产生的动态地表水及绝大部分动态地下水，是构成水分循环的重要环节，是水量平衡的基本要素。通常称某一时段(年或日)内流经河道上指定断面的全部水量为径流量，以 m^3 计。一条河流的径流量由水文站的实际观测资料计算求得。

河川径流，即河床中流动的水流，主要来源于大气降水形成的地表径流，其丰枯变化往往与流经地区的气候变化有关。河川径流量大小与河流的环境容量密切相关。通常，河川径流量大，其环境容量大；反之则小。因此，有目的地调节河川径流量，可提高环境容量，合理解决水环境污染问题。河川径流是重要的地表水资源，是城市居民饮水与工农业用水的重要水源，应该人为地调节径流使之满足人类生产和生活的需要。

1. 形成过程

(1) 降雨过程

降雨是形成地面径流的主要因素，降雨的多少决定径流量的大小，降雨是以降雨厚度(mm)表示。单位时间内的降雨量称为降雨强度(mm/min 或 mm/h)。每次的降雨量在空间和时间上的变化都各不相同。降雨可能笼罩全流域，也可能只降落在流域的局部地区；流域内的降雨强度也有时均匀，有时不均匀，有时还在局部地区形成暴雨中心，并向某一方向移动。降雨的变化过程直接决定径流过程的趋势，降雨过程是径流形成过程的重要环节。

(2) 流域蓄渗过程

降雨开始时并不立即形成径流，雨水被流域内的树木、杂草，以及农作物的茎叶截留一部分，不能落到地面上，称为植物截留，落到地面上的雨水部分渗入土壤，称为入渗。单位时间内的入渗量(mm)，称为入渗强度(mm/min 或 mm/h)。降雨开始时入渗较快，随着降雨量的不断增加，土壤中水分逐渐趋于饱和，入渗强度减缓，达到一个稳定值，称为稳定入渗，另外，还有一部分雨水被蓄留在坡面的坑洼里，称为填洼。植物截留、入渗和填洼的整个过程，称为流域的蓄渗过程。这部分雨水不产生地面径流，就降雨径流而言，称为损失，扣除损失后剩余的雨量，称为净雨。

(3) 坡面漫流过程

流域蓄渗过程完成以后，剩余雨水沿着坡面流动，称为坡面漫流。流域内各处坡面漫流开始的时间是不一致的，某些区域可能最先完成蓄渗过程而出现坡面漫流，这只是局部区域的坡面漫流，完成后渗过程的区域逐渐增多，出现坡面漫流的范围也随之扩大，最后才能形成全流域的坡面漫流。

(4) 河槽集流过程

坡面漫流的雨水汇入河槽后、顺着河道由小沟到支流，由支流到下游，最后到达流域出口断面，这个过程称为河槽集流。汇入河槽的水流，一方面继续沿河槽迅速向下游流动，另一方面也使河槽内的水量增大，水位随之上升。河槽容蓄的这部分水量，在降雨结束后才缓慢地流向下游，最后通过流域出口，使流域出口断面的流量增长过程变得平缓，历时延长，从而起到河槽对洪水的调蓄作用。

总之，地面径流的形成过程，就其水体的运动性质而言，可分为产流过程和汇流过程；就其发生的区域而言，可分为流域面上进行的过程和河槽内进行的过程。

降雨、蓄渗、坡面漫流和河槽集流，是从降雨开始到出口断面产生径流所经历的全过程，它们在时间上并无截然的分界，是同时交错进行的。

2. 特征

中国地表径流的形成、分布和变化，主要受气候和地形的影响，人类改造自然的活动影响也不可忽视。各地河川径流均具有一定的区域特性，彼此不尽相同。概括地说，中国河川径流的主要特征是径流资源地区分布很不均匀；径流的季节分配和年际变化深受东亚季风气候影响，变率较大地表水流侵蚀强烈，多数河川固体径流较多。

3. 影响因素

从径流形成过程来看，影响径流变化的自然因素可分为气候因素和下垫面因素两类。

(1) 气候因素

① 降雨，空气中的水汽随气流上升时，因冷却而凝结成水滴降落到地面上，形成降雨。降雨是径流形成的主要因素，降雨强度、降雨历时和降雨面积对径流量及其变化过程都有很大影响。降雨强度大、雨水来不及入渗而流走，径流量增大；降雨强度小，雨水大部分渗入土壤而使径流量减小。降雨历时长，降雨面积又大，产生的径流量必然也大，反之则小。大流域内的降雨，在地区上的分布是很不均匀的，流域内一次降雨强度最大的地方，称为暴雨中心。暴雨中心在流域下游时，出口断面的洪峰流量就大些；暴雨中心在流域上游时，则洪峰流量就小些。次降雨的暴雨中心是不断移动的，当暴雨中心从流域上游向下游移动时，出口的洪峰流量就大些，反之则小些。

② 蒸发。流域内的蒸发是指水面蒸发、陆面蒸发、植物散发等各种蒸发的总和。降雨过程中，蒸发对径流影响不大，但对降雨前期的流域蓄水量影响很大，如蒸发强度大，则雨前土壤含水率就小，降雨的入渗损失量就增大，径流量减小。因此，蒸发也是影响径流变化的重要因素。

降雨和蒸发在地区分布上呈现一定的规律性，因而径流变化也具有一定的地区性规律。

（2）下垫面因素

流域的地形、土壤、地质、植被、湖泊等自然地理因素，就气候因素而言，称为下垫面因素。流域的地理位置直接影响降雨量的多少，流域的地形对降雨、蒸发、蓄渗和汇流过程都有影响，流域面积的大小、形状又与径流量有直接关系。土壤和地质因素决定着入渗和地下径流的状况。植物茎叶截留部分降雨，植物根系又能贮藏大量水分，可改造土壤和气候，湖泊也有贮存水量、调节径流的作用。

（3）人类活动因素

人类活动对河川径流也有重要影响，封山育林和水土保持将增加降雨的截留和入渗。减少汛期水量和洪峰流量同时增大地下径流，能补充枯水期的水量。修建水库对河流起蓄洪调节作用，并使流域内的蒸方面积增大，从而加大蒸发量。

4. 河川径流的补给来源

（1）雨水

一般以夏秋两季为主。雨水是大多数河流的补给源。热带、亚热带和温带的河流多由雨水补给。雨季到来，河流进入汛期，旱季则出现枯水期。雨水补给的河流的主要水情特点是，河水的涨落与流域上雨量大小和分布密切有关，河流径流的年内分配很不均匀，年际变化很大。在我国普遍分布，以东部季风区最为典型，我国东部季风区河流洪水期与夏秋多雨相一致，枯水期与冬春少雨相符合，河流年径流量，雨水补给占 70%～90%。

（2）冰雪融水

主要存在于夏季。由冰雪融水补给的河流的水文情势主要取决于流域内冰川、积雪的储量及分布，也取决于流域内气温的变化。干旱年份冰雪消融多，多雨年份冰雪消融少，河流丰、枯水年径流得到良好调节，因此年际变化较小。中国发源于祁连山、天山、昆仑山、喀喇昆仑山和喜马拉雅山等地的河流，都不同程度地接纳了冰雪融水的补给。例如，我国东北松花江就有明显的春汛，流量有所增大，在高山永久积雪区，冰雪夏日消融，成为河流主要补给来源。青藏高原上的某些河流冰雪融水补给量占 60% 以上，天山、祁连山等山区河流，以及塔里木、柴达木、河西走廊地区的河流主要靠高山冰雪融水补给。以高山冰雪消融补给的河流，水量比较稳定，这是因为冰雪消融与气温关系密切，而这些地区气温年际变化是很小的。

（3）湖泊和沼泽水

有些河流发源于湖泊和沼泽。有些湖泊一方面接纳若干河流来水，另一方面又注入更大的河流。中国鄱阳湖接纳赣江、信水、修水和抚水等水系来水，后注入长江。湖泊和沼泽对河流径流有明显的调节作用，因此由湖泊和沼泽补给的河流具有水量变化缓慢，变化幅度较小的特点。

（4）地下水

这是河流补给的普遍形式，中国西南岩溶发育地区，河水中地下水补给量比重尤其大。例如，西江水量丰富，除大气降水丰富外，还有丰富的地下水补给。地下水对河流的补给量的大小，取决于流域的水文地质条件和河流下切的深度。地下水有潜水和承压水；潜水埋藏较浅，与降水关系密切，承压水水量丰富，变化缓慢。河流下切越深，切穿含水层越多，获得的地下水补给也越多，以地下水补给为主的河流水量的年内分配和年际变化都十分均匀。不过，地下水与河流补给关系比较复杂，如有的是地下水单向补给河流；有的是洪水期河流补给地下水，枯水期地下水补给河流；有的是河流与地下水相互补给。

（5）积雪融水

主要发生在春季。这类补给的特点具有连续性和时间性，较雨水补给河流的水量变化来得平缓。

不同地区的河流、同一地区的不同河流和同一河流在不同季节的主要补给形式和补给数量各不相同。在高山和高原地带，河流水源还具有明显的地带性。

（6）混合补给

河水补给来源实际上是多方面的，大多数河流以雨水和地下水补给为主；有些大河，上游发源于高山高原，中下游流经温暖湿润地区，雨水、冰雪融水、地下水都参与河流补给；有的河流除上述补给来源外，还有湖泊补给，如白头山顶天池补给松花江；长江中游许多湖泊补给长江，对长江水量有巨大的调节作用。

三、地下水的储存与循环

地下水资源是指存在于地下可以为人类所利用的水资源，是全球水资源的一部分，并且与大气水资源和地表水资源密切联系、互相转化，既有一定的地下储存空间，又参与自然界水循环，具有流动性和可恢复性的特点。地下水资源的形成，主要来自现代和以前的地质年代的降水入渗和地表水的入渗，资源丰富程度与气候、地质条件等有关，利用地下水资源前，必须对其进行水质评价和水量评价。

（一）地下水形成与循环

1. 地下水形成

地下水资源主要是由于大气降水的直接入渗和地表水渗透到地下形成的。因此，一个地区的地下水资源丰富与否，首先和地下水所能获得的补给量与可开采的储存量多少有关。在雨量充沛的地方，在适宜的地质条件下，地下水能获得大量的入渗补给，则地下水资源丰富。在干旱地区，雨量稀少，地下水资源相对贫乏。中国西北干旱区的地下水有许多是高山融雪水在山前地带入渗形成的。

地下水资源由大气降水和地表水转化而来，在地下运移，再排出地表成为地表水体的源泉。有时在一个地区发生多次地表水和地下水的相互转化，故进行区域水资源评价时，应防止重复计算。

2. 地下水循环

地下水循环是指地下水的补给、径流和排泄过程。地下水补给径流——排泄的方向主要有垂直方向循环和水平方向循环两种。

① 垂直方向循环。垂直方向循环即大气降水、地表水渗入地下，形成地下水，地下水又通过包气带蒸发向大气排泄，如潜水的补给与排泄。

② 水平方向循环。水平方向循环是指含水层上游得到补给形成地下水，在含水层中长时间长距离地径流，而在下游的排泄区排出地表，如承压水的补给与排泄。

实际上，在陆地的大多数情况下，二者兼而有之，只不过不同地区以某种方向的运动为主而已。地下水的补给方式一般有天然补给和人工补给两种形式。天然补给量包括大气降水的渗入、地表水的渗入、地下水上游的侧向渗入；人工补给包括农田灌溉水的渗入、人工回灌地下水等。地下水的排泄方式有天然排泄和人工采水排泄两种。天然的地下水排泄方式有地下水潜水蒸发、泉水排出、地下水流向河渠、地下水向下游径流流出等；人工排泄方式主要是打井挖渠开采地下水。当过量开采地下水，使地下水排泄量远大于补给量时，地下水平衡就会遭到破坏，造成地下水长期下降。只有合理开发地下水，当开采量等于地下水总补给量与总排泄量差值时，才能保证地下水的动态平衡，使地下水处于良性循环状态。

(二) 地下水分布与类型

1. 地下水分布

我国地下水分布区域性差异显著。就区域水文地质条件而言，中部的秦岭山脉是我国地下水不同分布规律的南北界线。

南北分布不同的地下水类型，在东西方向上也有明显的变化。

① 我国南部和北部即昆仑山秦岭——淮河线以北大型盆地，是松散沉积物孔隙水的主要分布区。在西部各内陆盆地中，由于盆地四周高山区年降水量大、终年积雪融化，盆地边缘山前地带巨厚的沙砾石层蓄水与径流条件良好，成为良好的地下水补给源；而盆地中部多为沙丘所覆盖，气候干旱，极为缺水；盆地东部分布着辽阔的黄淮海平原、松辽平原及长江三角洲平原为目前我国地下水资源开发利用程度较深的地区。该地区沉积层巨厚、地下水蕴藏丰富、富水程度相对均匀。在东部和西部之间的黄河中游地区分布着黄土高原黄土孔隙水。

②基岩裂隙水分布面积较广。我国北方地区侵入岩裂隙水分布面积大，南方地区除在东南沿海丘陵地区分布外，其余呈零星分布。从东西方向上来看，东部沿海及大、小兴安岭等广大地区，表层风化裂隙的风化壳厚度一般为 10～30 m，因此地下水主要贮存于浅部，其富水程度较弱，但风化程度较强，构造破碎剧烈的地带蕴藏有丰富的地下水。在我国西北干旱地区的高山地带，山区降水量大，对基岩裂隙水的渗入补给量较大，这对山区供水和盆地周边山前地带地下水的补给具有重要意义。

③在阿尔泰山和大兴安岭北端的南纬度地区有多年冻土分布，并随着我国西部地区地势由东向西逐步增高，西部青藏高原出现世界罕见的中低纬度高原多年冻土区地下水。

2. 地下水分类

中国还没有统一的地下水资源分类方案。有学者把地下水资源分成补给量、储存量和允许开采量。补给量指天然状态或开采条件下，通过各种途径在单位时间内进入所开采的含水层中的水量；储存量指储存于含水层内的重力水的体积；允许开采量指在经济、合理的条件下，从一个地下水盆地或一个水文地质单元中单位时间所能取得的水量。在供水中，补给量提供水源，因而起主导作用。储存量则起调节作用，把补给期间得到的水储存在含水层中，供干旱时期取用。当补给量和储存量配合恰当时，有较大的允许开采量。反之，如只有补给量而无储存量，干旱时期就无水可供开采；只有储存量而无补给量，开采后水量不断消耗，就会导致水源枯竭。

也有些学者把地下水资源分为天然资源和开采资源，在天然条件下可供利用的可恢复的地下水资源称为天然资源，而实际能开采利用的地下水资源称为开采资源。

(三) 储存与补给

有学者将地下水资源分为补给资源与储存资源。补给资源指参与现代水循环、不断更新再生的水量。补给资源是地下含水系统能够不断供应的最大可能水量；补给资源越大，供水能力越强。含水系统的补给资源是其多年平均补给量。储存资源指在地质历史时期中不断累积贮存于含水体系之中的，不参与现代水循环，不能更新再生的水量。地下水资源是由地下水的储存量和补给量组成的，评价时还须考虑排泄量和开采量。

1. 储存量

当前储存在地下岩层中的水的总量 (以体积计)。它是在长期的补给和排泄作用下，逐渐在地层中储积起来的。与其他流体矿藏不同，地下水的储存量经常处于流动中，但速度极为缓慢，甚至一年地下水流动不到一米。当补给和排泄处于平衡时，储存量的数量保持不变；而当补给呈周期性变化时，储存量则相应地呈周期变化。储存量的大小，主要取决于含水层的分布面积与其充水和释水的体积百分比，还与地下水的排泄类型（垂直蒸发、水平溢出）和排泄基准面（地下水蒸发的极限深度，地下水溢出面的标高或抽水井、渠的开采水位，统称排泄基准面）的高低有关。在排泄基准面以下的储存量，即使断绝了补给源也能长期保存，故称为最小储存量。

2. 补给量

通过多种途径（如降水入渗、地表水渗漏等），自外界进入含水层并转化为储存量的水量（以单位时间体积计）。补给量既随气象、水文条件的变化及人类生产活动的影响而改变，又随排泄条件的变化而改变。只有当补给和排泄条件相对稳定时，补给量才能保持常量。

3. 排泄量

通过溢出、蒸发等形式从含水层中排出的流量（以单位时间体积计），虽然这一部分水量已脱离含水层而不再归属于地下水的范畴，但它主要来源于地下水的补给量，故可用以反推补给量。当地下水动态稳定时，排泄量恰等于补给量，储存量不变。当地下水的动态呈周期性变化时，则每一周期的补给量应等于排泄量和储存量的增量（正或负）之和。

4. 开采量

通过井、渠从含水层中取出的流量。开采地下水可改变地下水的天然流向，使部分排泄量改从井、渠中排出。也可扩大地下水的消耗总量，有可能促使补给量增加。例如，在下渗和蒸发的补给排泄类型中，因开发将地下水位降低到极限蒸发深度之下，可使原来蒸发损失的地下水转化为开采量，而为人们所用。又如，在河水补给地下水的情况下，因开采而使原来的地下水位大幅度降低，促使河水更多地补给地下水。当存在这种相互影响时，地下水资源评价必须和地下水开采设计一起进行。开采量又分稳定和不稳定两种，前者是指流量和水位均稳定不变，或仅作周期性的波动；后者是指流量或水位持续变小或下降情况下的开采量。不引起地面沉降、地下水水质恶化或其他不良现象的稳定开采量称允许开采量。

（四）评价

地下水资源评价包括两方面内容，即水质评价和水量评价。

1. 水质评价

① 用取样分析化验的方法查清地下水的水质，对照水质标准评价其适用性。

② 若在水文地质勘察过程中发现水质已受污染或有受污染的可能，则应查清污染物质及其来源、污染途径与污染规律，在此基础上预测将来水质的变化趋势和对

水源地的影响。

水质变化的预测，须通过由弥散方程、连续方程、运动方程和状态方程组成的数学模型，即弥散系统，用数值法解算出污染物质的浓度随时间和地点的变化，从而提出地下水资源的防护措施。

在岩土中赋存和运移的、质和量具有一定利用价值的水是地球水资源的一部分，与大气降水资源和地表水资源密切联系，互相转化。

2. 水量评价

地下水资源评价和地下水资源计算（或地下水水量计算）是两个词义相近但在实质上又有区别的概念。地下水资源计算，实际上就是选用某种公式，计算出某种类型水资源的数量。而地下水资源评价，应该包括计算区水文地质模型的概化、水量计算模型的选取和水量计算、对计算结果可靠性的评价和允许开采资源级别的确定等一系列的内容。

地下水资源计算方法种类繁多，从简单的水文地质比拟法到复杂的地下水数值模拟；从理论计算到实际抽水方法。常用的地下水资源计算方法有经验方法（水文地质比拟法）、Q–S 曲线方程法、数值法、水均衡法、动态均衡法、解析法等。

地下水储量分为静储量、调节储量、动储量和开采储量。静储量指储存于地下水量低水位以下的含水层中重力水的体积，即该含水层全部疏干后所能获得的地下水的数量。它不随水文、气象因素的变化而变化，只随地质年代发生变化，也称永久储量。静储量的数值等于多年最低的地下水位以下的含水层体积和给水度的乘积。调节储量指储存于潜水水位变动带（年变动带或多年变动带）中重力水的体积，亦即全部疏干该带后所能获得的地下水的数量。与水文、气象因素密切相关，其数值等于潜水位变动带的含水层体积乘以给水度。动储量也称地下水的天然流量，是单位时间内通过垂直于流向的含水层断面的地下水体积。通过测定含水层的平均渗透系数、地下水流的水力坡度和过水断面面积，用达西公式进行计算。静储量、调节储量和动储量统称地下水的天然储量，它反映天然条件下地下水的水量状况。开采储量是指考虑到合理的技术经济条件，并且在集水建筑物运转的预定期限内不产生开采条件和水质恶化的情况下，从含水层中可能取得的水量。地下水的开采储量，一方面取决于水文地质条件特别是地下水的补给条件，另一方面取决于集水建筑物的类型、结构和布置方式。其含义是和允许开采量相当的。

（五）开发与管理

1. 开发与利用

地下水开发利用力求费用低廉、方案优化、技术先进、效益显著而又不引起环境问题。这些要以查明水文地质条件和正确评价地下水资源为基础。要做到合理开发利用地下水，应注意以下几点：

① 不过量开采。开采量要小于开采条件下的补给量，否则将造成地下水位持续下降，区域降落漏斗形成并不断扩大、加深，水井出水量减少，甚至于水资源枯竭。

② 远离污染源，否则将造成地下水污染，水质恶化以至于不能使用。

③ 不能造成海水或高矿化水入侵淡水含水层。

④ 不能引起大量的地面沉降和坍陷，否则将造成建筑物的破坏，带来巨大的经济损失。

⑤ 按地下水流域进行地下水开发利用的全面规划，合理布井，防止争水。

⑥ 地表水资源和地下水资源统一考虑、联合调度。

⑦ 全面考虑供需数量、开源与节流、供水与排水、水资源重复利用、水源地保护等问题，使有限的水资源获得最大的利用效益。

2. 管理

为了做到合理地开发利用地下水资源，必须进行有效的管理。地下水资源管理的方法和措施分为：

① 法律方面，由中央政府和地方政府制定和颁布实施有关水资源（包括地下水资源）的法律。这些法律和条例是地下水资源管理的依据。

② 行政方面，建立水资源（包括地下水资源）的统一管理机构。如中国北方各省市都已建立了水资源管理委员会，设有水资源管理办事机构。

③ 科学技术措施方面，唐山平升电子技术开发有限公司提出了"水资源实时监控与管理系统"，主要是利用系统分析的方法进行水资源（包括地下水资源）的管理。建立最优化的数学模型，使在一定的有力的、经济的、法律的、社会的约束条件下，目标函数达到最优，即开采的成本最低，或开采的水量最多，或开采地下水所获得的经济效益最大等，为决策提供依据。

④ 经济方面，明确地下水资源有偿使用的原则，征收水资源费，对于超量开采和浪费水资源者处以罚款等。

水资源实时监控与管理系统适用于水务部门对地下水、地表水的水量、水位和水质进行监测，有助于水务局掌握本区域水资源现状、水资源使用情况，加大水资源费回收力度，实现对水资源正确评价、合理调度及有效控制的目的。

四、水资源开发度

随着可持续发展思想在各个领域的渗透和发展，水资源的合理开发也应是可持续的。但评价其是否可持续，目前大多通过构建指标体系，用层次分析法、模糊评判法等进行，其指标的筛选和权重的分配有很大的主观随意性，因此，很难客观地评价水资源的持续开发性。

（一）水资源可持续开发

1. 水资源开发阶段

水资源的开发利用发展过程大致可分为以下三个阶段：

（1）水资源开发利用的第一阶段

水资源开发利用初级阶段的主要特点是对水资源进行单目标开发，主要是灌溉、航运、防洪等。其决策依据常限于某一地区或局部的直接利益，很少进行以整条河流或整个流域为目标的开发利用规划。由于在初期阶段，水资源可利用量远远大于社会经济发展对水的需求量，因此给人们一种水是"取之不尽，用之不竭"的印象。

（2）水资源开发利用的第二阶段

水资源的开发利用目标由单一目标发展到多目标的综合利用，开始强调水资源的统一规划、兴利除害、综合利用。技术方面，通过一定数量的方案比较，来确定流域或区域的开发方式、提出工程措施的实施程序。淡水资源开发的侧重点和规划目标及评价方法，大多以区域经济的需求为前提，以工程或方案的技术经济指标最优为依据，未涉及经济以外的其他方面，如节约用水、水资源保护、生态环境、合理配置等方面。在第二阶段，由于大规模的水资源开发利用工程建设，可利用水资源量与社会经济发展的各项用水逐步趋于平衡，或天然水体环境容量与排水的污染负荷逐渐趋于平衡，减少个别地区在枯水年份、枯水期出现供需不平衡的缺水现象。

（3）水资源开发利用的第三阶段

在此阶段，期望水资源在开发时不引起生态环境的恶化和破坏，使开发强度小于水资源的承载能力，保证水资源的连续性和持续性，为社会经济的持续稳定发展提供保证。水资源开发利用开始强调要与水土资源规划和国民经济生产力布局及产业结构的调整等紧密结合，进行统一管理和可持续开发利用。规划的目标从宏观上统筹考虑社会、经济、环境等各个方面的因素，使水资源开发、保护和管理有机结合，使水资源与人口、经济、环境协调发展，通过合理开发、区域调配、节约利用、有效保护，实现水资源总供给与总需求的基本平衡。

随着我国社会经济的发展和人口的大量增加，人类对水资源需求会越来越多，如果仍然采取掠夺性的水资源开发，后果不堪设想，并且与当今世界可持续发展的思想背道而驰。实现可持续发展，就是实现人类生存和经济社会的可持续发展，自然资源的永续利用和良好的生态环境是最为基本的物质基础。而水资源的可持续利用是自然资源永续利用中最重要的问题之一。作为人类生存和发展必不可少的资源，水资源的开发利用不仅保障了生活用水需求，而且有力地促进了社会的进步和发展。因此，水资源的合理开发利用是提供数量充足、质量优良水资源和良好生态环境的根本保障，是实现我国政府21世纪可持续发展战略的重要条件之一。根据可持续发展的思想，水资源的合理开发应是可持续的。

2. 水资源可持续开发的内涵

对于开发的可持续性，结合气象和水文的特点给予如下阐述：

① 无论进行何种活动，都不能损害地球上的生命支持系统，如空气、水、土壤及生态环境系统；

② 开发活动必须是在经济上能持续提供从地球自然资源中获取的、源源不断的物资流和供应；

③ 需要有一个能保证持续发展的、具有从国际到个人家庭的各种水平的社会系统，以保证物资的生产和供应等利益得到公平的分配，同时，保证持续的生命支持系统带来的利益也能得到公平的分配。

自然资源的开发中，更重要的是应当注意开发的平衡技术，即指通过人们的努力，期望开发引起的不利影响能与预期的社会效益相平衡。在水资源的开发中，为保持这种平衡就应当遵守以下三个方面不受损害的原则：

① 供饮用的地下水源和土地生产力得到保护的原则；

② 保护生物多样性不受干扰的原则；

③ 不可过度开发可更新的淡水资源的原则。

因此，要想客观地评价水资源是否可持续开发，首先要弄清水资源可持续开发的内涵。水资源可持续开发应是既满足当代人对水资源的需求，又不危及后代人对水资源的需求，并能满足其需求能力的发展。也就是说，水资源可持续开发要体现代际间的公平，由于人类赖以生存的水资源是有限的，当代人不能为自己的需求而损害后代人满足需求的条件，应给后代人公平利用水资源的权利。要想实现这种公平，就要在水资源的开发过程中把握好水资源生态系统的承受能力限度，保证水资源生态环境的稳定和改善及水循环可再生性的维持，将由水引起的自然灾害降到最低，最终保证人类生存发展的基本自然条件。这样才能实现水资源的可持续开发，保障人类社会的可持续发展。

水资源可持续开发的主要内涵有：

(1) 时空内涵

从水资源可持续开发的定义可以看出，水资源可持续开发具有时序性和空间性。首先水资源可持续开发具有时序内涵，因水资源可持续开发应既满足"当代人"，又要满足"后代人",而具有特定的时间尺度。空间内涵表现在不同流域或区域相同数量的水资源在不同的天然生态系统中,其满足天然生态系统稳定所需的生态需水量是不同的;同样,在不同流域或区域不同数量的水资源在相同或相似的天然生态系统中,其满足天然生态系统稳定所需的生态需水量是也不同的。

(2)社会经济内涵

水资源可持续开发的最终目的是维持人类的生存发展。人类属于社会系统,而人类的生存和发展又和生产、消费等经济活动分不开,因此水资源具有社会经济内涵。

(3)持续发展的内涵

实现水资源可持续开发的前提条件是"不对天然生态系统稳定构成危害",对社会经济发展的支持方式是"持续提供"。因此水资源有持续发展的内涵。

所以,水资源可持续开发是一个动态的多维的大系统问题,只有水资源、社会、经济和生态环境之间互相支撑和约束,并使之协调健康发展,才能真正实现水资源可持续开发。

虽然水资源可持续开发与整个社会、经济、文化和开发环境密切相关,是一项复杂的任务,但是水资源可持续开发和生态环境有着密切的关系,生态环境质量应当通过水资源的开发受到保护和改善。

3. 水资源可持续开发的原则

根据对可持续发展内涵的界定,应包括以下三个重要原则。

(1)公平性原则

水资源作为一种自然资源,无论是当代人还是后代人都有使用它的权利,这种权利是公平的、对等的。

公平性原则包括三层含义:

① 本代人的公平。可持续发展要满足全体人民的基本需求和满足他们过较好生活的愿望。因此,要保证公平的分配权和发展权,把消除贫困作为可持续发展优先考虑的问题。

② 代际间的公平。人类赖以生存的自然资源是有限的,当代人不能为自己的需求而损害后代人满足需求的条件,要给后代人公平利用自然资源的权利。

③ 有限资源的分配的公平。

(2)持续性原则

持续性原则的核心是人类的经济和社会发展不能超出资源与环境的承载能力。因为水资源是一种有限的部分可再生的自然资源,因此在开发利用它时不应超过水资源承载能力和环境承载能力。否则就会使生态环境遭到破坏。

（3）共同性原则

共同性原则主张环境与发展在地球范围内的相互依存性和整体性。也就是可持续发展都应具有三大特征：可持续发展鼓励经济增长，因为它是国家或地区社会财富的体现；可持续发展要与资源和环境的承载能力相协调；可持续发展要以改善和提高生活质量为目的，与社会进步相适应。水资源的开发利用应以流域或区域来进行整体规划和评价，保证流域或区域的整体利益。

（二）水资源开发度界定

1. 开发度的界定

为了更好地评价水资源是否可持续开发，提出用水资源开发度来评价水资源可持续开发。

开发度是指被开发的流域或区域在满足其天然生态需水，保证天然生态系统稳定时，天然水资源系统可最大限度提供的水资源量的程度。从生态学的范畴，考虑天然生态需水量，从保证天然生态环境稳定上来定义开发度，这与水资源可持续开发的内涵一致，因此，可以用开发度来评价水资源可持续开发。

2. 开发度的内涵分析

（1）开发度是一个阈值

任何一个资源生态系统内部都具有一种自我调节的功能，以保持自己的稳定性，同时，这种自我调节能力是有限的。当外界干扰的程度在这个限度之内时，系统的平衡才能维持，否则，生态系统的平衡就会受到影响。因此，保证天然生态系统稳定所需水量，受生态系统内部和外部因素的共同影响，也有一个有限的调节能力以保持自己的稳定性，即生态需水有一个阈值。所以，由定义可知开发度也有个阈值。

（2）开发度具有动态性

一方面生态需水有个阈值是动态的；另一方面天然水资源系统的供水能力也是动态的。由于受气候、自然地理条件等下垫面因素影响，当气候湿润、降雨量多时，天然水资源系统的供水能力就强；当气候干燥、降雨量少时，天然水资源系统的供水能力就弱。因此，开发度是动态的。

（3）与技术等人为因素无关

开发度是从生态学范畴界定的，受水资源生态系统自我调节能力和水资源系统的供水能力的制约，而不受技术能力、经济水平和社会发展对水资源需求的影响。

因此，根据上述开发度的定义及其内涵分析，要建立开发度模型必须先进行生态环境需水量的研究。

3. 开发度与开发程度的区别

水资源的开发程度是指某流域（或区域）现状年地表水（或地下水）供水量与地表水（或地下水）水资源总量的比值。

开发程度的大小取决于当代的技术能力、经济水平和对水资源的需求情况。如果随着技术能力、经济水平的提高，一味地满足对水资源的需求，则会造成水资源过度开发，造成对生态环境的破坏，而生态环境是关系人类生存发展的基本自然条件。不仅人类的生存环境得不到保护和改善，就难以保证人类的可持续发展。因此，开发程度不能评价水资源是否可持续开发，只是以往在水资源评价中的一个指标。

开发度的大小取决于天然水资源系统水资源量和维持生态系统稳定所需水量。天然水资源系统水资源量主要取决于气候和自然地理条件等因素。生态系统稳定所需水量，一方面受生态系统外部因素影响，当生态系统外界的干扰在其调节能力之内时，生态系统仍能保持其稳定；当其外界的干扰频率过大，每次的干扰强度过高时，就会使其内部调节能力降低，以至于使其失去调节能力，使生态系统遭到破坏。另一方面，不同的生态系统受外界的干扰强度和自身内部调节能力是不同的。因此，不同流域或区域的开发度是不同的，并且它不受技术能力、经济水平等影响。

（三）地表水体生态需求及开发度的确定

由于地表水体所处的地理位置不同，因此，它的水文、气象及下垫面等自然条件不同，并且河流生态系统所在的自然生态系统和所受外界干扰的情况也会不同。所以，分别根据干旱/半干旱地区和湿润区/半湿润地区的具体情况来研究地表水体生态需水及开发度。

1. 干旱/半干旱地区地表水体生态需水及开发度的确定

对地表水体来说，其生态需水是维护地表水体特定的生态功能，所需要的一定水质标准下的水量，具有时间和空间上的变化。它一般是指维护河流系统正常的生态结构和功能所需要的水量，即河流系统生态需水。保障生态需水，有助于流域水循环的可再生性维持，它是实现水资源可持续利用的重要基础。

根据其定义，河流系统生态需水，又可分为防止河道断流、湖泊萎缩所需的生态需水量；防止河流泥沙淤积所需水量；水面蒸发需水等。

（1）防止河道断流、湖泊萎缩所需的生态需水

当河道断流后，河槽或湖泊将逐渐退化，丧失其应有的功能。在闸控河流，当上游水闸长时间关闸后，河湖水位将逐渐下降，直至河床干枯，这将使河湖原有的生态环境受到严重破坏。因此为维持河湖自身的功能，应使河道保持一个较小基本流量，使湖泊维持一定的水位，这一较小的基本流量就是防止河道断流、湖泊萎缩

所需的生态需水量，能保证常年河流不出现断流等可能导致河流生态环境功能破坏的现象出现。因此，以河流量小月平均实测径流量的多年平均值作为防止河道断流、湖泊萎缩所需的生态需水量。

（2）防止河流泥沙淤积所需水量

由河流动力学知识可知，水流的挟沙能力与水流速度的平方成比例；当泥沙不断在河流淤积时，河流将退化而失去其应有的功能。为维持水流和泥沙的生态平衡，河流需维持一定的水流流量，这一流量可用分析设计典型年河流中泥沙含量和输送量、河床泥沙淤积速度等确定，从而确定河流排沙需水量。在这里考虑河流系统，汛期的输沙量约占全年输沙总量的80%以上，因此把汛期用于输沙的水量计算为河流生态环境需水量的一部分。

（3）水面蒸发生态需水量

为了维持河流系统正常生态功能，当水面蒸发高于降水时，必须从河流河道水面系统接纳以外的水体来弥补，我们把这部分水量成为水面蒸发生态需水量。当降水量大于蒸发量时，就认为蒸发生态需水量为零。根据水面积、降水量、水面蒸发量，可求得相应蒸发生态需水量。

2. 湿润区/半湿润地区地表水体生态需水及开发度的确定

由于湿润区/半湿润地区降雨量丰富，多年平均降雨量大于河流水面蒸发量，而且除了不当开发利用等人为因素外，在自然条件下一般不会出现河道断流、湖泊萎缩等现象，因此，该地区的生态需水主要是冲沙压减所需最小水量与维持河流水生生物正常生存及生长所需最小水量之和，并减去两者重复水量。

（四）地下水的合理开发及开发度的确定

1. 地下水开发对生态环境的影响

作为地球环境的一个重要组成部分，在天然情况下，地下水水量和溶质成分的状态，以及水、土间的应力状态一般都是均衡的。有时，它们可能随着某些自然因素（如降水量、蒸发量及地壳的升降运动等）的变化而变化，但其变化过程一般是非常缓慢的，并且这种在天然条件下的变化，一般不会给环境造成突发性的严重后果。但是如果我们不能正确认识地下水与环境之间的内在关系，任意破坏其均衡关系，则会导致与地下水有关的环境、生态的急剧恶化。地下水的不合理开采会引起区域地下水位持续大幅度下降，导致含水层被疏干，取水工程出水量减少，抽水成本增加等一系列生态环境问题。

① 由于地下水位大幅度下降，改变了地表水和地下水之间及含水层之间的天然补给关系，原有水利工程规划的效益降低。区域地下水位的大幅度下降，导致一些

在天然条件下接受地下水补给的河流，变成了地下水的补给源。

②由于区域地下水位的下降，环境、生态条件持续恶化。区域地下水位下降，对干旱地区以吸收土壤和潜水而赖以生存的植被系统构成了极大的威胁。

③区域性的地下水水位下降对土地含水量、沙化程度、地表水体分布范围，乃至局部气候都有影响。

④当开采区的地下水位低于与其有水力联系的劣质地表水体或相对劣质含水层的水位时，其地下水水动力条件也发生了变化，使劣质水体直接或间接进入开采含水层造成水质恶化。如滨海地区，因开采区域的地下水位大幅度下降，咸、淡水的天然均衡条件受到破坏，导致海水入侵，地下水质恶化。

⑤大量抽取地下水所导致的区域地下水位大幅度下降，不仅引起含水层水动力条件发生改变，同时也将促使含水层水文地球化学条件的变化。其中的变化也可能导致含水层地下水水质的恶化。例如，在我国北方干旱和半干旱地区，潜水含水层一般处于弱还原环境，在大量抽取地下水后，随着地下水位的下降，大气进入被疏干的含水层，该层将变成强氧化环境。

⑥地下水是维持土体应力平衡的一个重要因素。大量开采地下水，水体从含水层空隙中排出，地下水水头压力降低，改变了土体原来的应力状态和平衡条件，从而使土体结构和稳定性遭到破坏，导致地面沉降、开裂及塌陷等有害地质作用的发生。

上述地下水不合理开发引起的环境、地质问题及由其诱发导致的环境、生态等恶化，归根结底是地下水位大幅度下降造成的。因此，合理地控制开采区域的地下水位对生态环境保护和区域社会、经济的可持续发展起着重要的作用。为此，对区域地下水的可持续开发，从保证地下水合理水位角度来探讨，应确定水位与水量的关系，来确定地下水的开发度。

2. 开发地下水时的合理水位的确定

在以往的地下水资源评价中，对地下水资源的开发是以确定地下水资源可开采量为合理的开采条件的，即地下水的开采量不超过地下水的补给量。这是从水文学的角度在开采量与补给量能够保持大体平衡的条件下，保证地下水循环。如果按上述开采条件，对于地下水埋深较浅的西北干旱和半干旱地区来说，由于潜水埋深浅，并且蒸发量大，易使土地渍生盐碱化，生态环境并没有得到保护和改善；同样，对地下水埋深较深的区域来说，如果对开采区的水文、地质等情况不能全面了解和掌握，可开采量就不能科学合理计算出来，这样对该区域进行地下水的开发，就会造成上面所讲生态环境问题。因此，从生态学的角度，从保证生态系统稳定及其改善的角度来确定开发地下水的合理水位，从而确定区域地下水资源的开发度。

为了保证生态系统的稳定，必须保证其生态需水，对开发地下水的区域来说其生态需水是指在水资源开发时，不引起地面沉降、植被荒漠化，保证生态环境的稳定所需的水资源量。由于不同的区域生态系统不同，因此保证其生态系统稳定的生态需水也不同。从生态系统形成的角度来说，又分为天然生态需水和人工生态需水。天然生态需水是指基本不受人工作用的生态所消耗水量，包括天然水域和天然植被需水；人工生态需水是指由人工直接或间接作用维持的生态所消耗水量，包括用于放牧和防风的人工林草所需水量、维持城市景观所需水量、农业灌溉抬高水位支撑的生态需水量及水土保持造林种草所需水量等。从生态系统的水分来源来说，其包括降雨、地表径流、地下水潜水蒸发等。从补给来源来说，生态需水分为降水性生态需水和径流性生态需水。地带性植被所在的天然生态系统完全消耗降水量，非地带性植被所在的天然生态系统以消耗径流量为主、降水为补充；处于地带性和非地带性的交错过渡带以消耗降水为主、径流为补充。因此，在研究地下水开发的合理水位时，应首先研究被开发区域生态系统情况及其补给来源，才能确定该区域开采地下水的合理水位，从而确定该区域地下水的开发度。

(1) 干旱、半干旱地区合理水位的确定

由于不同区域生态系统情况不同，其补给来源也不同，因此确定趋于合理开采的地下合理水位也不同。例如，西北内陆地区属于干旱、半干旱地区，降雨量少，蒸发量大，植被属于非地带性植物，其保证生态系统稳定的生态需水主要是靠潜水。影响植被生长的主要因素是土壤水分和盐分，土壤中的水分和盐分都与地下水位有关，地下水位过高，在蒸发作用下，溶解于地下水中的盐分可在表层土中聚集，不利于植物的生长；地下水位过低，地下水不能通过毛管上升来补充损失的土壤水分，使土壤变干，导致植被的衰败和退化。由此可知，确定既不使土壤中的盐分聚集影响植物生长又不会使土壤变干导致植被衰退的地下水位是十分重要的。所以，这里把维持天然植被生长所需水分的地下水埋深称为合理的地下水位。一个区域的合理的地下水位，应在一个范围内有一个合理的阈值。根据前人所做的研究：当地下水埋深在 4.0 m 以下时，潜水位以上的土壤水分损失就不能由潜水供给，土壤发生干旱，植被生长受到影响，因此，可以把 4.0 m 作为潜水蒸发的极限深度，即水位的合理阈值下限；当潜水埋深小于 4.0 m 时，土壤水分蒸散发的损失量就能由潜水通过毛管上升不断补充，使土壤免于干旱。但是，当地下水埋深小于 2.0 m 时，潜水蒸发强度随着地下水埋深的减小急剧增长。因此，把 2.0 m 作为水位的合理阈值上限。总的来说，应根据区域保证典型植被生态系统稳定所需的合理水位情况，来确定地下水的开发度。

（2）湿润、半湿润地区合理水位的确定

湿润、半湿润地区，降雨充沛，生态系统的耗水主要是靠降雨，因此，在这里就不能单纯以保证该区域典型植被生态系统稳定来确定开发地下水的合理水位，而是以开采地下水时不引起环境、地质情况的破坏（像地面沉降、开裂及塌陷等有害地质作用的发生）来确定合理的地下水位。例如，苏锡常地区由于超采地下水，地下水位急剧下降，结果造成大区域的降落漏斗，引起地面沉降。为了避免生态环境进一步恶化，该地区政府部门下令强制关闭所有的地下开采井，导致地下水位不再继续下降或随着该地区降雨量的增加，会使地下水位逐步上升使该地区的生态环境得到改善和恢复。又如，上海也是由于超采地下水，地下水位大幅度下降，结果造成大幅地面沉降，为了解决这种矛盾，上海地区采取地下回灌的方式，使地下水位能够有所上升或维持，阻止了地面沉降的幅度和范围扩大。通过这些地区地下水位的降幅与引起地面沉降的降幅关系进行，来确定与上述地区相同或近似水文、地质等条件下，其他区域地下水开采时的合理的地下水位。

第二节　水资源开发利用形式

一、地面水资源开发利用形式

由于地面水资源的种类、性质和取水条件各不相同，因而地面水的开发利用形式也各不相同。按水源划分，有河流、湖泊、水库、海洋等水体取水。按取水构筑物的构造型式分，则有固定式（岸边式、河床式、斗槽式）和活动式（浮船式、缆车式）两种。在城市上游的河流取水，为了兼顾城市防洪和供水，通常是采用建造水库的方法来实现地面水资源的开发利用。

（一）河流取水的工程形式

地表水取水构筑物的形式应适应特定的河流水文、地形及地质条件，同时应考虑取水构筑物的施工条件和技术要求。由于水源自然条件和用户对取水的要求各不相同，因此地表水取水构筑物有多种不同的形式。

地表水取水构筑物按构造形式可分为固定式取水构筑物、活动式取水构筑物和山区浅水河流取水构筑物三大类，每一类又有多种形式，各自具有不同的特点和适用条件。

1. 固定式取水构筑物

固定式取水构筑物按照取水点的位置，可分为岸边式、河床式和斗槽式；按照结构类型，可分为合建式和分建式；按照河床式取水构筑物按照进水管的形式，可分为自流管式、虹吸管式、水泵直接吸水式、桥墩式；按照取水泵类型及泵房的结构特点，可分为干式、湿式泵房和淹没式、非淹没式泵房；按照斗槽的类型，可分为顺流式、逆流式、侧坝进水逆流式和双向式。固定式取水构筑物具有取水可靠、维护管理简单以及适应范围广等优点，但投资较大，水下工程量较大，施工期长。

2. 活动式取水构筑物

在遇到下列情形时，一般应考虑使用活动式取水构筑物。

① 当河水水位变幅较大而取水量又较小时。

② 当供水要求紧迫、建设固定式取水构筑物赶不上需要时。

③ 当水文资料不全、河岸不稳定时。

④ 当设计临时性的供水水源时。

活动式取水构筑物可分为缆车式和浮船式。缆车式按坡道种类可分为斜坡式和斜桥式。浮船式按水泵安装位置可分为上承式和下承式；按接头连接方式可分为阶梯式连接和摇臂式连接。

3. 山区浅水河流取水构筑物

山区浅水河流取水构筑物包括底栏栅式和低坝式。低坝式可分为固定低坝式和活动低坝式(橡胶坝、浮体闸等)。

(二) 湖泊、水库取水工程形式

我国湖泊、水库众多，而且近些年来水库的建设速度还在加快。为了满足生产和生活用水的需要，现在已有越来越多的湖泊、水库取水工程在建。湖泊水库取水工程类型有：

① 隧洞式取水和明渠取水。

② 分层取水；

③ 岸边式或湖心式取水；

二、地下水资源开发利用形式

由于地下水的类型、埋藏条件、含水层性质等的不同，开发利用地下水的形式也各不相同。按水源地的供水特点分为集中式水源地和分散式水源地；按照汲取地下水的集水建筑物类型可分为管井、大口井、坎儿井、辐射井、截潜流工程、引泉工程等。总之，地下水资源的开发利用应根据水文地质条件并结合当地需要，选择适宜的开采方式。

用于集取地下水的工程建筑物称为集水建筑物。集水建筑物的形式多种多样，综合归纳可概括为三大类型，即垂直系统、水平系统、联合系统。

在河床有大量冲积的卵石、砾石和砂等的山区间歇河流，或一些经常干涸断流但却有较为丰富的潜流的河流中上游，山前洪积扇溢出带或平原古河床，由于水井施工难度大或出水量较小，这时可采用管道或截渗墙来截取潜流，即截潜流工程。

坎儿井是干旱地区开发利用山前洪积扇地下潜水，用于农田灌溉和人畜饮用的一种古老的水平集水工程。坎儿井使用寿命较长，可以自流灌溉，水量稳定、水质优良，能防风沙，操作技术简单。

卧管井由水平的卧管和垂直的集水井组成，只适用于特定的水文地质条件，或有渠水及其他人工补给水源的地区。管口常需装设闸阀，以调节和保护地下水源。

第三节　水资源供需平衡

社会经济的发展，使水资源的需求量逐步增加。而受自然条件的约束，某一地区的可供水资源量是有限的，因此必然会出现水资源"需大于供"的现象和问题。水资源供需分析就是要弄清区域或流域的供水、用水状况和发展前景，从而提出保证水资源安全供应的方案和措施，确保水资源供需平衡。

一、需水预测

需水量分析是供需平衡的主要内容之一。需水量可分为河道内用水和河道外用水两大类。河道内用水包括水力发电、航运、冲淤、环境、旅游等。河道内用水一般并不耗水，但要求有一定的流量、水量和水位，其需水量应按一水多用原则进行组合计算。河道外用水包括城市用水和农业用水。城市用水又分工业用水、生活用水和环境用水。

（一）需水量预测的方法

由于不同行业的用水不同，因此需水预测的方法也不尽相同。通常情况下，需水预测方法中以用水定额及发展指标预测方法（以下简称定额法）为基本方法，有时根据需要也采用其他方法，如基于统计规律的趋势法等，进行相互复核与印证。

①定额法：基于单位指标的用水定额而进行预测的方法，主要涉及经济社会发

展指标和针对该指标的用水定额的预测。通常可以根据经济社会发展指标预测和各用户用水定额预测结果的乘积来计算需水量，以保证预测成果的合理性和可行性。

②基于统计规律的预测方法：根据过去的用水统计和用水有关的经济社会指标，分析其中的规律性，并以此规律进行内插和外延，由此计算规划水平年的需水量，此类方法都需要较长系列的统计资料，因此不会出现突变的情况。

③其他方法：机理预测法、弹性系数法等。

需水预测是根据对现状和未来发展水平、用水水平和用水效率的分析，进行不同水平年、不同年型和不同方案需水量分析计算。

(二) 生活需水预测

生活需水可采用人均日用水量方法进行预测。

对总需水量的估算，考虑的因素是用水人口和用水定额。用水定额以现状调查数字为基础，根据经济社会发展水平、人均收入水平、水价水平、节水器具推广与普及情况，分别拟定各水平年城镇和农村居民生活用水定额。

1. 城镇生活需水预测

一个城镇生活用水定额、用水结构与城镇的特点和性质有关。对未来生活需水量的变化预测可以参照其历史的规律及现状进行综合判断。

趋势法或简单相关法。城市生活需水，在一定范围内，其增长速度是比较有规律的，因而可以用趋势外延和简单相关法推求未来需水量。

估算总需水量，主要需要考虑用水人口和用水定额两个因素。其中，用水人口为计划部门的预测人数，常按照以下两种方法来确定用水定额，一种是根据目前的调查数据来分析定额的变化趋势；另一种是进行用水定额与国民平均收入的相关分析，考虑不同水平年城镇的经济发展和人民生活改善及提高程度，拟订一个城镇不同水平年的用水定额。

2. 农村生活需水预测

通过典型调查，按人均需水标准进行估算。

农村居民生活需水标准与各地水源条件、用水设备、生活习惯有关。南方与北方需水标准相差很大，应进行实地调查，然后拟订需水标准。

城镇和农村生活需水量年内相对比较均匀，可按年内月平均需水量确定其年内需水过程。对于年内用水量变幅较大的地区，可通过典型调查和用水量分析，确定生活需水月分配系数，进而确定生活需水的年内需水过程。

(三) 工业需水预测

工业用水一般指工矿企业在生产过程中，在制造、加工、冷却、空调、净化和洗涤等方面的用水，是城市用水的一个重要组成部分。由于工业部门内不同的行业的用水量相差很大，因此工业用水要按行业划分，利用水平衡法进行统计和计算：

总用水量＝耗水量＋排水量＋重复用水量

用历年工业用水增长率来推算将来工业需水量。采用趋势法预测的关键是对工业用水平均增长率的确定准确合理，预测结果与工业结构、用水水平、水源条件等有关。随着用水水平的提高，单位产值耗水量降低，重复利用率的提高，工业用水呈下降趋势。这是一种较为简便快捷的需水预测方法，对资料的要求不高，但该方法由于所考虑的因素较少，预测结果与实际的偏差很大，故一般不宜单独使用，应配合其他方法进行预测。

(四) 生产需水预测

就一个地区而言，为进行农业灌溉用水量的计算和预测，首先需要弄清以下几个概念：

① 作物需水量：作物在全生育期或某一时段内正常生长所需的水量，包括消耗于作物蒸腾量和株间蒸发量 (合称为腾发量)。农作物需水量可以通过田间实验来确定，它是决定灌溉用水量、灌溉引水量的重要的参数，也是进行地区水资源平衡分析计算的重要依据。

② 灌溉制度：作物播种前及全生育期内进行适时适量灌水的一种制度，包括灌水定额、灌水时间、灌水次数和灌溉定额。灌水定额为一次灌水在单位面积上的灌水量，灌溉定额则是全生育期内各次灌水定额之和。

③ 灌溉用水量：灌溉面积上需要提供给作物的水量，其大小及其在年内的变化情况，与各种作物的灌溉制度、灌溉面积以及渠系水利用系数等因素有关。

二、可供水量预测

可供水量是指在不同水平年、不同保证率或不同频率情况下，通过各项工程设施，在合理开发利用的前提下，可提供的能满足一定水质要求的水量。

"不同来水条件"可视为供水工程对用户供水的保证程度。水资源的补给来源为大气降水，具有年际丰枯变化和年内季节性变化，供水工程的供水能力和用户的需水量也因不同的年景而有变化，因此，可供水量要针对几种不同年景的代表进行。

"工程设施提供的"供水量一定是供水工程提供的。供水工程设施未控制的集水面积上的水资源量不可能成为可供水量。

(一) 可供水量的影响因素

1. 来水条件

由于水文现象的随机性，将来的来水是不能预知的，因而将来的可供水量随不同水平年的来水变化及其年内的时空变化而变化。

2. 用水条件

由于可供水量有别于天然水资源量，例如，只有农业用户的河流引水工程，虽然可以长年引水，但非农业用水季节所引水量没有用户，不能算为可供水量；又如，河道的冲淤用水、河道的生态用水，都会直接影响到河道外的直接供水的可供水量，河道上游的用水要求也直接影响到下游的可供水量，因此可供水量是随用水特性、合理用水和节约用水等条件的不同而变化的。

3. 工程条件

工程条件决定了供水系统的供水能力。现有工程参数的变化，不同的调度运行条件以及不同发展时期新增工程设施都将决定不同的供水能力。

4. 水质条件

可供水量是指符合一定使用标准的水量，不同用户有不同的标准。在供需分析中计算可供水量时要考虑水质条件。例如，从多沙河流引水，高含沙量河水就不宜引用；高矿化度地下水不宜开采用于灌溉；对于城市的被污染水、废污水在未经处理和论证时也不能算作可供水量。

总之，可供水量不同于天然水资源量，也不等于可利用水资源量。一般情况下，可供水量既小于天然水资源量，也小于可利用水资源量。对于可供水量，要分类、分工程、分区逐项逐时段计算，最后还要汇总成全区域的总供水量。

另外，需要说明的是，所谓的供水保证率是指多年供水过程中供水得到保证的年数占总年数的比例。

(二) 工程可供水量

大、中型蓄水工程可供水量，一般根据来水条件、工程规模和规划水平年的需水要求直接进行调节计算。小型蓄水工程及塘坝一般采用复蓄系数法进行计算，即通过对工程情况进行分类，采用典型调查方法，分析确定不同地区各类工程的复蓄系数。

① 年调节水库可供水量。年调节水库可供水量一般采用典型代表年计算法。

② 多年调节水库可供水量。水库库容系数 β 大于 $0.3 \sim 0.5$，即可能为多年调节

水库。对于多年调节水库，尽可能由来水、用水量(已知灌溉面积)的长系列资料，用时历法逐年做调节计算，可求得已知有效库容及保证率和逐年的可供水量，对应于区域典型代表年份的可供水量即为所求。也可采用下述计算原则：低于设计保证率年份的可供水量，按"以需定供"求得；高于设计保证率年份的可供水量，由计算得出的保灌面积(小于设计灌溉面积)乘以该年综合亩毛灌溉定额求得。

③小型蓄水工程可供水量。小型水库和塘坝数量多，资料缺乏，蓄水量小，多采用简化法估算其不同保证率代表年可供水量。

对于地下水开采利用程度较高的地区，要特别考虑补给量与开采量之间的平衡关系，对照地下水动态观测资料，估算有一定补给保证的地下水可开采量，作为该地区的地下水可供水量。对于地下水开采利用程度低的地区，只要提水设备能力允许，可按"以需定供"直接以用户需水量作为地下水可供水量。

(三)区域可供水量

水资源系统是以水为主体构成的一种特定系统，该系统是在一定的范围或环境下，为了达到开发利用水资源的目的，由相互之间存在有机联系的水资源工程单元以及管理技术单元构成的有机体。在水资源系统中，由水源、调蓄工程经由输水系统将水分配到各用水系统，供其使用，之后由排水系统流出。

1. 用户概化

在一个较大区域，往往包含多种多样的水利工程，包含许多具体的用水户。区域可供水量的计算，就是在各种用水户需水要求下，对区域内部所有水利工程的可供水量进行计算。

一个区域内部，具体用水户的数量是非常大的，为了便于计算，可把地域相近的用水户进行归类合并，即对研究区域进行分区，每一分区作为一个供水对象。

分区的要求是，有利于展示区域水资源需求在空间上的分布；有利于资料的收集、整理、统计、分析；有利于计算成果的校核、验证等。

一个分区内部的用水户也有各种类型，其用水性质也不尽相同。根据用水性质的不同划分成几类，如城市生活、农村生活、工业和建筑业及第三产业、农业、河道外生态环境、河道内生态环境等。

2. 水源划分

作为供水来源区域内的水源，可进行以下划分：

①当地水：当地地表水、当地地下水、再生水。

②外来水：跨区域调水、客水。

当地地表水是指区域内的河流、湖泊等，当地地下水是指区域内的地下含水层等，再生水等按照不同的收集、处理与供给系统划分。

客水是指流入区域内的河流、含水层跨界补给等。调水是指从研究区域外通过工程措施调入本区域的水量，按照不同的调水系统划分。

3. 系统网络图

水源与分区分类型用户之间，通过各种供水工程相联系。按照供水工程、概化用户在流域水系上和自然地理上的拓扑关系，把水源与用户连接起来，形成系统网络图。

以概化后的点、线、面元素为基础，构筑天然和人工用水循环系统，动态模拟逐时段多水源向多用户的供水量、耗水量、损失量、排水量及蓄变量过程，实现真实水资源系统的仿真模拟。

4. 区域可供水量计算

区域可供水量是由若干个单项工程、计算单元的可供水量组成。区域可供水量也可以在单项供水工程设施可供水量计算的基础上，进行区域可供水量的汇总。汇总时应注意：

①按区域不同保证率选定的典型代表年，取各单项工程同一年份的供水量汇总。

②按地表水可供水量、地下水可供水量分别汇总。

③避免可供水量的重复计算。

④区域可供水量汇总成果的合理性检查。

（四）供水预测

1. 基准年可供水量分析

基准年可供水量是进行供水预测的基础，分析应以现状供水量调查分析为依据，应对现状供水中不合理开发利用的水量进行调整。现状供水中不合理开发利用的水量主要包括：地下水超采量、挤占的生态环境用水量、未经处理或不符合水质要求的水量、超过分水指标的引水量等。

分析时，应考虑不同年型来水量和需水量的变化，结合工程的调度运行规则，通过长系列调节计算或典型年计算，得出不同年型的基准年可供水量。

2. 规划水平年供水预测

供水预测和需水预测类似，需要进行不同水平年、不同年型和不同方案的可供水量分析计算，并进行各种方案的经济技术分析和比选。

供水预测的内容主要包括：综合调查分析现有供水设施的布局、供水能力、运行状况，以及水资源开发程度与存在问题等，在此基础上分析水资源开发利用前景和潜力，结合不同水平年的需水要求，拟定多种增加供水的方案，提出不同水平年、不同年型、不同方案的可供水量成果。

根据对各地水资源开发利用模式和水资源开发利用潜力的分析，对应各水平年不同需水方案的需水要求，确定不同水平年的供水目标，确定不同情形下的供水方案，如增加污水处理回用，通过外调水源工程增加区域可供水量，加强雨水、矿坑排水等非常规水资源的利用等，分析采取这些措施及多种措施组合情况下的效果。并考虑区域实际情况，分析可能给水资源可持续利用带来的有利和不利影响，综合考虑工程布局和总体安排等因素，最终拟定不同水平年的供水方案。

三、水资源优化配置

水资源供需平衡是指在一定区域、一定时段内，对某一发展水平年和某一保证率的各部门供水量和需水量平衡关系分析。供水量和需水量相近为平衡，供大于需的部分为余水量，供小于需的部分为缺水量。

(一) 水资源优化配置的概念

水资源优化配置（Optlmization Water Resources Collocation）指的是在一定的流域或区域内，在高效、公平和可持续原则的指导下，对各种水资源进行合理分配，从而实现水资源的可持续利用，保证社会经济、资源以及生态环境的协调发展。

水资源优化配置的本质，是按照自然规律和经济规律，对流域水循环及其影响水循环的自然、社会、经济和生态诸因素进行整体多维调控，并遵循水平衡机制、经济机制和生态机制进行的水资源优化配置的决策方法和决策过程。

水资源优化配置是水资源规划的一个重要组成部分，需要以水资源评价、开发利用评价以及需水预测、供水预测、节水规划、水资源保护等工作成果为基础，针对流域水资源系统的实际状况，建立配置模型，计算不同需水、节水方案和供水策略下区域的供需平衡以及供用耗排状况；通过水资源优化配置模型的模拟计算，对总体布局的确定和完善提供建议，并最终结合方案比选和评价的分析计算平台，使模型成为水资源规划的实用工具。

(二) 水资源优化配置内容及流程

水资源优化配置是水资源规划与管理中的重要内容，涉及的供用水范围较广，涉及的内容很多，按照其流程归结起来，主要有以下几方面内容。

① 水资源系统的组成分析。

② 水资源供需初步分析。

③ 水资源开发利用中存在的问题。

④ 针对地区实际情况，选择水资源优化配置目标及原则。

⑤ 水资源优化配置初步方案的生成。

⑥ 水资源优化配置模型及其求解。

⑦ 水资源优化配置方案的比选。

⑧ 对于特殊干旱期的应急对策。

(三) 水资源优化配置的一般模型

基于优化技术的水资源配置模型，是通过建立流域水资源循环转化与调控平衡方程、以水资源区套行政区为基本计算单元的水资源供用耗排平衡方程、以水利工程调度供水平衡方程及各类约束方程和以供水净效益最大及损失水量最小为目标函数的数学规划模型。通过优化模型可以对各种方案进行分析计算，进行水资源配置分析并提出推荐方案，为水资源规划管理决策提供依据。

1. 建模条件

考察区域内水资源的实际情况，包括水资源系统的性能、目标、环境等，定量描述各因素以及相互间的关系，从而确定系统的表达形式，确定其中的未知变量，也就是决策变量。

随着社会生产和生活水平的提高以及自然环境的改善，我们对水资源的要求也逐步提高，再加上地球上水资源的总量是有限的，这更需要我们对水资源进行动态优化配置。通常情况下，需要确定进行优化配置的目标和原则，采用系统分析的方法进行建模。

2. 目标函数的确定

应用目标函数来表达模型系统的目标要求，根据问题的实际情况，来确定求解目标函数的最大值或最小值。水资源优化配置的目标是通过科学合理分配有限的水资源，实现水资源的可持续利用和经济社会的可持续发展。

水资源优化配置目标函数的具体形式依照所拟定的水资源配置模式对应的最优准则而定。

3. 约束条件的确定

约束条件表示了目标函数的限制条件。推求目标函数达到最优时的决策变量，应是在约束条件下求得的。水资源优化配置中，产水量、可供水量、输水建筑物的过水能力等都可能成为约束条件。

（四）水资源优化配置的一般形式

事物的运动发展是质和量的统一，任何事物都有质和量的规定性，质的规定性把不同的事物区别开来，量的规定性把同质事物区别开来，没有一定的质或量的事物是不存在的。有一定质和量的规定性的事物只有在其运动的时间和空间中才能把握，时间和空间也离不开物质的运动。

因此，在自然资源利用过程中，具有一定质和量的规定性要素所配置组合而成的系统，必然表现为4种基本形式：质态组合形式、量态组合形式、时间组合形式和空间组合形式。

1. 质态组合形式

质态组合也称为属性组合，是指诸要素于自然资源利用过程中在属性上相互关联的状态。

自然资源利用配置的质态组合本质上是一种联系，可分解为生态联系、技术联系、经济联系等。其中，生态联系是最基本的；技术联系是一种中介联系，是人与自然进行物质、能量和信息交换的手段和媒介；经济联系则是最高形态的联系。

2. 量态组合形式

量态组合形式是指系统各要素之间的数量配比。量态组合有两层含义：

第一，任何系统的产出物都是系统在特定的质态组合方式下共同作用的结果。要充分发挥这种共同作用，系统诸要素就必须有一定的数量规定或比例关系。

第二，人们对系统的干预，对水资源的利用必须有一个数量界限，即适合度的问题。人们对水资源的开发利用应有一个阈限，过度开发或开发利用不足都不能达到好的效果。尤其是超过阈限严重的就会给水资源系统造成难以弥补的损失，例如河道断流、湖泊干涸、地下水位下降等，都是因为超过了资源利用的承载能力。

3. 空间组合形式

空间组合形式是指诸要素在地域空间上的分布和联系状态。空间组合形式又可分解为平面组合、垂直组合和立体组合3种形式。

系统的边缘效应、集聚效应及乘数效应都可以通过空间组合的形式变换来获取，并且这3种效应的大小也反映其组合的优劣态势。

4. 时间组合形式

时间组合形式是指各要素在时序变化上的相互依存、相互制约的关系，在水资源的利用上表现为经济利用的超前性和资源更新的滞后性。时间组合就在于各要素在其结合过程的先后顺序和持续时间长短的调节上。由于水资源具有随机性、时空分布不均匀等特性，容易出现用水高峰时节来水偏枯现象。这就需要采用合理的配置手段，对水资源进行合理调节，使其能够做到峰水枯用，优化时间组合。

任何系统的组合配置都是上述4种形式的统一。水资源的利用方式具有相应的构成、规模、时序和布局。这4种组合形式也反映了系统的4个基本范畴：型、阈、位与序。

(五) 水资源供需平衡动态模拟分析成果的综合

对水资源供需平衡动态模拟的计算结果加以分析整理，即称成果综合。该方法能得出比典型年法更多的信息，其成果综合的内容虽有相似的地方，但要体现出系列法和动态法的特点。

1. 现状供需分析

现状年的供需分析和典型年法一样，都是用实际供水资料和用水资料进行平衡计算的，可用列表表示。由于模拟输出的信息较多，对现状供需状况可作较详细的分析，如各分区的情况、年内各时段的情况，以及各部门用水情况等，以便能在不同的时间和地域上对供需矛盾作出更详尽的分析。

2. 不同发展时期的供需分析

动态模拟分析计算的结果所对应的时间长度和采用的水文系列长度是一致的。对于发展计划则需要较为详尽的资料。对于宏观决策者不一定需要逐年的详细资料。所以，应根据模拟计算结果，把水资源供需平衡整理成能满足不同需要的成果。

结合现状分析，按现有的供水设施和本地水资源，进行一次今后不同时期的供需模拟计算，通常叫第一次供需平衡分析。通过这次平衡，可以发现问题，便于进一步深入分析。经过第一次平衡以后，可制订不同方案或不同情景，进行第二次供需平衡。

对不同的方案，一般都要分析如下几方面的内容：

① 若干个阶段 (水平年) 的可供水量和需水量的平衡情况。

② 长时间系列逐年的水资源供需平衡情况。

③ 开源、节流措施的方案规划和定量分析。

④ 各部门的用水保证率及其他评价指标等。

第三章 水利水电工程建设

第一节 水利水电的工程建设

一、水利水电建筑工程

水利水电建筑工程是培养掌握水利水电工程项目建设、现场施工的基本知识和技术，具备中小型水利水电工程勘测设计、施工组织与管理、工程运行管理、水工建筑物检测、从事中小型水利水电工程设计、水利水电工程施工与管理工作、检修及维护等能力的高素质技能型人才的课程。

对国家审批（核准）重点水利水电工程，在具备一定前提条件的情况下，允许工程建设范围内的道路、桥梁、生活营区等施工前期准备工程和控制工期的单体工程等申请办理先行用地。对地方审批（核准）的项目，但纳入经批准的全国中型水库建设规划并经有关流域机构审核同意的水利项目，以及纳入经批准的国家水电发展规划的水电项目，允许参照办理先行用地，合理适度地扩大了水利水电先行用地范围。

二、水利工程建设的应对措施

不断完善管理层的职责，分工明确。在水利工程建设中，一定要明确项目法人的职责，因为它关系到整个建设项目的进度与质量。把项目建设中的管理项目分配到各管理阶层，这样能够明确各管理阶层的责任。在建设中刚出现问题时我们就能够快速地找出问题所在，然后找到负责人及时解决问题，保证工程的顺利进行。

监管部门加大检查力度。监管部门在水利建设中发挥着很大的作用，因为他们在监管过程中能够及时发现工程中存在的安全隐患，及时地向上级报备，然后分析原因，第一时间找出解决隐患的办法，快速消除隐患。如临汾市洪洞县曲亭水库左岸灌溉洞出现大流量漏水，下游 10 000 多名群众紧急转移，水库坝体塌陷贯通过水，坍塌近 300 米，成为一起水库坝体塌陷较大事故。如果监管部门及时发现隐患，就有可能避免损失。

高度重视建设资金到位问题。水利工程项目在筹备资金的过程中层次比较多，结构很复杂，要想资金完全筹集到位难度非常大。要想让筹备的资金完全落实到工程建设项目中，必须加强水利建设资金管理制度，完善工程报账与支付制度，严格审计，才能够保证资金利用的最大化。另外，在筹备资金的过程中要不断地拓宽融资渠道，不断地进行宣传，吸引企业、集体、个人进行投资，让资金取之于民、用之于民，达到资源共享的效果。

引进科技能手，加强员工业务培训。在水利工程建设项目中，一定要加强对水利行业从业人员的技术水平与业务水平的培训。对各个岗位的人员进行专业的训练，总体提高人力资源的素质，最终达到水利人才保值增值的目的。各岗位工作人员要有效发挥自己的业务水平，全面提高对水利工作的认识程度。因为强有力的技术水平是水利建设项目的有效支撑。另外，还要储备一些水利综合性人才，为水利工程的后续发展奠定基础。

总之，我国水利工程建设存在很多问题，我们必须要高度重视起来，不断坚持科学的发展观，在水利工程建设中不断完善管理层的职责，让监管部门加大检查力度，提高水利工程人才的技术水平与业务水平，这样才能够对水利工程建设进行综合治理，全面有效地解决水利工程建设中存在的问题。相信在不断完善与改革的过程中，我国水利工程建设一定能够上一个新的台阶。

三、基层水利工程建设

水是人类生产和生活必不可少的宝贵资源，但其自然存在的状态并不完全符合人类的需要。只有修建水利工程，才能满足人民生活生产对水资源的需求。水利工程是抗御水旱灾害、保障资源供给、改善水环境和水利经济实现的物质基础。随着经济社会持续快速发展，水环境发生深刻变化，基层水利工程对社会的影响更加显著。近年来，水利工程建设与管护工作出现的一些问题，使水利工程的正常运行和维护受到不同程度的影响。

(一) 水利工程建设意义

水利工程不仅要满足日益增长的人民生活和工农业生产发展需要，更要为保护和改善环境服务。基层水利工程由于其层次的特殊性，对当地发展具有更重要的现实意义。

保障水资源可持续发展。水具有不可替代性、有限性、可循环使用性以及易污染性，如果利用得当，可以极大地促进人类的生存与发展，保障人类的生命及财产安全。为了保障经济社会可持续发展，必须做好水资源的合理开发和利用。水资源的可持续发展能最大限度地保护生态环境，是维持人口、资源、环境相协调的基本要素，是社会可持续发展的重要组成部分。

维持社会稳定发展。我国历来重视水利工程的发展，水利工程的建设情况关乎我国的经济结构能否顺利调整以及国民经济能否顺利发展。加强水利工程建设，是确保农业增收、顺利推进工业化和城镇化、使国民经济持续有力增长的基础和前提，对当地社会的长治久安大有裨益，水利工程建设情况在一定程度上是当地社会发展状况的"晴雨表"。

提高农业经济效益和社会生态效益。水利工程建设一定程度上解决了生活和生产用水难的问题，也提高了农业效益和经济效益，为农业发展和农民增收做出了突出贡献。在水利工程建设项目的实施过程中，各级政府和水利部门越来越注重水利工程本身以及周边的环境状况，并将水利工程建设作为农业发展的重中之重，极大地提升了当地的生态效益和社会效益。

（二）水利工程建设问题

工程建设大环境欠佳。虽然水利工程对当地农业发展至关重要，相关部门也都支持水利事业的发展，但是水利工程建设整体所处大环境欠佳，起步仍然比较晚，缺乏相关建设经验，致使水利工程建设发展较为缓慢。尽管近几年水利工程建设发展在提速，但整体仍比较缓慢。

工程建设监督机制不健全。水利工程建设存在一定的盲目性、随意性，因此不能兼顾工程技术和社会经济效益等诸多方面。工程重复建设多以及工程纠纷多，造成了水利工程建设中出现规划无序、施工无质以及很多工程隐患问题。工程建设监督治理机制不健全导致建设进度缓慢、施工过程不规范、监理不到位，最终表现在施工中存在明显的质量问题，严重影响了水利工程有效功能的发挥，没有起到水利工程应有的效用。

工程建设资金投入渠道单一。水利工程建设管理单位在防洪、排涝、建设等工作中，耗费了大量的人力、物力、财力，而这些支出的补偿单靠水费收入远远不够。尽管当前各地政府都加大了水利工程的建设投入，但对于日益增长的需求，水利工程仍然远远不足。

工程建设标准低、损毁严重。工程建设质量与所处时代有很大关系，受限于当时的技术、资金条件，早期水利工程普遍存在设计标准低、施工质量差、工程不配套等问题。特别是工程运行多年后，水资源的利用率低、水资源损失浪费严重、水利工程老化失修、垮塌损毁严重，甚至存在重大的水利工程安全隐患。这些损毁问题的发生，与当初工程建设设计标准过低有很大关系。

督导不及时责任不明确。抓进度、保工期是确保工程顺利推进的头等大事。上级领导不能切实履行自身职责，不能做到深入工程一线、掌握了解情况、督促检查工程进展。各相关部门不敢承担责任，碰到问题相互推诿，回避矛盾，不能积极主动地研究问题和想方设法去解决问题。对重点工程，上级部门做不到定期督查、定期通报、跟踪问效，对各项工程进度、质量、安全等情况，同样做不到月检查、季通报、年考核。

工程建设管理体制不顺畅。处于基层的水利工程管理单位，思维观念严重落后，仍然沿用粗放的管理方式，水资源的综合运营经济收益率非常低。水利工程管理体制不顺、机制不活等问题造成大量水利工程得不到正常的维修养护，工程效益严重衰减，难以发挥工程本身的实际效用，对工程本身造成了浪费，甚至给国民经济和人民生命财产埋下极大的安全隐患。

工程后期监管力量薄弱。随着社会经济的高速发展，水利工程建设突飞猛进，与此同时，人为损毁工程现象也屡见不鲜。工程竣工后正常运行，对后期的监管更多表现出来的是监管乏力，捉襟见肘。监管不力，主要原因是管护队伍建设落后，缺乏必要的监管人员、车辆、器械等。执法不及时、不到位也是监管不力的重要原因。

（三）未来发展探析

做好基层水利工程建设与管理意义重大，必须强化保障措施，扎实做好各项工作，保障水利工程正常运行。

落实工作责任。按照河长制、湖长制工作要求，要全面落实行政首长负责制，明确部门分工，建立健全绩效考核和激励奖惩机制，确保各项保障措施落实到位。通过会议安排以及业务学习等方式，基层领导干部能深刻地认识到水利工程建设的重要性和必要性，不断提高对水利工程的认识，积极主动推进水利工程建设，为农田水利事业的发展打下坚实的基础。

加强推进先进理念。管理从业者的业务培训、设计办法、管护理念、运行制度。此外，工作人员还应自觉提高自身的理论和实践素养，武装自己的头脑，丰富自身的技能，为当地水利工程建设管理提供强有力的理论和技术支持。

加大资金投入，拓宽融资渠道。基层政府要提前编制水利工程建设财政预案，进一步加大公共财政投入力度，为水利工程建设提供强有力的物质保障。积极开通多种融资渠道，加强资金整合，继续完善财政贴息、金融支持等各项政策，鼓励各种社会资金投入水利建设。制定合理的工程建设维修养护费标准，采用多种形式对水利工程进行管护，确保水利工程能持之有序地发挥效用。

统筹兼顾搞好项目建设规划。规划具有重要的现实指导和发展引领作用，规划水平的高低决定着建设质量的好坏。因此规划的编制要追求高水平、高标准，定位要准确，层次也要高。在水利工程规划编制过程中，既要与基层的总体规划有效衔接，统筹考虑，又要做出特色、打造出亮点。对短时间难以攻克的难题，要做长远规划，一步一步实施，一年一年推进，不能为了赶进度而降低规划的质量。

抓好工程质量监管加快建设进度。质量是工程的生命，决定着工程效用的发挥程度。相关部门对每一项工程、每一个工段都要严格按照规范程序进行操作，需要建设招标和监理的要落实到位，从规划、设计到施工每一个环节都要按照既定质量标准和要求实施。加快各个项目建设进度，速度必须服从质量，否则建设的只能是形象工程、政绩工程、豆腐渣工程。各责任部门要及早制定检查验收办法，严格把关，应该整改和返工的要严格按要求落实。

健全监管体制。对建成的水利工程要力求做到"建、管、用"三位一体，管护并举，建立健全一套良性循环的运行管理体制。完善工程质量监督体系，自上而下、齐抓共管，保证工程规划合理、建设透明、质量过硬，确保每个环节都经得起考验。此外，还要加大对水利工程破坏行为的打击力度，增加巡查频次，增添巡逻人员，制订巡查计划，确定巡查目标和任务，细化工作职责，防止各种人为破坏现象的发生。

加大宣传力度组织群众参与。加大宣传力度，采取悬挂横幅、宣传标语以及利用宣传车进行流动宣传等方式，大力宣传基层水利工程建设的新进展、新成效和新经验，使广大群众了解水法规、节水用水途径、水工程建设及管护等内容。此外还可以尝试利用网络、多媒体、微信等平台做好宣传工作，广泛发动群众参与，积极营造全社会爱护水利工程的良好氛围。

借力河湖长制共同管护工作。当前河湖长制开展迅猛，各项专项行动推进及时，清废行动、清"四乱"等行动有效促进了河湖及各类水利工程管护工作的开展。水利工程在河湖长制管理范围之列，是河湖管护的重要组成部分，水利工程管护工作开展得好坏，在很大程度影响着河湖长制的开展。利用好河湖长制发展的"东风"，是推进水利工程管护工作的良好契机。

我国是水利大国，水利建设任重道远，水利工程的正常运行是关系国计民生的大事。我国人均水资源并不丰富，且时空分布不均，更凸显了水利工程建设的重要性。

四、水利工程的分类

（一）按照功能和作用分类

水利工程建设项目按照其功能和作用分为甲类（公益性项目）、乙类（准公益性和经营性项目)。

①公益性项目。指防洪、排涝、抗旱和水资源管理等社会公益性管理和服务功能，自身无法得到相应经济回报的水利项目。如堤防工程、河道整治工程、蓄洪区安全建设、除涝、水土保持、生态建设、水资源保护、贫困地区人畜饮水、防汛通信、水文设施等。

②准公益性项目。指既有社会效益，又有经济效益，并以社会效益为主的水利项目。如综合利用的水利枢纽(水库)工程、大型灌区节水改造工程等。

③经营性项目。指以经济效益为主的水利项目。如城市供水、水力发电、水库养殖、水上旅游及水利综合经营等。

(二) 按照受益范围分类

水利工程建设项目按其受益范围分为中央水利基本建设项目(以下简称中央项目)和地方水利基本建设项目(以下简称地方项目)。

①中央项目。指对国民经济全局、社会稳定和生态环境有重大影响的防洪、水资源配置、水土保持、生态建设、水资源保护等项目，或中央认为负有直接建设责任的项目。中央项目在审批项目建议书或可行性研究报告时明确，由水利部(或流域机构)负责组织建设并承担相应责任。

②地方项目。指局部受益的防洪除涝、城市防洪、灌溉排水、河道整治、供水、水土保持、水资源保护、中小型水电建设等项目。地方项目在审批项目建议书或可行性研究报告时明确，由地方人民政府负责组织建设并承担相应责任。

(三) 按照规模大小分类

1. 按水利部的管理规定划分

水利基本建设项目根据其规模和投资额分为大中型项目和小型项目。

①堤防工程：一、二级堤防；

②水库工程：总库容1亿 m³ 以上；

③水电工程：电站总装机容量5万 kW 以上；

④灌溉工程：灌溉面积30万亩以上；

⑤供水工程：日供水10万 t 以上；

⑥总投资在国家规定限额(3000万元)以上的项目。

2. 按照水利行业标准划分

水库工程项目总库容在 0.1～1亿 m³ 的为中型水库，总库容大于1亿 m³ 的为大型水库。灌区工程项目灌溉面积在 5万～50万亩的为中型灌区，灌溉面积大于50万亩的为大型灌区。供水工程项目工程规模以供水对象的重要性分类，拦河闸工程项目过闸流量在 $100 \sim 1000 \text{ m}^3/\text{s}$ 的为中型项目，过闸流量大于 $1000 \text{ m}^3/\text{s}$ 的为大型项目。

（四）水利工程建设项目的资金筹集及资金用途

水利工程建设项目属于国民经济基础设施，根据项目类型，其建设投资应由中央、地方、受益地区和部门分别或共同承担。

1. 中央和地方项目的资金渠道

中央项目的投资以中央为主，受益地区按受益程度、受益范围、经济实力分担部分投资；地方项目的投资按照"谁受益、谁负担"的原则，主要由地方、受益区域和部门按照受益程度共同投资建设，中央视情况参与投资或给予适当补助。

2. 中央和地方水利资金用途

① 中央水利投资主要用于公益性和准公益性水利建设项目，对于经营性的水利建设项目中央适度安排政策性引导资金，鼓励水利产业发展。

② 地方水利投资主要用于地方水利建设和作为中央项目的地方配套资金，地方可以在项目立项阶段申请使用中央投资，由中央审批立项。

五、水利工程建设营销

水利工程建设是我国的重点建设工程，不仅关系到国家的利益，更关系到人民群众的生产和生活。工程建设行业营销贯穿工程起始全过程，无论是工程的筹备阶段，还是建设、运行阶段，都需要相应的市场营销手段，以提高工程的整体形象与公众的认可度。

（一）水利工程行业概况

水利工程介绍。水利工程是为了达到消除水灾害和利用水造福人类的目的，通过人为调配自然界中的水资源的工程。水是生命之源，是人类生活和社会发展的基础，但自然界中水存在的很多状态不完全适应生产生活的需要，有时甚至会严重影响居民生活和生命安全。因此，为了防止洪水洪灾，合理调配水资源，满足社会发展的需要，兴建水利工程就成了重中之重。水利工程种类繁多，在日常生活中随处可见。人们经常见到的大坝、河堤、水闸等都是典型的水利工程。

行业分类。根据修建目的和使用客体的不同，可以将水利工程分为以下几类：以防止洪涝灾害为目的的防洪工程；以保护农田为目的的农田水利工程；以发电为目的的水力发电工程；以交通运输为目的的港航工程；以服务居民日常生活的给排水工程；以保护水资源和土壤环境的环境水利工程；等等。综合水利工程是指同时具有防洪防涝，保护农田、发电、交通运输等各种功能的综合性水利工程。

行业特点。有很强的系统性和综合性。在同一区域内，各水利工程的组成部分既相互联系，又彼此不同，被称为单项水利。由于是各个不同水利工程的组成部分，因此单项水利工程本身就具有综合性。单项水利工程的服务对象各有不同，但普遍存在一定的联系。由于水利工程种类繁多，涉及领域较广，因此和国民经济其他部门的联系也十分紧密。这就要求在进行水利工程规划设计的时候必须考虑各方利益和各种影响因素，系统综合地分析研究，用充分的大局观进行规划设计，才能发挥出水利工程的最大功能和经济效益。

对环境有很大影响。由于水利工程主要是对自然界水资源的重新调配，因此除了达到规划设计目的，对当地社会经济产生影响外，水利工程也会在一定程度上改变当地的河流面貌、自然环境、生态系统和局部气候。由于涉及对象多，因素复杂，因此这种影响的利弊大小往往很难判断。这就要求在水利工程的设计阶段必须充分考虑环境因素，估计可能产生的环境影响并作出正确评估，提出相应的解决方案，最大化水利工程的积极功效。

工作条件复杂。在水利工程的实际施工中，施工环境条件十分多变。气候、水质、地貌等因素往往难以准确把握，给水工建筑物的修建带来了一定难度。同时，由于在水下存在各种复杂的物理作用，如推力、浮力、渗透力、冲刷力等，因此，水利工程的工作条件十分复杂。

水利工程的效益具有随机性。以农田水利工程为例，其效益通过农作物产量直观反映，与每年的水文状况联系紧密，还与气象变化密切相关，具有一定的随机性。水利工程一般规模大，技术复杂，工期较长，投资多。由于具备以上几个特点，兴建水利工程时必须遵守相关的规定和标准进行。

行业现状。建设模式发展演变。我国水利工程建设模式整体上经历了代建模式、施工总承包模式、工程总承包模式、BT 模式和 PPP 模式。代建模式是指由具有专业水利工程施工经验、施工技术和建设能力的施工企业，通过投标的方式，负责建设政府投资的水利工程项目，并在竣工验收后移交运行管理单位；施工总承包模式是指水利工程发包方将施工任务（一般指土建、安装等工程）发包给具有相应资质条件的施工总承包单位，由其负责水利工程的土建、安装等工作；工程总承包模式是指从事水利工程总承包的企业受业主委托，按照合同约定对工程项目进行全过程或若干阶段的承包。水利工程可分为可行性研究、勘察、设计、采购、施工、试运行、竣工验收等阶段。承包模式分为过程内容模式（如 EPC 模式、DB 模式、EP 模式、PC 模式等）和融资运营模式（BOT 模式和 BT 模式），PPP 模式是指水利建设单位与政府主管部门通过特许权协议形成一种伙伴式合作关系，共同推动水利工程项目建设。

政策红利持续释放，水利建设快马加鞭。由于水利工程巨大的利民性和社会发展战略地位，近年来政府通过出台一系列政策加大对水利工程的支持，并且扩大水利工程投资资金来源。其资金来源主要包括：预算内财政资金，包括政府拨款和由政府财政部门安排的贷款；水利建设基金，通过法律定额，提取营业收益的0.1%专项用于水利工程建设的政府基金，土地出让金收益里提取10%用于农田水利建设；银行贷款；社会资本等。

产业链和上下游。从产业链来看，水利工程项目包括水利工程设计、水利工程施工和水利工程养护。其中，水利工程设计是指具有水利设计资格的公司企业通过制定施工方案、建筑物设计、修建方法等，在固定的投资预算条件下，达到特定的水利目标。根据设计能力资质，可以将水利设计资质分为甲乙丙丁四个等级；水利工程施工是具有水利工程施工资格的公司企业根据水利工程设计所确定的工程结构、项目质量、施工进度及工程造价等要求，进行水利工程修建工作。根据施工能力大小，可以将水利工程总承包资质分为特级、一级、二级和三级；水利工程养护是为了维护水利工程面貌，确保水利工程正常运营所实施的养护、岁修、维持、设计工程。

从上下游来看，水利工程上游主要是建筑材料供应商、水电材料和水电设备供应商、输水管道供应商，上游行业的发展、景气状况直接影响水利建设项目的原材料供应，原材料价格波动将影响水利工程成本和毛利率波动。水利工程下游行业主要是政府部门、城投公司和其他投资商，下游行业产业政策和投资规模的变化，将影响水利工程市场规模，这几年水利建设高速增长，水利工程需求旺盛。

（二）水利工程营销界定

营销目标。使社会公众正确认识、理解水利之于水的趋利避害的作用，进而促进相关利益者基于水之利而兴建水利设施，同时制约相关利益者为逐经济之利而诱发水害；争取政府政策支持、协调，获得资源供应倾斜；提倡节约用水。

营销主体。工程水利营销的主体包括行业协会、学术团体、施工企业等。

营销客体。工程水利营销的客体包括社会公众、业主。

营销对象。工程水利营销的对象主要是施工新技术以及向客体介绍水利工程建设对国民经济发展、社会发展、自然环境的作用。

营销方法。对公众的项目营销的主要手段是宣传和公共关系，最有效的方法是开放这些工程项目，允许公众参观、游览及工程旅游。对施工新技术营销主要通过行业展览会、学术研讨等形式开展。

水利工程是国民经济的基础设施，是水资源合理开发、有效利用和水旱灾害防治的主要工程措施。在解决我国水资源短缺、洪涝灾害、环境保护、水土流失等问题过程中，水利工程的建设与实施起到了无可替代的重要作用。为了对水利工程建设进行有效管理，国家制定了严格的水利工程建设程序。水利工程建设程序一般分为：项目建议书、可行性研究报告、初步设计、施工准备（包括招标设计）、建设实施、生产准备、竣工验收、后评价等阶段。

六、水利工程建设项目前期设计工作

做好水利工程施工中的前期准备工作十分重要，因为它是保证施工有序开展的基本条件，贯穿水利工程始终。随着施工建设的逐渐开展，需要科学划分阶段施工作业，做好相关准备工作。为了确保水利工程顺利进行，一定要做好施工前期准备工作。实际上，施工准备工作是水利施工管理的重要组成部分，是对拟建工程目标、资源供应和施工方案的选择以及空间布置、时间排列等诸方面进行的施工决策。基于此，相关主体需给予水利工程施工中前期准备工作高度重视，通过多元化手段，全民发挥其存在的实效性，为我国水利事业健康发展奠定基础。

（一）做好水利工程施工中的前期准备工作的重要性

对水利工程来讲，加强施工前期准备工作十分重要，不但是保证水利工程施工进度的基本条件，还是保证施工质量的根本要素。在水利工程施工过程中，前期准备环节的主要任务便是工程施工思想的拟建，准备好水利工程施工所需的施工材料与施工技术，从工程整体方面科学地安排施工场地。前期准备阶段还是施工企业对施工项目进行有效管理、促进技术经济承包的有利条件。另外，前期准备工作还是确保水利工程设备安装与施工的主要依据。因此，加强施工前期准备工作可以有效发挥施工单位的优势、加快施工进程、合理应用材料、提高施工工程整体质量、减少施工费用、提高工程整体效益等，有助于施工企业提升市场竞争力。水利工程施工自身所具备的特点，充分体现出工程前期准备工作的优劣同水利工程整体有莫大联系，且会影响工程整体质量。

实践证明，只有做好水利施工中的前期准备工作，水利工程施工才能顺利进行，才会确保工程施工进度与施工质量。若是没有做好水利施工中的前期准备工作，实际施工中可能会发生众多突发事件，影响水利工程施工进度，导致整体质量受影响。基于此，相关主体一定要做好水利工程施工中的前期准备工作。

（二）做好水利工程施工中前期准备工作的关键点

充分掌握质量控制的技术依据，事先布设质量控制点。在施工环节的质量依据主要有以下三种：一是工程合同，该文件内规定水利工程设计的参与方须在质量控制中承担对应的义务与责任，明确了施工单位的质量标准；二是设计文件，此文件规定施工单位需要履行的责任，一般来讲施工部门都是依据施工图进行施工的，因此说施工图设计十分重要；三是相关部门发布与工程质量相关的法律法规，其对水利工程施工作出相应规定，施工部门要严格按照规定施工。在具体施工中还须注重质量控制点布设，质量控制点是对水利工程建设中质量控制对象展开的质量控制，因此在质控点布设时要选择工程重点监控的位置、施工较薄弱的环节以及工程最关键的位置。在布设前需对施工质量问题的成因进行全面分析，之后结合分析的结果对施工质量进行监管与控制。须在施工前结合工程需求，列表统计施工监控点，在表内将控制点的名称明确列出，指出需要控制的工作内容。

施工计划编制或是施工组织设计。在水利工程施工中需开展施工组织设计工作，在施工组织设计中通常包含施工设备、施工布置、施工条件、施工进度等。正常情况下设计施工时需满足以下几项要求：一是需满足国家技术标准及国家制定的相关规定；二是全面掌握施工中的重难点，让施工单位在施工中有较强的目的性与针对性；三是确保施工计划的可行性，可以实现预期目标，满足相关标准；四是确保设计方案的先进性，顺应时代发展，满足当下需求。

施工场地的准备工作。施工单位在正式施工前一定要同监理部门协作，对施工单位给定的标高与基准点等测量控制要求开展复测工作，构建工程测量控制系统，记录好复测结果。若是业主所提供的现场检测结果不满足相关标准，须把其中不达标的地方记录下来，便于之后索赔。

材料与构件购入与制作。施工单位负责购入或是制作施工原材料、构件等，须在购入前向监理单位提出申报，相关人员结合施工图纸对所需原材料进行审批，通过之后才能进行购入。为了确保原材料的质量满足相关标准，一定要在正规厂家购买，且要求厂家提供相关文件，要求厂家确保施工中原材料的供给进度。

施工设备的配置。施工部门在选取施工设备时不但要考虑施工设备的工作效率、经济效益以及技术功能等，还须对施工设备配置数量是否同施工主体所需的数量一致进行分析，且一定要有安全施工许可，如此才能确保水利工程施工质量与进度。

施工图纸校核与设计交底。施工部门在施工前一定要做好技术交底工作，如此可以全面掌握设计施工原则与质量要求。另外，须做好施工图纸校核工作。在参与设计交底工作时须了解以下几点：一是掌握施工现场与周边的地质与自然气候，给后期施工做准备；二是掌握建设部门设计中所应用的规范及设计过程中所提的材料市场供应现状；三是须全面掌握建设部门的设计计划、设计理念以及设计意图比选状况，熟悉基础开挖和基础处理、工期安排以及施工进度；四是施工中需要注意的问题，包含施工材料要求、施工技术要求、施工设备要求等。

在校核施工图纸时需注意以下几点内容：一是须校核施工图纸是否征得建设部门同意，是否设计部门签署；二是校核施工图纸相关文件，确保施工过程有据可循；三是校核施工图设计中考虑地下的障碍物，确保施工图纸的可操作性；四是校核施工图纸是否有遗漏或是错误的地方，利用的表示方法是否满足相关标准等。

水利工程建设前需做好相关准备工作，其不但可以保证工程有序开展，还能提高水利工程质量，加快工程进度。由此可见，做好水利施工中前期准备工作的重要性，相关主体需加大水利施工中前期准备工作力度，保证水利工程保质保量竣工。

七、水利工程建设的实施工作

现阶段我国水利建设事业的快速发展，为水利工程的有效建设创造了有利的条件。在此背景下，为了增强水利工程加固实施效果，满足其实施中资源优化配置方面的实际需求，需要落实好相应的管理工作，积极探索这项工作的核心思路，确保水利工程加固良好的实施状况。

在水利工程加固作业计划实施时，通过对其管理工作核心思路的有效分析，可提高水利工程的加固质量，减少工程加固实施中的问题发生，提升现代水利工程管理水平。因此，在对水利工程进行加固处理时，为了实现其所涉及资源的高效利用，最大限度地降低水利工程加固实施中的风险，需要考虑开展有效的管理工作，并对相应的核心思路进行深入思考，从而丰富水利工程加固实施方面的实践经验。

(一) 管理工作在水利工程加固实施中的应用价值

基于水利工程加固作业计划的实施，为了实现对管理工作的科学应用，发挥这项工作的实际作用，需要对管理工作在水利工程加固实施中的应用价值有所了解。若能将管理工作应用于水利工程加固实施中，可使相应的作业计划在实施过程中处于可控状态，为水利工程加固效果提供保障；通过对管理工作在水利工程加固实施中应用方面的考虑，可增强其所涉及资源的优化配置效果，减少水利工程在实际运行中出现问题的概率；水利工程加固实施中若能重视管理工作的应用，可使加固施工作业开展更具科学性，延长水利工程使用寿命，为我国水利建设事业的可持续发展提供支持。

（二）影响水利工程加固实施效果的相关因素

为了使水利工程加固作业计划能够实施到位，减少其实施中问题的发生，需要考虑相关的影响因素。主要包括以下方面：

项目单价的影响。这几年水利设施的加固实施都是以地方财政投入为主，大部分水利设施都是在乡村，县级政府财政资金普遍短缺，为在节约成本的同时又能保证水利工程各方面的问题处理到位，只能压缩企业利润空间，降低各项目单价。企业为了获得利润，千方百计地降低项目成本，无法建成高质量工程，导致管理难、监管更难，容易产生劣质工程。

施工材料的影响。施工材料的质量是工程质量的基础，所需的材料性能是否可靠、质量方面能否得到有效保障，与水利工程的加固效果密切相关。例如，某些水利工程加固实施中材料方面存在质量问题，且监督管理工作开展不到位，致使材料性能缺乏保障，为水利工程的质量埋下隐患。材料质量不符合要求，工程质量也就不可能符合标准要求。

施工方法和工艺的影响。水利工程因主要分布在乡村田间和偏远位置，具有复杂多变的特点，部分施工企业在制定施工方案和施工工艺时，由于对其适用性、成本经济性等考虑不充分，难以为水利工程施工质量与效率提供技术保障，这会导致施工进度推迟，质量达不到要求和追加投资等情况。因此，在制定施工方案和施工工艺时，必须结合各方面原因进行综合分析，以确定施工方案在技术上可行、经济上合理，以提高工程质量。

其他因素的影响。制约工程质量的因素有很多，除了上述主要概况的因素外，也需要对以下因素予以考虑：

① 环境因素。若水利工程所在区域的地质环境条件复杂、差异较大，则会加大工程加固实施难度，致使水利工程在这方面的作业计划难以推进，会对其加固效果产生不利影响；

② 制度因素。若水利工程加固实施中的管理制度不够完善、缺乏有效的管理体系，会降低相应的管理工作水平，导致水利工程加固实施过程缺乏控制，也会影响其加固效果；

③ 人员因素。在实施水利工程加固施工计划的过程中，若管理人员的责任意识淡薄、专业能力不足，会使这方面的管理工作开展不及时，加大水利工程加固方面的施工风险。

(三)水利工程加固实施中的管理工作核心思路分析

结合我国水利建设事业的长远发展要求,为了确保水利工程加固实施中管理工作落实有效,需要加强其核心思路分析,严格把控管理方面的工作过程,避免给水利工程实施埋下安全隐患。

健全管理体系,更新管理理念。在开展水利工程加固实施管理工作时,为了给予其科学指导,保持工作良好的开展状况,需要健全相应的管理体系、更新好管理理念,建立高效的水利工程加固实施方面的管理制度。结合工程现场情况,有针对性地开展管理工作,健全该工程加固实施中所需的管理体系,促使管理工作在水利工程加固施工中的作用效果更加显著,为其实施的高效性提供保障,最终达到科学管理的目的。

优化管理方式,严格把控加固施工过程。水利工程加固实施中的管理工作开展效果是否良好、相应的管理方式能否得到优化、加固施工过程是否处于可控状态,都与管理工作方法优劣、水平高低及落实程度高低密切相关。因此,为了提升水利工程加固实施中的管理水平,细化其管理内容,则需要重视管理方式的不断优化,对该工程加固施工过程进行严格把控,加强信息技术使用。并通过对精细化管理理论的科学使用,丰富水利工程加固实施中所需的管理方式,促使其在实践中得以优化,避免对水利工程加固实施中的管理效果造成不利影响。为了实现对水利工程加固实施中细节问题的及时处理,需要管理人员对工程加固施工过程进行严格把控,并将相应的管理工作落实到位,促使水利工程保持良好的加固效果,丰富其管理工作内涵,实现对水利工程加固实施过程的高效管理。

其他方面的核心思路要点。为了实现水利工程加固实施中的科学管理目标,确保其管理工作核心思路状况良好,也需要明确以下要点:

① 充分考虑工程所在区域的环境状况,获取完整的勘察结果,制定切实有效的施工管理方案并实施到位,确保水利工程加固有效性;

② 在选用加固施工所需的材料时,应建立好相应的质量管理机制,并通过查、看、检、验来保证材料的质量;

③ 管理人员在水利工程加固实施中应保持高度的责任感,高质量的人员及其高质量的工作能带来高质量的成效。同时,监理人员也需要在水利工程加固实施中充分发挥自身的职能作用,做好与施工单位的沟通、交流工作,进而减少该工程加固施工中管理问题的发生。

综上所述,在有效的管理工作核心思路的指导下,可实现对水利工程加固实施中的科学管理,实现对加固作业计划实施过程的严格把控,及时消除其中的安全隐患，进而提高水利工程的加固效率及质量。因此，未来在改善水利工程加固状况、提升其作业计划实施水平的过程中，应明确相应的管理工作核心思路，并通过对有效管理措施的科学使用，促使水利工程加固实施中管理工作的实际作用得以充分发挥。在此基础上，可使水利工程加固实施更加高效。

八、生态水利工程建设的基本原则

生态水利工程建设是从保护生态环境的角度出发，最大限度地满足经济发展对水资源的需求。在水资源污染严重、资源储备紧张等一系列问题的形势下，贯彻实施生态环境保护这一目标，使传统水利工程改革向生态水利工程转变势在必行。

（一）生态水利工程的内涵

生态水利工程是指新建水利工程在传统概念工程建设的基础上同时具有河流生态系统的修复任务，以及对于已建成的水利工程所影响的河流生态系统进行生态修复。生态水利工程要坚持经济发展和生态环境保护相结合的规划理念，平衡经济发展与生态环境保护的关系，以系统保护、宏观管控、综合治理的方式进行生态水利工程建设，保护水资源的安全，促进河流生态系统的良性循环。

（二）水利工程建设对环境的影响

水利工程建设对河流生态环境的影响。水利工程建设后通常会改变河流的生态环境系统，影响河流生态环境特有的多样性。在天然的河道上修建水利工程，会导致局部河流的水深和含沙量发生改变，使水流速度减缓，降低水流和外界环境交换的频率，降低河流的自净能力，对水质产生影响。同时，水利工程修建的拦河坝会增加水域的面积，提升河流储存的热量，影响河流下游鱼类的繁殖。此外，由于水域面积增大，蒸发进入大气层的水汽含量增多，降水量也随之增加，致使河流附近空气湿度增加，大雾天气频发，改变了原有的气候条件。

水利工程建设对陆地生态环境的影响。在水利工程建设中占用大量耕地以及林地被占用，造成植被破坏严重，生态环境系统紊乱，影响周边动物的生活环境，破坏了原有的生态系统，导致周边动物被迫改变原有的生活习惯或者进行迁徙。

水利工程建设对社会环境的影响。水利工程建设对于社会环境的影响主要涉及水域淹没区域的和沿岸土地占用方面，即淹没区域内和周边居民的迁徙安置，以及文物古迹的保护与搬迁问题。建设大型的水利工程之前要充分考虑土地、房屋的淹没拆迁安置，以及迁移、生活保障和水利工程建设运营后的经济效益等一系列问题。做好事前规划，才能保证水利工程建设的顺利实施。

（三）基本原则

安全性与经济性原则。生态水利工程建设的安全性和经济性是建设原则中的首要原则。首先，在进行生态水利工程建设施工方案的制定过程中，要做好对当地生态环境的时间考察，并对当地的地形、地貌以及当地气候、河流形态等因素进行系统记录和科学的分析。其次，将水利工程力学和水文学的相关规律有效结合，保证水利工程能够承受住洪水、干旱等自然因素的影响。最后，在生态水利工程建设过程中要按照最小风险、最大利益的原则，对多种设计方案进行比较分析，降低生态水利工程的风险。

生态恢复原则。对于生态环境修复功能，首先应该将重点放在生态景观大尺度上，其次生态系统的修复不仅包括水域范围内的河流生态体系，还要考虑周边的陆地生态环境。不仅要考虑河流水域自身生物多样性的恢复，还要考虑外来物种的多样性的恢复。同时，建设生态水利工程之前要对当地的水文条件和生态环境进行实地考察，全面掌握河流形态和生态环境的多样性，运用新的工程建设理念，为生态多样性提供实行的可能，提升生态系统的自我恢复功能。

整体性原则。河流的生态系统具有整体性，会因为降水量变化和气候变化等因素而发生变化。因此在进行河流水域生态系统的修复管理过程中，要以长期大景观尺度作为生态环境自我恢复的基础，拒绝使用短期小尺度范围作为生态环境自我修复的基础，而大景观尺度作为生态系统自我修复的基础具有修复效率高、成功率高的优势。因此生态系统的恢复不仅针对在河道的水文系统修复，而且要对河流水域生态系统进行整体性的综合修复。

（四）具体策略

加强生态空间管控的约束作用。由于水利规划的约束机制较弱，水利工程建设出现了工程入河排污口的规划布局不合理、生态用水和生态空间被占用等一系列问题。因此要加强水利工程实施过程中深入贯彻国家生态文明建设的新理念思想战略，全面更新水利规划的相关内容，积极发挥水利"多规合一"空间规划的核心作用，强化生态环境保护约束。

制定建设标准体系。根据生态理念建设的要求，全面革新水利工程规划建设的标准体系，加大推广新技术、新工艺、新材料新管理运用等要素的力度，以提升生态水利工程建设的质量和效益。转变传统水利工程追求利益最大化的建设理念，将保护生态环境、修复生态系统作为水利工程建设的首要目标，降低资源消耗和生态损耗，引导水利工程承担生态系统保护的责任。

推进已建水利工程的生态提升。评估已建水利工程与生态环境保护之间的差距，按照确有需要、因地制宜、量力而行、分步实施的原则进行已建水利工程的生态改造。根据水利工程生态修复提升改造的标准，将已建工程按照无须改造、生态化改造等类别进行标准划分，有针对性地修复生态受损系统，减轻已建工程对河流水域生态系统以及生态功能的影响。

加大监控力度。充分利用互联网、大数据等现代信息技术，加大生态水利工程的监控力度，完善修复生态水利工程的监控体系。通过搭建水利工程信息平台，完善河湖生态流向信息监控体系，提高水电站等基站的生态调度管理水平，将生态水利工程有效落实。强化水利工程领导层的生态经济理念，以生态环境保护的理念管理水利工程，最终实现生态水利工程的最低消耗、最大效益，促进人与自然和谐发展。

综上所述，传统工程水利对生态环境的影响比较大，环境问题日渐严峻，因此生态水利工程更加符合社会经济可持续发展的要求。生态水利工程是保护生态环境功能和修复生态系统的迫切需要，正确处理好水利工程建设与生态环境保护的关系，对河流生态环境恢复有着极大的意义，能够有效促进社会经济的可持续发展。

第二节　水利水电工程建设程序

一、建设程序

建设程序可分为常规程序与非常规程序两大类。常规的建设程序已流行百余年，其间虽有变化，但其基本模式没变。它以业主—建筑师—承包商的三边关系为基础，基本的程序是设计—发包—营造。非常规建设程序是"二战"后发展起来的，主要有两种形式，其中一种是常规程序的延伸，仍以业主—建筑师—承包商的三边关系为基础，但设计与施工可以适当交叉。

基本建设程序是建设项目从设想、选择、评估、决策、设计、施工到竣工验收、投入使用整个建设过程中，各项工作必须遵守的先后次序的法则。按照建设项目发展的内在联系和发展过程，将建设程序分成若干阶段，它们各有不同的工作内容，有机地联系在一起，有着客观的先后顺序，不可违反，必须共同遵守，这是因为它科学地总结了建设工作的实践经验，反映了建设工作所固有的客观自然规律和经济规律，是建设项目科学决策及其顺利进行的重要保证。

我国目前对基本建设项目的管理，规定大中型项目由国家计委审批，小型及一

般地方项目由地方计委审批。随着投资体制的改革和市场经济的发展，国家对基本
建设程序的审批权限几经调整，但建设程序始终未变，我国现行的基本建设程序分
为立项、可行性研究、初步设计、开工建设和竣工验收。基本建设程序始终是国家
对建设项目管理的一项重要内容，任何单位和个人都不得越权审批项目，也不得降
低标准批准项目。按照规定，须报国务院审批的项目，必须报国务院审批；须报国
家计委审批的项目，必须报国家计委审批。对前期工作达不到深度要求的项目，一
律不予审批。

按照国家有关规定，我市基本建设项目的立项、可行性研究、初步设计、开工
建设、竣工验收等审批管理职能由市计委统一管理。基本建设项目的项目建议书、
可行性研究报告、初步设计等，均由项目建设单位委托有资质的单位按国家规定深
度编制和上报，开工报告、竣工验收报告等由项目建设单位负责编写上报。市环保、
消防、规划、供电、供水、防汛、人防、劳动、电信、防疫、金融等各有关部门和
单位按各自的管理职能参与项目各程序的工作，并从行业的角度提出审查意见，但
不具备对项目审批的综合职能。市计委在审批项目时应尊重和听取有关管理部门的
审查意见。

(一) 立项

项目建议书是对拟建项目的一个轮廓设想，主要作用是说明项目建设的必要
性、条件的可行性和获利的可能性。对项目建议书的审批即为立项。根据国民经济
中长期发展规划和产业政策，由审批部门确定是否立项，并据此开展可行性研究
工作。

1. 项目建议书主要内容

① 建设项目提出的必要性和依据。

② 产品方案、拟建规模和建设地点的初步设想。

③ 资源情况、建设条件、协作关系等的初步分析。

④ 投资估算和资金筹措设想。

⑤ 经济效益和社会效益初步估计。

2. 立项审批部门和权限

① 大中型基本建设项目，由市计委报省计委转报国家计委审批立项。

② 总投资3000万元以上的非大中型及一般地方项目，需国家、市投资、银行
贷款和市平衡外部条件的项目，由市计委审批立项。

③ 总投资3000万元以下，符合产业政策和行业发展规划的，自筹资金，能自
行平衡外部条件的项目，由区县计委或企业自行立项，报市计委备案。

（二）可行性研究

可行性研究的主要作用是对项目在技术上是否可行和经济上是否合理进行科学的分析、研究，在评估论证的基础上，由审批部门对项目进行审批。经批准的可行性研究报告是进行初步设计的依据。

1. 可行性研究报告主要内容

① 项目的背景和依据。

② 建设规模、产品方案、市场预测和确定依据。

③ 技术工艺、主要设备和建设标准。

④ 资源、原料、动力、运输、供水等配套条件。

⑤ 建设地点、厂区布置方案、占地面积。

⑥ 项目设计方案，协作配套条件。

⑦ 环保、规划、抗震、防洪等方面的要求和措施。

⑧ 建设工期和实施进度。

⑨ 投资估算和资金筹措方案。

⑩ 经济评价和社会效益分析。

⑪ 研究并提出项目法人的组建方案。

2. 可行性研究报告审批部门和权限

① 大中型基本建设项目，由市计委报省计委转报国家计委审批。

② 市计委立项的项目由市计委审批。

③ 区县和企业自行立项的项目由区县和企业审批。

（三）初步设计审批

初步设计的主要作用是根据批准的可行性研究报告和必要准确的设计基础资料，对设计对象所进行的通盘研究、概略计算和总体安排，目的是阐明在指定的地点、时间和投资内，拟建工程技术上的可能性和经济上的合理性。初步设计由市计委负责审批或上报国家。环保、消防、规划、供电、供水、防汛、人防、劳动、电信、卫生防疫、金融等有关部门按各自管理职能参与项目初步设计审查，从专业角度提出审查意见。初步设计经批准，项目即进入实质性阶段，可以开展工程施工图设计和开工前的各项准备工作。

1. 各类项目的初步设计内容不尽相同，大体如下

① 设计依据和指导思想。

② 建设地址、占地面积、自然和地质条件。

③ 建设规模及产品方案、标准。

④ 资源、原料、动力、运输、供水等用量和来源。

⑤ 工艺流程、主要设备选型及配置。

⑥ 总图运输、交通组织设计。

⑦ 主要建筑物的建筑、结构设计。

⑧ 公用工程、辅助工程设计。

⑨ 环境保护及"三废"治理。

⑩ 消防。

⑪ 工业卫生及职业安全。

⑫ 抗震和人防措施。

⑬ 生产组织和劳动定员。

⑭ 施工组织及建设工期。

⑮ 总概算和技术经济指标。

2. 初步设计审批部门和权限

① 大中型基本建设项目，由市计委报省计委转报国家计委审批。

② 市计委立项的项目由市计委审批初步设计。

③ 区县和企业自行立项的项目由区县和企业审批。

(四) 开工审批

建设项目具备开工条件后，可以申报开工，经批准开工建设，即进入了建设实施阶段。项目新开工的时间是指建设项目的任何一项永久性工程第一次破土开槽开始施工的日期，不需要开槽的工程，以建筑物的正式打桩作为正式开工。招标投标只是项目开工建设前必须完成的一项具体工作，而不是基本建设程序的一个阶段。

1. 项目开工必须具备的条件

① 项目法人已确定。

② 初步设计及总概算已经批准。

③ 项目建设资金 (含资本金) 已经落实并经审计部门认可。

④ 主体施工单位已经招标选定。

⑤ 主体工程施工图纸至少可满足连续三个月施工的需要。

⑥ 施工场地实现"四通一平"(供电、供水、道路、通信、场地平整)。

⑦ 施工监理单位已经招标选定。

2. 开工审批部门和权限

① 大中型基本建设项目，由市计委报省计委转报国家计委审批；特大项目由国

家计委报国务院审批。

②1000万元以上的项目由市计委经报请市人民政府签审后批准开工。

③1000万元以下市管项目，由市计委批准开工。

④1000万元以下区管项目，由区审批。

⑤1000万元以上的区管项目，报市计委按程序审批。

（五）项目竣工验收

项目竣工验收是对建设工程办理检验、交接和交付使用的一系列活动，是建设程序的最后一环，是全面考核基本建设成果、检验设计和施工质量的重要阶段。在各专业主管部门单项工程验收合格的基础上，实施项目竣工验收，保证项目按设计要求投入使用，并办理移交固定资产手续。竣工验收要根据工程规模大小、复杂程度组成验收委员会或验收组。验收委员会或验收组应由计划、审计、质监、环保、劳动、统计、消防、档案及其他有关部门组成，建设单位、主管单位、施工单位、勘察设计单位参加验收工作。

1.项目竣工验收必须具备的条件

① 建设项目已按批准的设计内容建完，能满足使用要求。

② 主要工艺设备经联动负荷试车合格，形成生产能力，能生产出合格的产品。

③ 工程质量经质监部门评定质量合格。

④ 生产准备工作能适应投产的需要。

⑤ 环境保护设施、劳动安全卫生设施、消防设施已按设计要求与主体工程同时建成使用。

⑥ 编好竣工决算，并经审计部门审计。

⑦ 对所有技术文件材料进行系统整理、立卷，竣工验收后交档案管理部门。

2.组织竣工验收部门和权限

① 大中型基本建设项目，由市计委报国家计委由国家组织验收或受国家计委委托由市计委组织验收。

② 地方性建设项目由市计委或委托项目主管部门、区县组织验收。

二、水利水电工程基本建设程序

（一）基本建设程序

基本建设程序是基本建设项目从决策、设计、施工到竣工验收整个工作过程中各个阶段必须遵循的先后顺序。水利水电基本建设因其规模大、费用高、制约因素多等特点，更具复杂性及失事后的严重性。

1. 流域（或区域）规划

流域（或区域）规划就是根据该流域（或区域）的水资源条件和国家长远计划对该地区水利水电建设发展的要求，制订的该流域（或区域）水资源的梯级开发和综合利用的最优方案。

2. 项目建议书

项目建议书又称立项报告，是在流域（或区域）规划的基础上，由主管部门提出的建设项目轮廓设想，主要是从宏观上衡量分析该项目建设的必要性和可能性，即分析其建设条件是否具备，是否值得投入资金和人力。项目建议书是进行可行性研究的依据。

3. 可行性研究

可行性研究的目的是研究兴建本工程技术上是否可行、经济上是否合理。其主要任务是：

① 论证工程建设的必要性，确定本工程建设任务和综合利用的主次顺序。

② 确定主要水文参数和成果，查明影响工程的主地质条件和存在的主要地质问题。

③ 基本选定工程规模。

④ 选定基本坝型和主要建筑物的基本形式，初选工程总体布置。

⑤ 初选水利工程管理方案。

⑥ 初步确定施工组织设计中的主要问题，提出控制性工期和分期实施意见。

⑦ 评价工程建设对环境和水土保持设施的影响。

⑧ 提出主要工程量和建材需用量，估算工程投资。

⑨ 明确工程效益，分析主要经济指标，评价工程的经济合理性和财务可行性。

4. 初步设计

初步设计是在可行性研究的基础上进行的，是安排建设项目和组织施工的主要依据。

初步设计的主要任务是：

① 复核工程任务及具体要求，确定工程规模，选定水位、流量、扬程等特征值，明确运行要求。

② 复核区域构造稳定，查明水库地质和建筑物工程地质条件、灌区水文地质条件和设计标准，提出相应的评价和结论。

③ 复核工程的等级和设计标准，确定工程总体布置以及主要建筑物的轴线、结构型式与布置、控制尺寸、高程和工程数量。

④ 提出消防设计方案和主要设施。

⑤ 选定对外交通方案、施工导流方式、施工总布置和总进度、主要建筑物施工方法及主要施工设备，提出天然（人工）建筑材料、劳动力、供水和供电的需要量及其来源。

⑥ 提出环境保护措施设计，编制水土保持方案。

⑦ 拟定水利工程的管理机构，提出工程管理、保护范围以及主要管理措施。

⑧ 编制初步设计概算，利用外资的工程应编制外资概算。

⑨ 复核经济评价。

5. 施工准备阶段

项目在主体工程开工前，必须完成各项施工准备工作。其主要内容包括：

① 施工现场的征地、拆迁工作。

② 完成施工用水、用电、通信、道路和场地平整等工程。

③ 必需的生产、生活临时建筑工程。

④ 组织招标设计、咨询、设备和物资采购等服务。

⑤ 组织建设监理和主体工程招投标，并择优选定建设监理单位和施工承包队伍。

6. 建设实施阶段

建设实施阶段是指主体工程的全面建设实施，项目法人按照批准的建设文件组织工程建设，保证项目建设目标的实现。

主体工程开工必须具备以下条件：

① 前期工程各阶段文件已按规定批准，施工详图设计可以满足初期主体工程施工需要。

② 建设项目已列入国家或地方水利水电建设投资年度计划，年度建设资金已落实。

③ 主体工程招标已经决标，工程承包合同已经签订，并已得到主管部门同意。

④ 现场施工准备和征地移民等建设外部条件能够满足主体工程开工需要。

⑤ 建设管理模式已经确定，投资主体与项目主体的管理关系已经理顺。

⑥ 项目建设所需全部投资来源已经明确，且投资结构合理。

7. 生产准备阶段

生产准备是项目投产前要进行的一项重要工作，是建设阶段转入生产经营的必要条件。项目法人应按照建管结合和项目法人责任制的要求，适时做好有关生产准备工作。

生产准备应根据不同类型的工程要求确定，一般应包括以下主要内容：

① 生产组织准备。

② 招收和培训人员。

③ 生产技术准备。

④ 生产物资准备。

⑤ 正常的生活福利设施准备。

⑥ 及时具体落实产品销售合同协议的签订，提高生产经营效益，为偿还债务和资产的保值、增值创造条件。

8. 竣工验收，交付使用

竣工验收是工程完成建设目标的标志，是全面考核基本建设成果、检验设计和工程质量的重要步骤。竣工验收合格的项目即可从基本建设转入生产或使用。

当建设项目的建设内容全部完成，并经过单位工程验收，符合设计要求并按水利基本建设项目档案管理的有关规定完成了档案资料的整理工作，在完成竣工报告、竣工决算等必需文件的编制后，项目法人按照有关规定，向验收主管部门提出申请，根据国家和部颁验收规程组织验收。

竣工决算编制完成后，须由审计机关组织竣工审计，其审计报告作为竣工验收的基本资料。

（二）基本建设项目审批

1. 规划及项目建议书阶段审批

规划报告及项目建议书编制一般由政府或开发业主委托有相应资质的设计单位承担，并按国家现行规定权限向主管部门申报审批。

2. 可行性研究阶段审批

可行性研究报告按国家现行规定的审批权限报批。申报项目可行性研究报告，必须同时提出项目法人组建方案及支行机制、资金筹措方案、资金结构及回收资金办法，并依照有关规定附有管辖权的水行政主管部门或流域机构签署的规划同意书。

3. 初步设计阶段审批

可行性研究报告被批准以后，项目法人应择优与本项目相应资质的设计单位承担勘测设计工作。初步设计文件完成后报批前，一般由项目法人委托有相应资质的工程咨询机构或组织有关专家，对初步设计中的重大问题进行咨询论证。

4. 施工准备阶段和建设实施阶段的审批

施工准备工作开始前，项目法人或其代理机构须依照有关规定，向行政主管部门办理报建手续，项目报建须交验工程建设项目的有关批准文件。工程项目进行项目报建登记后，方可组织施工准备工作。

5.竣工验收阶段的审批

在完成竣工报告、竣工决算等必需文件的编制后，项目法人应按照有关规定向验收主管部门提出申请，根据国家和部颁验收规程组织验收。

三、基础处理技术

水利水电工程有非常强的特殊性，包括的范围和领域非常广泛，需要非常多的部门一起合作才能完成最终的项目。在实际施工的过程中，需要实施很多的细节工作，其中，水利水电工程基础处理技术是非常关键的一项工作。

因为水利水电工程基础处理施工水平不断提升，所以为了保障水利水电工程建设效率，需要对工程基础处理技术进行深入探究和分析，并加以总结，以便对施工技术进行完善。这样才能使真正的技术应用效率得到提升，促进水利水电工程建设高效发展。

（一）水利水电基础施工技术的特征分析

与以往应用的工程相比较，水利水电工程有着非常强的特殊性，包括的范围和领域非常广泛，并且需要多部门合作才能完成最终项目。在实际施工的过程中，需要实施很多的细节工作，主要功能特征分为几个层面：其一，施工现场非常复杂，水利水电工程大部分需要对水库、湖泊等水流充足的区域进行修建，依靠湍急的水流可获取电力。不同的施工环境，都需要结合相应的条件对任务进行分配，如不同程度的地基，可满足之后不同结构不同稳定性的需求等；其二，施工的范围非常广泛。水利水电工程为获取电力的天然工程，涉及的范围会比较广泛，有较大的工程量，并且施工的周期比较长。因此在施工过程中，需要进行处理的基础工作比较多。如大型水电站、近水建筑以及大坝等基础工程；其三，技术升级速度快。为了实现现代化，更为了对预期的施工任务完成给予保障，需要对技术以及材料进行更新。以上这些对工程的进度起着决定性的作用。

（二）水利水电工程基础处理施工的作用

有益于结构稳定性的提升。在大部分水利水电工程施工当中，施工现场的地质条件会有些复杂，经常会遇到软土地基。由于软土地基的土壤孔隙比较大，土体结构不稳定，加之土体结构需要承载的负荷非常大，所以极易发生土体塌落，导致基础结构产生不均匀沉降，从而对水利水电工程的稳定性造成影响。因此，需要对水利水电工程的基础处理施工进行完善，以便对基础结构稳定性给予保障。

保障基础防渗效果。一般情况下，水利水电工程项目需要在水域中构建，所以针对基础结构的防渗性有着非常高的要求。在基础施工的过程中，如果不能合理防渗，工程结构非常容易产生裂缝、坍塌以及变形。因此，需要针对地基结构作相应防渗处理，以便对水利水电工程的安全性给予保障。

(三) 水利水电工程基础处理技术

锚固技术。锚固技术是该工程中应用得非常普遍的一种巩固技术，最终目的是提升水电工程自身的结构性能进行提升。因为水利水电工程属于人力、物力、财力消耗非常大的工程项目，并且施工环境非常复杂，施工的周期比较长。而锚固加工技术的应用，可对施工的稳定性给予保障，使水利水电工程在施工过程中克服各种不利施工的环境因素。

预应力管桩。当前随着建筑行业的发展，建筑施工技术也在不断地更新和发展，预应力技术也得到了相应的发展，在建筑领域的应用越来越广泛。特别是在水利水电工程领域，该项技术起到了非常重要的作用。在水利水电工程中，管桩沉降包括静压法、振动法、射水法，其中，先张法以及后张法属于预应力管桩施工当中的关键构成部分，在工程施工中产生的作用存在一定的差异性。预应力管桩施工当中，要与工程的具体情况相结合，以便合理的应用施工技术，对施工质量给予保障。

土木合成材料加固施工法。水利水电工程基础处理的过程中，还需要应用土木合成材料加固施工法，以便提升工程的基础处理质量。该项施工方法在基础施工的前提下，平均分配施工载荷，这一分配形式，在某种程度上可使工程在载荷承载力有所提升，以便保障工程的稳固性。因为水利水电工程施工的过程中，时常会有塑性剪切施工力，所以会对工程造成一定的破坏。其中，土木合成材料平均分配了剪切力，会对剪切力的扩张等产生相应的限制作用和阻碍作用，可有效控制工程的承载力。

硅化加固施工法。在实际建设的工程中，有些施工方为了对工程的稳定性给予保障，会对硅化加固施工法进行应用，这一施工方法可通过电渗原理施工。在实际施工的过程中，还需要对网状注浆管的施工效果进行保障。这一施工方法在软土地基处理中可起到非常有效的作用，因为软土地基的强度有限，所以施工的稳定性存在缺陷。其中，对于硅化加固施工的应用，可借助网状注浆管对软土地基实施硅酸钠以及氮化钙溶液的电动硅化注入，在注入时会产生一些化学反应和凝胶物质，该物质可提升软土的强度以及连接性，从而对地基的稳固性给予保障。尽管该施工方式可以起到非常理想的加固效果，但是会消耗太多能源，非常不利于可持续发展。

排水固结施工法。在正式施工的过程中，大部分工程都会面临软土地基的问题，软土中有大量的黏土以及淤泥，会严重影响施工。所以，针对软土当中的黏土以及淤泥处理，通常情况下需要引用排水固结的方式施工，该项施工方式可解决软土产生的下沉问题，使地基的稳定性、安全性和整体性能有所提升。该施工方法的构成为基础加压施工和技术排水施工，在实际施工的过程中，能对每一部分的施工效果给予保障。尽管这一施工方式起到的效果非常理想，但适用范围比较有限，在淤泥的地基处理中非常适用。

水利水电工程基础处理技术有着非常多的类型，要结合实际的环境特征、建设要求等合理选择，同时强化不同施工工序的控制，从而对施工的质量给予保障，保障水利水电工程的稳定运行。

四、如何完善水利水电工程设计

随着我国社会经济的不断发展，水利水电工程项目的建设也越来越多。水利水电工程规模大、施工复杂，建设过程中涉及部门较多，应不断优化设计方案，保障工程的施工质量。

(一) 水利水电工程设计概述

水利水电工程是一项比较复杂的系统工程，内容涉及多门基础学科，建设过程涉及多个部门。大部分的水利水电工程建设都是露天作业，施工条件差，为了更好地完成水利水电项目的建设，就需要做好水利水电工程的前期准备工作，尤其是设计，施工企业应多方案对比，选择最佳的水利水电工程设计方案。在工程设计前，设计人员应到施工现场了解并熟悉工程的概况，掌握工程地质的勘察、测量信息，进而设计出具有可行性、合理性的设计方案。另外，在水利水电工程设计过程中，必须按照国家及有关部门的设计标准进行设计，同时还要对工程进行优化组织设计，从而实现资源优化配置，最终完成高效率、高质量的水利水电工程。

(二) 完善水利水电工程设计的具体措施

加强工程现场的勘察工作，工程施工的依据是设计图纸，而设计的依据是工程的现场勘查，只有确保准确的现场勘查结果，才有利于保障设计的科学性和合理性。就项目的现场勘探而言，为了保障勘测结果的精确度和有效性，需要先进的设备和拥有一定技术水平的人员进行勘探工作，调查水利水电工程的基本概况，勘测工程的地质、水文条件，收集周围环境的资料信息。同时还要统计不同地势水文站检测的相关资料，对这些资料进行综合分析和归纳总结，并将总结内容整理成一份全面的工程地质资料，为工程设计工作提供资料依据。

增强质量管控意识，建立管控体系。随着我国综合国力的提升，很多水利水电工程是与国外进行合作建设的，同时还增加了一些海外设计工程项目。但我国质量管控体系还不完善，具有一定的滞后性，影响施工企业的发展，更不能满足现代工程的建设要求。因此，相关企业应增强质量管控意识，建立和完善工程设计的质量管控体系，满足设计市场和企业发展的需求，把好水利水电工程的设计质量关，保障工程项目的质量安全，促进相关设计单位和施工企业的长期稳定发展。

提高设计工作中的质检水平。现阶段，我国的水利水电工程的设计质检水平不高，影响了设计方案的质量。为了有效提高工程设计质量，就要加大水利水电工程设计各个环节的监督力度。可以从以下几个方面入手：

① 企业要树立质量第一的思想，增强设计人员的责任感，使其认识到设计工作的重要性，端正自己的工作态度，认真高效地完成自己的工作任务；

② 设计部门人员应严格按照国家及有关部门的设计标准要求进行设计，落实设计全过程中数据记录、设计相关文件等方面的质量控制工作；

③ 加强设计工作中各个环节的质量检查，针对不同的需求进行设计图纸的修改，从而真正提高设计图纸的质量。总之，提高设计工作的质检水平，是保证水利水电工程的重要途径。

在水利水电设计中加入环保理念。随着经济的不断发展，人们生活质量在不断提高，对生态环境保护的意识也越来越强，这就给水利水电工程设计指引了未来的发展方向，即将环保理念加入水利水电工程设计中，建设生态文明的社会。另外，具有环保性质的水利水电工程设计，还能有效地保护水资源，有利于实现水资源的循环利用和持续发展。

加强设计上的创新。为了满足时代的发展需求，提高自身的核心竞争力，设计单位应不断更新设计理念，自主开发和创新设计方案。其中，可以引进国外先进的技术、设备和理论知识，不断完善企业自身的设计理念、技能，进一步提高企业的设计水平，在工程设计的过程中结合工程的实际情况，合理地运用现代科学技术来完成创新型设计方案的实践。

总之，在水利水电工程设计中还存在一些问题，为了保障工程的设计质量，设计单位应加强工程现场的勘察、增强质量管控意识、提高质检水平等，通过采取一系列的措施，不断完善水利水电工程的设计，使其为后续施工打下坚实的基础，进而促进水利水电工程的顺利完成。

五、试验检测要点

国家经济发展、城市建设不断进步的同时，基础设施建设得到发展。水利水电工程与人们的生活息息相关，同时也对社会发展有非常重要的意义，所以提升水利水电工程质量已成为水利水电工程建设乃至社会基础设施建设的重要目标。这就要求相应的工作人员对水利水电工程的质量进行严格把关，将试验检测落到实处，从而发挥其重要的监督作用，使工程的建设质量有一定的保障。

（一）水利水电工程试验检测及其意义

我国是一个农业大国，以农业生产为主，农业的发展能够促进国家经济积极增长。而水利工程建设与农业发展之间有着密切联系，水利工程建设不仅能够促进农业更好发展，还能有效实现对生态环境的保护。但是，水利工程在建设过程中难度较大、建设周期较长，并且建设规模巨大，所以，在建设过程中容易受到诸多因素影响。在如今社会快速发展，科学技术不断更新的背景下，想要提高水利工程效率与质量，需要在建设过程中加强质量检测。在质量检测中应用无损检测技术，能够使水利工程质量得到有效保障，进而推动社会经济更好发展。

（二）水利水电工程现场试验检测的作用

有利于确保施工运行安全。水利工程在建设的过程中，要积极进行试验检测，促进相关工作人员以及相关部门及时了解掌握工程情况，其试验检测主要是对水利工程施工现场的材料以及施工设备等进行检测，以达到对水利工程施工的监管作用，促使水利工程能够在工期内交工，同时保证工程质量安全可靠。

有利于确保工程项目质量安全。在水利工程竣工阶段的检测，属于对水利工程整体进行检测，主要是对水利工程的各项检测指标进行科学的对比，以此来检验水利工程的质量，保证水利工程的安全，促进其继续为社会的发展以及城市的建设发挥效益。因此，在水利工程竣工阶段试验检测有利于确保工程项目质量安全，在水利工程建设现场实施中占有不容忽视的地位。

（三）水利水电工程试验检测要点

试验工作按招标文件、监理的要求和相应的规程规范进行，使进场的原材料质量、施工过程质量，以及混凝土制成品质量完全处于试验室的检验和控制之中，确保不同类型的原材料和混凝土制成品符合质量检验规程。

原材料质量检验项目包括：

① 从国家的层面对建筑材料来源的控制。为获得更多的利润，一些企业采取不正当竞争手段，通过降低产品的质量来降低生产成本，或采购廉价原材料来降低建设成本，最终导致大量质量不符合要求的建筑材料进入施工现场，影响了工程的整

体质量。针对这种情况，国家应该制定相应的法律法规，规范建筑施工材料的生产环节，从根本上保证建筑材料的质量。

②从企业的层面对建筑材料来源的控制。为了保证建筑材料的质量，企业层面同样应该进行一定的控制管控。企业在进行原材料采购的过程中应该严格把控采购程序，负责采购的采购人员应该加强自身的职业素质和专业素质，对材料生产厂家的生产水平、信用水平等进行实地考察与检测。

六、水利水电工程施工控制学

水利工程是系统性工程，涉及的专业技术较多，施工难度较大，施工工期随着难度增加而有所延长，这就给水利项目的施工控制带来了一定的难度。此外，水利项目施工管控是保证水利工程施工质量不可或缺的重要手段。

近年来，随着国家政府对水利工程建设事业越来越重视，在资本支持方面和政策方针方面均对水利项目建设单位予以了很大力度的扶持，促使水利项目取得了很多令人瞩目的成绩，也推动了我国水利工程建设事业的蓬勃发展。在此背景下，对于任何工程建设施工单位来说，质量是提高市场竞争优势的重要法宝，也是施工单位赖以发展和生存的生命线。所以水利工程施工单位更要将施工质量控制置于各种管理工作的第一位，全面加强水利项目施工控制，深入探究关于增强水利项目施工质量管控的方式与举措，唯有如此，才可以保证水利项目建设企业长效发展。

（一）水利施工控制的主要内容

原材料的质量控制。应优先选择水化热较低的矿渣水泥，避免使用刚出厂未经冷却的高温水泥。骨料选择砂子为Ⅱ区中砂，细度模数在 2.4～2.6 最佳，含泥量不大于 3.0%，泥块含量不大于 1.0%。石子为连续级配碎石，含泥量不大于 1.0%，泥块含量不大于 0.5%。掺合料应选择优质粉煤灰或矿渣粉，掺入一定数度的掺合料替代水泥能降低水化热，保证混凝土的和易性，增加混凝土的密实度。选择与水泥相适应的外加剂，增大混凝土的流动性，降低水胶比减少混凝土的收缩，如果气温大于 20℃时应使用使用复合缓凝剂，推迟混凝土放热和降低峰值。

混凝土浇筑的质量控制。在混凝土施工中，在混凝土中加入其他成分来控制水量，提升稳定性，达到最佳的塑性效果。转变混凝土的状态，提升流动状态，减少水热化的不利因素，缓解热冲突。科学布置施工顺序，分步骤分面积进行浇筑，避免热量不堆积，并给变形留有余地。在材料中加入冷水或冷气管道，分散热量，缩小内部的温度差异，对温度的变化进行合理控制，推动冷却效果的实现，提升养护的效果。

施工的环境。水利水电工程在施工的过程中，露天作业是常态。工程的施工进度和施工方案都会受到施工环境的影响和制约，进一步对工程施工的质量产生影响。水利水电工程施工质量控制的过程中，需要对工程地质进行处理，如气候的变化对施工进度造成影响，恶劣的气候导致工程进度减缓，对整体工程的质量带来影响。同时，如果施工的场地过小，大型设备难以正常运行，将会影响工程的施工质量。

施工材料的影响因素。在水利水电工程建设的过程中，原材料的质量对工程施工质量有直接的影响，如水泥质量不合格、水化性差、安定性弱；粗骨料的直径较大，严重超标，细骨料泥沙含量高，不符合工程施工标准；混凝土配比不合理，强度不符合工程要求，导致混凝土在高温或者低温的状态下性能发生变化；混凝土养护过程形式化，造成混凝土强度降低，出现裂缝现象。在水利水电工程施工的过程中，原材料的质量或者操作使用不合理，都会给水利工程施工质量带来影响。

(二)我国水利水电工程施工控制与管理模式对策

水利水电工程施工管理控制对策：业主单位必须要先建立科学的管理理念，要充分认识施工实时控制技术在工程施工过程中的指导作用，从而很好地控制工程的工期、质量、成本等。此外，还需要建立完善的管理组织机构，并将各自责任明确化，对整个施工过程进行全面的监控，使施工计划与方案得到全面有效的落实。

科研单位要对于规模较大的水电工程的施工实时控制理论与方法进行深入研究，提升控制结果的准确性，使该实时控制系统得到进一步完善，使系统操作起来更加方便、简洁以及灵活。对其控制过程进行改进，使其结果更加直观，以便于相关工作人员更加容易理解并实施。

设计与监理是施工实时控制技术得以实践及应用的重要环节，与科研单位相比，设计单位对工程实践要更加熟悉一些；与建设单位相比，设计单位在施工实时控制技术方面也更加熟悉一些。同时，设计单位对于实时控制技术的优势与劣势也非常了解。故该控制系统的工程实践需要设计与监理两个单位的相互协作一同去完善，同时，将该控制技术广泛地应用于施工现场。

水利工程施工材料的质量控制。水利工程施工的材料，除包括建筑材料外，还有原材料、半成品、成品、零部件、配件等。各种建筑材料是整个水利工程施工的物质条件，材料质量是工程质量的基础，材料质量不符合要求，就不可能达到项目的质量标准，因此，加强材料的质量控制是保证水利工程施工质量的重要依据。

水利工程施工机械设备的质量控制。工程中可选的施工机械应具备水利施工工程的适用性，必须确保工程质量的可靠性、操作简易的使用性能与安全性能。机械的具体性能参数，在保障关键性能参数的机械设备的基础上选择，确定其参数指标必须满足的需求和要求，以确保施工质量。水利工程施工使用操作要求应贯彻人与机器设备固定的原则，给定机器具体的人员管理方式并实施，使工作人员在使用中严格遵守操作规程和机械技术要求规范，同时对机械设备做日常维护工作，确保机械保持良好的运行状况、质量和安全，防止事故发生和确保施工质量。

单项控制策略。水利水电工程施工过程十分复杂，充满了随机性和不确定性，使得施工过程信息和施工系统不断变化发展，也就决定了要想实现高效的施工控制，就必须制定实时反馈策略和模型自适应策略。控制系统中的反馈就是指输入的信息（又称给定信息）作用于受控对象后，将所产生的结果再返回来（真实信息）输入开始端去影响信息的再输出，以便矫正原来信息的误差，从而使控制系统行为达到最佳状态，实现控制的预期目的，这个控制过程叫反馈。所谓反馈原理，就是应用反馈机制实现控制的目的，达到控制系统的预期目标的理论，这一原理有以下几个要点：① 凡有闭环控制系统存在的地方就必然要有反馈，控制与反馈是一对有机组合体；② 要实现控制，要达到控制目标，就必须有反馈，反馈是实现控制目标的一种重要手段；③ 反馈原理的独特作用就是在控制系统中（闭环控制）根据过去操作情况，去调整系统的未来行为，以达到系统的预期最佳效果。简言之，用反馈原理达到控制目的，使系统实现理想目标。

水电工程建设期长、受到各种随机因素的影响，使施工进程几乎不可能按计划进行，针对水电工程施工系统的复杂性、影响因素多、人为因素多等特点，采用合理的控制与管理模式对其意义重大。

第三节 水利水电工程施工技术

一、施工导流与截流

（一）水利水电工程施工导流技术

1.水利工程施工导流技术及其特点

所谓施工导流，就是有水利工程进行施工的过程中，为了使江河水流绕过需要施工区域流向下游而采用的一种导向水流的技术，这种方法有利于为建筑施工提供一个相对干燥的环境，使其能够快速而有效地进行施工。施工导流技术就是为了控制以及引导水流而采取的技术方式，一般包括导流建筑物修建、截流、基坑排水、工程施工、导流建筑物封堵、下闸蓄水等阶段。施工导流技术是水利工程施工中的重要组成部分，与工程设计方案、施工时段以及施工质量等有着密切关系。所以在工程施工过程中，必须根据工程实际情况以及项目特点来进行施工导流设计，从而保证水利工程施工的质量。

2. 水利工程施工导流方式及确定原则

（1）施工导流方式

水利水电工程施工导流通常划分为束窄河床分段分期围堰导流和一次拦断河床的全段围堰导流两种方式，与之配合的施工临时建筑包括导流明渠、隧洞、涵洞（管）以及施工过程中利用坝体预留缺口、水库放空底孔和不同泄水建筑物的组合导流等。

（2）施工导流方式选择原则

① 适应河流水文特性和地形、地质条件。

② 工程施工期短，发挥工程效益快。

③ 工程施工安全、灵活、方便。

④ 结合、利用永久建筑物，减少导流工程量和投资。

⑤ 适应通航、排冰、供水等要求。

⑥ 技术可行、经济合理。

⑦ 河道截流、围堰挡水、坝体度汛、导流孔洞封堵、水库蓄水和发电供水等在施工期各个环节能合理衔接。

3. 水利水电工程施工导流的影响因素

（1）地形地貌因素

在选取导流计划、编制导流方案时，被保护的施工区域附近的地理环境、工程地质条件是关键的影响要素。假如江河河床较宽，并且建筑时间有船只需要航行，就要采用分段围堰方式实施导流，可以充分利用河床沙洲或石岛作好分段围堰布置，能形成竖直方向围堰则更加便利；当遇到山石坚硬、河流较窄同时两侧陡峻的山形，就适合采用一次拦断河床的隧洞导流方式；假如江河一侧岸边或两边都较平整或具备低矮山凹垭口等，则可以选择明渠导流方式。

（2）水文因素

河流的水文特性，很大程度上影响着导流方式的选择。针对导流计划来讲，水文要素是对其形成直接作用的最关键要素之一，包含严寒季节冰冻和流冰状态、泥沙、洪汛阶段、枯水期时间长短、水位改变幅度和流量过程线等。一般状况下，假如河流河床较宽，适宜选择的导流计划是分段围堰方式；水位起伏较大、洪峰历时短，而峰形尖瘦的河流有可能使用汛期基坑淹没方式，这两种方式都可以使河流的洪峰期水流能够及时排放。含沙量很大的河流，一般不允许淹没基坑。另外，假如江河的干涸时间较长，就应该尽可能利用干涸时间进行施工，确保工程建筑物施工质量及进度。假如江河具有流冰情况，就要重视对流冰排放情况的处置，选择明流导流为好，束窄河床和明渠有利于排冰，隧洞、涵管和底孔不利于排冰，重点在于防止流冰阻塞、泄流不畅。

（3）枢纽类型及布置

水利水电工程项目中，水工构筑物的布置及其型式与导流计划拟定直接相关，在决定建筑结构型式及工程布置方案时，要把导流方式及相应计划安排一并考虑进去，包含水工构筑物的长期泄水设施，如渠道、隧洞、涵管以及泄水孔等。如混凝土大坝是使用分段围堰方式开展进行浇筑，就要把先行施工的坝段、取泄水设施或水电站等之间的隔离墙体当作竖直方向围堰中的组成结构，这能够减少施工导流方案投资。

分期导流方式适用于混凝土坝施工。因土石坝不宜分段修建，且坝体一般不允许过水，故土石坝施工几乎不采用分期导流，而多采用一次拦断法。高水头水利枢纽的后期导流常需多种导流方式的组合，导流程序比较复杂。例如，峡谷处的混凝土坝，前期导流可用隧洞，但后期（完建期）导流往往利用布置在坝体不同高程上的泄水孔。高水头土石坝的前后期导流，一般是在两岸不同高程上布置多层导流隧洞。如果枢纽中有永久性泄水建筑物，如隧洞、涵管、底孔、引水渠、泄水闸等，应尽量加以利用。

（4）河流综合利用要求

分期导流和明渠导流较易满足通航、过木、排冰、过鱼、供水等要求。采用分期导流方式时，为了满足通航要求，有些河流可分为多期束窄。我国某些峡谷地区的工程，原设计为隧洞导流，但为了满足过木要求，用明渠导流取代了隧洞导流。这样一来，不仅可能遇到高边坡深挖方问题，而且导流程序复杂，工期也大大延长。由此可见，在选择导流方式时，必须解决好河流综合利用要求的问题。

4. 水利水电工程施工导流技术应用要求

水利水电工程施工导流技术的应用是工程顺利实施的重要环节，直接影响着被保护建筑设施的修建质量。所以，在工程进行施工准备的过程中，就要把工程的工期、成本以及相关的影响因素考虑在内。为了更好地提高工程的建设质量，一方面要对工程进行细致的分析，另一方面也要对施工的技术加以严格控制。

由于每个水利水电工程项目所处的自然地理环境、水文气象、地形地质、交通运输等方面的条件各有差异，所以施工导流方式千差万别，无固定模式，仅限于历史经验推广应用，如我国水利水电工程施工一直以来大多沿袭了都江堰水利枢纽工程传统的施工导流方式。

　　从实际情况来看，导流方案的科学制定也确实发挥着越来越重要的作用，对工程施工的整体推进和保证工程质量方面都有着重要的意义。施工过程中，导流施工方案编制要严格地按照相关规程规范进行，同时满足水利工程建设的基本要求，即技术可行、经济合理。从此角度考虑，应尽可能避免采用全年洪水导流方案，对一个枯水期能将永久建筑物（或临时挡水断面）修筑至坝体度汛标准的汛期洪水位以上，或汛期虽淹没基坑但对工程进度影响较小且淹没损失不大的，适宜采用枯水期围堰挡水导流方式。

　　另外，需要注意的是，导流技术不仅要合理地进行规划，也要以工程的整体标准为前提，才能够更好地达到其应有的效果。

　　5. 主要施工导流建筑物的适用条件

　　（1）导流明渠

　　明渠导流是在河岸或滩地上开挖渠道，在基坑上下游修筑围堰，江河水流经渠道下泄，用于岸坡平缓或有宽广滩地的平原河道上。如果当地河流附近有老河道也可充分利用老河道进行明渠导流，不仅可以减少施工作业量，也能降低工程成本。

　　明渠导流的布置主要包括明渠进出口位置、明渠导流轴线的布置和高程确定。渠身轴线要伸出上下游围堰外坡脚，水平距离要满足防冲要求，一般为 50～100 m；在明渠导流轴线的布置中，明渠导流应在较宽台地、坏口或古河道的沿岸布置；明渠轴线布置应当尽可能缩短明渠长度，也要尽量避免深挖；明渠进出口应与上下游水流相衔接，与河道主流的交角以不超过 30° 为宜；明渠的转弯半径为保证水流畅通，应不小于 5 倍渠底宽度。

　　（2）导流围堰

　　应该根据被保护对象型式、泄水建筑物的具体情况、导流时段及河道水流流态、河谷地形及地质条件等，确定围堰的布置方案、围堰型式等。如根据围堰是否允许过水，则围堰可采用过水围堰或不过水围堰；如河床和河槽较窄，河流水量相对较大，则可采用一次拦断河床的横向围堰布置方式，相应泄水建筑物可以采用明渠、隧洞、涵洞（管）；如河床和河槽宽缓、岸坡平坦，工期较长，则可采用束窄河床分段导流的纵横向围堰布置方式，充分利用已施工的水工建筑物结合围堰将河流拦截成多段，逐段分期实施，最终完成整个工程。

　　当采用分期围堰导流方式时，一期围堰位置应在分析水工枢纽布置、纵向围堰所处地形、地质和水力学条件、施工场地及进入基坑的交通道路等因素后确定。发电、通航、排冰、排沙及后期导流用的永久建筑物宜在第一期施工。

　　（3）导流隧洞

　　山区河流一般两岸地形陡峻、河谷狭窄、山岩坚实，普遍采用隧洞导流，其适用条件为导流量不大，坝址河床比较狭窄，两岸地形比较陡峭，沿岸或两岸地形、地质条件良好。但由于隧洞造价较高，泄水能力有限，一般在汛期泄水时均采用淹没基坑方案或利用水工建筑物的预留缺口、放空底孔过流等。导流隧洞设计时，应尽量与永久隧洞相结合，以节省工程投资。当导流隧洞的使用经过不同导流分期时，应根据控制阶段的洪水标准进行设计。导流隧洞断面尺寸和数量视河流水文特性、岩石完整情况以及围堰运行条件等因素确定。

(4) 导流涵洞 (管)

涵洞 (管) 是指在水利工程引水系统通过已建工程设施，为了避免对已建工程的影响，兼顾保护已建工程和在建工程施工的一种设施。具体到水利水电工程中的导流涵洞 (管)，通常会在分期导流中采用该种导流方式，适用于中小型水利水电工程建设。从地形地质条件方面来说，涵洞 (管) 导流施工工作面相对隧洞导流较宽，对工程地质条件要求不高，且具有施工灵活、施工速度较快、成本较低等优点，因而在施工导流方式选择上采用频率较高。

6. 提高水利水电工程施工导流技术的策略

(1) 注重水利人才的培养

人才是科技创新的根本，因此，在吹响技术创新号角的同时，需大力进行水利人才的培养。现阶段的水利施工队伍中缺乏新生力量，而原有的骨干施工技术人员缺乏创新能力，所以既要注重创新人才的引进与培养，又要团结骨干技术人员；既要发挥引进人才的技术创新能力，又要汲取技术骨干在实际水利工程的施工经验，两者有机结合，以老带新，共同促进水利施工导流技术的革新。

(2) 施工进度计划

水利水电工程项目的差异性决定了施工导流方式各有千秋。根据施工导流方案的不同，所制订的施工进度计划各不相同，要根据施工进度计划调整施工导流方案。首先，要对施工进度中各个时间控制节点，包括开工、拦洪、截流、下闸蓄水、封孔、首台发电机组发电等时间节点以及其他工程的受益时间等进行深入的分析研究，只要合理掌握这些时间控制节点，就能根据实际情况制订最为恰当的控制性施工进度计划。其次，以各单项工程与控制性施工进度计划为依据，对工程整体的总进度计划进行编制或调整，并对完建时间与受益时间进行论证，科学合理地进行施工导流及工程度汛安排。

(3) 完善企业管理机制

水利科学技术的创新直接影响企业的效益，只有管理机制不断完善，才能为水利技术的创新保驾护航。现阶段我国大多数水利企业内部机制不完善，缺乏行之有效的施工工程质量监管体系，缺乏工程施工经验的积累。在市场经济环境下，水利施工企业面临巨大的市场压力，只有积极推进水务体制改革、水管体制改革、水利投融资体制改革，才能不断提高水利施工技术水平，提高工程施工质量，增强市场竞争力。

（二）水利水电工程截流技术

截流工程是指在泄水建筑物接近完工时，即以进占方式自两岸或一岸建筑俄堤（作为围堰的一部分）形成龙口，并将龙口防护起来，待泄水建筑物完工以后，在有利时机，以最短时间将龙口堵住，截断河流。

1.截流的方式

从目前的施工技术情况来看，截流的基本方式有两种，即立堵法和平堵法。

（1）立堵法

所谓的立堵法截流就是把截流材料从龙口一端，或者两端向中间抛投进占，实现逐渐束窄河床，最终全部拦断的目的。

一般而言，立堵法截流无须架设浮桥，具有准备工作比较简单、造价较低的特点。但其缺点是其在截流时水力条件是不利的，龙口单宽流量很大，而出现的流速也比较大，而且水流绕截流俄堤端部，也会产生强烈的立轴漩涡，这就会在水流分离线附近形成紊流，其结果是河床被冲刷。同时，由于其流速分布不均匀，所以需要抛投单个质量较大的截流材料。截流因为工作前线狭窄，其抛投强度会受到很大的限制。

立堵法截流主要是适用于大流量、岩基或覆盖层较薄的岩基河床，如果遇到软基河床，那就需要根据实际情况采用护底措施后才能使用。

（2）平堵法

平堵法截流就是沿整个龙口宽度全线抛投，抛投料堆筑体全面上升，直到露出水面。一般而言，这种方法的龙口是部分河宽，也可能是全河宽。所以，合龙前应该在龙口架设浮桥，因为其是沿龙口全宽均匀地抛投，因此，其具有单宽流量较小、出现的流速也较小、需要的单个材料的重量也较轻、抛投强度较大、施工速度快的优点，但其缺点是碍于通航。这种方法适用于软基河床、河流架桥方便且对通航影响不大的河流。

（3）综合方式

为了降低架桥的费用，同时充分发挥平堵水力学条件较好的优点，部分工程采用先立堵，后在栈桥上平堵的方式。

如果是软基河床，采用单纯立堵会很容易造成河床冲刷，一般来说，会先采用平抛护底，再立堵合龙，而平抛一般是利用驳船进行。如丹江口、青铜峡、大化及葛洲坝等工程，一般都是采用这种方法，而且都取得了较为满意的效果。由于其护底均为局部性，因此这类工程本质上同属立堵法截流。

2. 截流施工的设计流量

(1) 截流时间的确定

枢纽工程施工控制性进度计划或总进度计划，是截流时间的确定因素。至于时段选择，通常需要考虑以下原则，进行全面分析比较后再确定。

① 尽量在流量较小时截流，但需要注意的是，必须全面考虑河道水文特性和截流应完成的各项控制工程量，充分合理地使用枯水期。

② 对于具有灌溉、供水、通航、过木等特殊要求的河道，就必须全面兼顾这些要求，尽可能地减少截流对河道综合利用的影响。

③ 有冰冻的河流，通常不在流冰期截流，这样才能避免截流和闭气工作复杂化。当然，如果有特殊情况需要在流冰期截流时，就需要成立相关的技术小组进行充分论证，同时还需要有周密的安全措施。

根据以上论述，截流时间必须要结合气候条件、河流水文特征、围堰施工及通航、过木等因素综合分析确定。一般情况是在枯水期初进行，在流量已有显著下降的时候，严寒地区应该尽可能地避开河道流冰及封冻期。

(2) 设计水流和流量确定

设计截流量是指一定的截流时间通过该断面水流总量，需要根据施工现场的水文环境和设计流程等特点加以确定。正常情况下，可以根据水文气象预测校正方法重现年或确定的设计流量，一般可按 5~10 年、一个月或年平均流量的截流期为依据，也可以用其他分析方法确定。一般的设计流程是由频率方法确定，根据已选定的封闭期，由时间频率确定设计流程，按照规定，除了频率方法选定截流设计标准，还有其他方法确定。如测量数据分析法，对水文资料系列较长，水文特性比较稳定，可以用于该方法。对于预测期短，一般不会最初应用，但据预测流动特性设计可能在前夕关闭。对一些重大的施工截流设计，一般会选择一个流程，然后分析较大和较小流程发生频率，研究闭包计算和几个流模型试验。

(3) 龙口位置与宽度

龙口设在截流俄堤的轴线上，俄堤轴线是依据对两岸与河床的地形、地质、水运状况等各方面因素与对相关数据的分析，再综合各方面的考虑之后得出的。俄堤轴线一经确定则表示龙口位置也确定。通常情况下，龙口位置应建设得较为宽阔，以便大量施工材料能够储存其中，同时还能够方便众来往车辆的运输，继而满足交通的便利需求。在选择地质的时候，应满足覆盖层较薄的龙口位置需求，且具备天然保护设施，从而进一步降低水流对其的冲击，使其使用寿命得以延长。就水利条件方面而言，应将龙口的位置设在正对主流的地方，以便大量洪水泄流，促使工程安全性得以全面提高。在对龙口的宽度进行确定的时候要充分考虑俄堤束窄河床后所形成的水力条件，两侧裹头部位的冲刷影响以及截流期通航河流在安全上的具体要求。

3.水利工程控制截流施工难度

（1）加大分流量，改善分流条件

确定合理导流结构截面尺寸，以断面标高形式；注意下游引航道开挖爆破和下游围堰结构是提高截流的关键环节。工程实践证明，由于水下开挖困难，因此上游和下游引航道规模不够，或回水影响剩余围堰，截流落差大大增加，工作遇到了许多困难；在永久溢洪道尺寸不足时，可以专门修建河闸或其他类型的泄洪分流建筑物。门挡水闸完全关闭后，完成截流工作。

（2）转变龙口水力条件

在截流施工过程中，水文落差在3.0m以内，一般不出现较差现象，当落差达4.0m以上时用单俄堤截流。当载流量较大的时候，采用单俄堤截流的困难大大增加，这个时候多数工程采用双俄堤、三俄堤或宽俄堤来分散落差，并以此来完成截流任务。

（3）增大投抛料的稳定性，减少块料流失

这种情况一般采用葡萄串石、大型构架和异型人式投抛体。也可以采用投抛钢构架、比重大的矿石等，并以这些为骨料进行稳定，还可以在龙口下游，平行于俄堤轴线设置一排拦石坎防止块料的流失，以使抛料稳定。

4.截流施工中材料的使用

具体施工过程中，如果截流水文条件相对较差，可以使用钢筋混凝土四面体构造，这种构造很容易产生良好的施工效果。抛石材料的选择一般应具有以下特征：首先，铸造材料要有一定的能力，比较容易起重运输建设；其次，应根据运输条件选择抛填截留量，综合考虑可能发生的损失和其他水文、地质等因素，相应增加一定抛投量。

二、土石坝施工

（一）土石坝的概述

1.土石坝的定义

土石坝主要就是指利用当地的涂料和石料，或者是混合料在经过了相应的碾压处理后所建设成的具有挡水和截水作用的大坝。如果采用的施工材料是土和砂砾，这种大坝就被人们称作土坝；如果所选用的材料是石渣或者是乱石，人们就将这种坝体称为石坝，如果按照坝高对这种大坝进行分类，通常可以将其分成高坝、中坝和低坝三种。土石坝的施工方式也很多，但是最常使用的就是碾压式土石坝，土石坝在水利工程的建设中之所以能够得以广泛应用，是因为其优点非常显著。施工过程中，土石坝对施工地点的地质要求并不是很高，而且这种大坝的结构相对比较简单，不需要使用很先进的技术，施工的速度也比较快，不需要担心会出现延期的情况。

2. 水利水电工程中采用土石坝的优缺点

（1）土石坝的优点

首先，施工时所需要的原料是土料或者是石料，这些材料在施工地点的市场就可以购买到，这样就可以减少施工中对钢材和水泥等材料的使用，在节约了能源的基础上也更好地保证材料在进场时能够满足施工的要求，同时也不需要从远距离的地点运输到施工现场，这样就能够有效地节约在运输过程中所消耗的费用。其次，土石坝是一种松散的颗粒结构，所以可以有效控制建设过程中所产生的结构变形，选择土坝坝基形式时就可以放宽对地质的要求。再次，土石坝结构和其他的结构相比，结构形式不是特别复杂，因此，如果工程要进行维护或者是扩建，就不需要非常烦琐的工序。最后，这种结构在施工当中流程不是很多，所以施工简单，可操作性也比较强。

（2）土石坝的缺点

土石坝本身也会有很多的缺陷，首先，施工过程中容易受天气变化的影响，如果遇到了比较不好的天气或者是连雨天，为了保证施工的质量，就必须要暂停施工，在天气好转后才能继续施工，这样就会在一定程度上增加工程的建设成本。其次，土石坝这种结构自身不能够实现溢流，所以施工过程中必须要导流隧洞将多余的水排出，这样就会给施工带来一定的麻烦。再次，这种坝体结构自身并没有泄洪的功能，所以还需要另外建设有泄洪功能的建筑设施。最后，这种坝体结构在运行过程中也会显现出很多自身的特点，所以在实际施工中经常会出现沉降量不均匀的现象。

（二）土石坝的施工技术

1. 料场规划

料场的规划和使用不仅关系到土石坝的建造工期和质量，而且可能对周围的农林产业造成影响，因此是土石坝施工中需要格外注意的技术要点之一。必须通过充分地实地勘察，对各种料场都有很好的总体规划后，才能做出开采计划，使各种用料都能够有规划地得到开采和利用，使坝体施工得到充足供应。

另外，所选用料的质量必须要满足坝体的使用要求，应该充分考虑用料的含水量等因素，如含水量高的材料旱季用，含水率低的材料则在雨季使用。尽可能选择储量集中而且丰富的、距离施工地点近的地方进行开采，这样就能避免开采所用机械的转移，降低建筑用料开采和运输的成本。此外，还应该考虑环保的因素，渣料应该尽量做到无污染，取料时应该尽量避免占用农田和山林。总而言之，取料时应该综合考虑多种因素，不断优化取料规划，若在施工过程中发现意外则要实时进行调整，才能取得最优的经济和安全效果。

2. 土石料的开采与加工

料场开采前的准备工作有划定料场范围、分期分区清理覆盖层、设置排水系统、修建施工道路、修建辅助设施。

（1）土料的开采

土料开采一般有立采和平采两种。立面开采方法适用于土层较厚，天然含水量接近填筑含水量，土料层次较多，各层土质差异较大的情况。平面开采方法适用于土层较薄，土料层次少且相对均质、天然含水量偏高须翻晒减水的情况。规划中应将料场划分成数区，进行流水作业。

（2）土料加工

调整土料含水量，降低土料含水量的方法有挖装运卸中的自然蒸发、翻晒、掺料、烘烤等。提高土料含水量的方法有在料场加水、料堆加水、在开挖、装料、运输过程中加水。掺合超径料处理的办法有：

① 水平互层铺料——立面（斜面）开采掺料法。

② 土料场水平单层铺放掺料——立面开采掺合法。

③ 在填筑面堆放掺合法。

④ 漏斗——带式输送机掺合法。

第①、第④种方法采用较多。

砾质土中超径石含量不多时，常用装耙的推土机先在料场中初步清除，然后在坝体填筑面上进行填筑平整时再作进一步清除；当超径石的含量较多时，可用料斗加设篦条筛（格筛）或其他简单筛分装置加以筛除；还可采用从高坡下料，造成粗细分离的方法清除粗粒径。粗粒径较大的过渡料宜直接采用控制爆破技术开采，对于较细的、质量要求高的反滤料，垫层料则可用破碎、筛分、掺和工艺加工。

（3）砂砾石料和堆石料开采

砂砾石料开采主要有陆上开采：一般挖运设备即可。水下开采：采用采砂船和？开采。当水下开采砂砾石料含水量高时，需加以堆放排水；还有块石料开采：建筑物开挖或由石料场开采，开采的布置要形成多工作面流水作业方式。开采方法一般采用深孔梯段爆破，特定目的使用洞室爆破。

（4）超径处理

超径块石料的处理方法主要有浅孔爆破法和机械破碎法两种。浅孔爆破法是指采用手持式风动凿岩机对超径石进行钻孔爆破。机械破碎法是指采用风动和振冲破石、锤破碎超径块石，也可利用吊车起吊重锤，利用重锤自由下落破碎超径块石。

3. 土石料开挖运输方案

坝料的开挖与运输是保证上坝强度的重要环节之一。开挖运输方案主要根据坝体结构布置特点、坝料性质、填筑强度、料场特性、运距远近、可供选择的机械设备型号等多种因素，综合分析比较确定。土石坝施工设备的选型能对坝的施工进度、施工质量以及经济效益产生重大影响。

（1）设备选型的基本原则

① 所选机械的技术性能能适应工作的要求、施工对象的性质和施工场地特征，保证施工质量，能充分发挥机械效率，生产能力满足整个施工过程的要求。

② 所选施工机械应技术先进、生产效率高，操作灵活、机动性好，安全可靠，结构简单，易于检修保养。

③ 类型比较单一，通用性好。

④ 工艺流程中各供需所用机械应成龙配套，各类设备应能充分发挥效率，特别应注意充分发挥主导机械的效率。

⑤ 设备购置费和运行费用较低，易于获得零、配件，便于维修、保养、管理和调度，经济效果好。对于关键的、数量少且不能替代的设备，应使用新购置的，以保证施工质量，避免在一条龙生产中卡壳影响进度。

（2）土石坝施工中开挖运输方案主要有以下几种

① 正向铲开挖，自卸汽车运输上坝正向铲开挖、装载，自卸汽车运输直接上坝，通常运距小于 10 km。自卸汽车可运各种坝料，运输能力高，设备通用，能直接铺料，机动灵活，转弯半径小，爬坡能力较强，管理方便，设备易于获得。在施工布置上，正向铲一般都采用立面开挖，汽车运输道路可布置成循环路线，装料时停在挖掘机一侧的同一平面上，即汽车鱼贯式地装料与行驶。

② 正向铲开挖、胶带机运输国内外水利水电工程施工中，广泛采用胶带机运输土、砂石料。胶带机的爬坡能力大，架设简易，运输费用较低，可比自卸汽车降低 1/3 ~ 1/2 运输费用，运输能力也较高。胶带机合理运距小于 10 km，可直接从料场运输上坝；也可与自卸汽车配合，作长距离运输，在坝前经漏斗由汽车转运上坝；与有轨机车配合，用胶带机转运上坝作短距离运输。

4. 将土石料压实

这一道工序在土石坝的施工中是关键的一步。对土石坝的自身稳定有维持作用的土料内部的主力以及防渗性能，都会随着土料的密实程度的增加而有所提高。

（1）土料压实的特性

土料的自身性质——颗粒的组成以及级别特点还有含水量的大小，另外还有压实的功能等，这些方面都与土料压实的特性有一定的关系。根据土质的不同，土料的压实也有很大的差别，主要有黏性土和非黏性土两种。一般情况下，黏性土有较大的黏结力，摩擦力较小，压缩性比较大，然而透水性太小，因此排水相对比较困难，压缩的过程比较慢，因此，要达到固结压实的效果比较困难。非黏性土与其相反，它的黏结力比较小，但摩擦力比较大，压缩性较小，可是透水性较大，对排水比较有利，压缩的过程比较快，很快就可以完成压实。

压实的效果也会受到上料粒径的影响。粒径越小，其空隙就会越大，那么含有水分的矿物质就不容易扩散，压实就比较困难。因此黏性土压实的干表观密度要比非黏性土的低。颗粒比较均匀的细砂要比颗粒不均匀的砂砾料所达到的密度低。土料含水量的多少，也会影响压实的效果。

非黏性土料有较大的透水性，排水相对比较容易，压实的过程比较快，可以很快压实，没有最优含水量的问题存在，不用专门做含水量控制。这一点也是黏性土和非黏性土之间的根本差别。压实的功能大小也会影响到压实的效果，击实的次数增加，其效果就会越好，含水量也就会减少。一般情况下，压实功能的增加可以使压实的效果增加，这种性质在含水量较低的土料上会有更明显的表现。

（2）进行土石料压实要达到的标准

土石料的压实效果越好，其力学性能的指标也就越高，就越能够保证坝体填筑的质量。但是如果土料的压实太过，会导致压实的费用增加，还会破坏剪力。所以，在压实的过程中，要有一定的压实标准，使压实达到最理想的状态。压实的标准要根据坝料的不同性质来确定。

5. 填筑土石坝的坝体

对土石坝的填筑一定要组织严密，要保证每一道工序都可以相互衔接，一般是采用分段流水的方式来进行作业。分段流水作业是以施工的工序数目为依据，将坝体分成几段，组织专业的施工队伍，对每一段工程依次施工。这种方法对提高施工队伍的技术水平有很大的帮助，能保证施工中的每一种资源都可以得到充分利用，避免施工中的干扰，对坝面的连续施工比较有利。

（1）卸料和平料

主要是使用自卸汽车来进行卸料，然后再用推土机铺成所要求的厚度。在施工的过程中，铺筑防渗体涂料的方向要和坝轴线的方向平行，这样有利于碾压施工。

（2）进行碾压施工的方法

施工过程中，要按照一定的次序来对坝面进行填筑压实，避免漏压以及超压情况出现。碾压防渗体土料的方向要和坝轴线的方向平行，不可以在和坝轴线相垂直的方向碾压，避免因局部漏压而造成横穿坝体出现集中渗流带。碾压的机械在行驶过的每一行之间，都要有 20 ~ 30 cm 的重叠，避免出现漏压。另外，在坝料的分区边界处也比较容易出现漏压的情况，所以，在碾压的时候要注意重叠碾压。若使用的碾压机械是羊角碾或者气胎碾，可以使用进退错距或者是转圈套压的方法来进行碾压。

6. 接合部位施工

土石坝施工中，坝体的防渗土料不可避免地与地基、岸坡、周围其他建筑的边界相接合，由于施工导流、施工方法、分期分段分层填筑等的要求，还必须设置纵横向的接坡、接缝。这些接合部位会影响整个坝体的整体性以及质量，因为如果接坡以及接缝过多的话，还会对整个坝体的填筑强度产生影响，尤其是影响机械化的施工。所以说对于坝体的接合部位的施工，一定要采取合理并且可靠的技术措施，同时还要加强对质量的控制和管理，确保坝体的质量能够符合预先的设计要求。

7. 反滤层的施工

反滤层的填筑方法，大体可分为削坡体、挡板法及土、砂松坡接触平起法三类。土、砂松坡接触平起法能适应机械化施工，填筑强度高，可做到防渗体、反滤料与坝壳料平起填筑，均衡施工，被广泛采用。根据防渗体土料和反滤层填筑的次序，以及搭接形式的不同，可分为先土后砂法和先砂后土法。

无论是先砂后土法或先土后砂法，土砂之间必然出现犬牙交错的现象。反滤料的设计厚度，不应将犬牙厚度在内，不允许过多削弱防渗体的有效断面，反滤料一般不应伸入心墙内，犬牙大小由各种材料的休止角决定，且犬牙交错带不得大于其每层铺土厚度的 1.5 ~ 2.0 倍。

三、节水灌溉水利工程施工技术

现代人口数量的不断增长使我国对粮食的需求不断提升，与此同时，全球水资源也在不断减少，在此背景下，节水灌溉技术的有效应用对我国未来农业发展具有极其重要的现实意义，必须对其引起重视。

（一）步行式灌溉技术

目前我国农田水利工程中具体应用节水灌溉技术时，步行式灌溉技术是极为重要的一项施工技术，该技术具体应用于快速移动的情境内，但是该技术的应用普遍存在一定的缺陷，因此，相关工作人员在应用过程中需要结合其他灌溉技术共同作业，基于多项技术有效配合能够确保更为合理地使用步行式灌溉技术。例如，在内蒙古包头农业发展过程中，步行式灌溉技术能够确保有效结合节水技术和节水农艺，在满足当地现实需求的同时，重新组合调整整个节水系统，确保能够更为充分地应用该项灌溉技术。又如，在内蒙古地区，不同位置地理现状存在很大程度的差异性，而该技术适用性普遍较高，灌溉人员可以基于具体需求对其进行调整，不会受到现实环境的妨碍和限制。总体来讲，步行式灌溉技术能够更为高效地利用水资源，同时，还可以进行资金投入的科学控制，在我国目前水利工程进行节水灌溉时得到较为普遍的应用。

（二）滴灌技术

我国农业建设过程中，滴灌技术具有较为广泛的运用面积。该种灌溉方式具体是在农作物根部设置滴水管道，打开控制阀门之后，水资源便可以以滴灌的方式流入农作物根部，确保农作物迅速吸收水分。该种节水灌溉方式的有效应用能够确保更为高效地利用水资源，大大减少浪费，确保充分利用每一滴水。与此同时，该种灌溉技术还可以在一定程度内结合施肥技术，现场灌溉人员可以利用滴水管道向农作物根部输送肥料，进而确保有效减少人为作业，实现肥料吸收率的有效提升，是我国目前较为理想的一项节水灌溉技术，但是具体应用该技术时，操作手段较为繁杂，同时具有极高的计算要求，因此在我国目前并未实现普及应用。

（三）微灌技术

微灌技术是基于滴灌系统改进形成的，其利用效率通常处于喷灌技术和滴灌技术之间。在具体应用微灌技术时，首先需要利用压力管道进行抽水作业，其次通过利用管道系统向需要灌溉的位置输送水资源，最后利用设置于灌溉出口处的微灌设备实施灌溉作业。在具体输送和喷灌水资源时，水资源蒸发效率普遍较低，与此同时，相关工作人员在具体应用该技术时，使用的喷头孔径普遍较小，能够对其水资源利用率提供更有效的保障。

（四）渠道防渗技术

无论是选择使用微灌技术、步行式灌溉技术，还是滴灌技术，都需要抽调水资源并将其输送至特定地点，因此，在具体工作过程中，为了能够实现资源消耗率的有效降低，相关工作人员需要对其水资源输送过程中的渗透和蒸发进行不断控制。

基于此，渠道防渗技术的科学应用具有极其重要的现实意义。在具体应用该技术时，工作人员首先需要科学选择渠道防渗材料，同时合理设置渠道坡度和宽度，保障在渠道内能够快速流通水资源，从而实现渠道流经时间的大大降低，确保对水资源渗透率进行更为有效的控制。

（五）喷灌技术

该技术具体是指在需要进行灌溉作业的位置安装喷灌设备，然后利用较强水压向喷头输送水资源，使其能够在空中形成水幕，进而对面积较大的作物进行灌溉，该种灌溉方式可以在一定程度内利用电脑进行控制，不需要人力监管便可以自动完成浇水作业。但是，该技术通常对其相关设备具有较强的依赖性，现场人员在具体应用该技术时，需要对其设备质量加强保障，同时还需要定期检修，以此为基础，才能确保设备有序运转。该技术的科学应用能够在最大限度内降低现场工作人员工作量，操作方式较为简单，同时具有较大的灌溉面积，水资源需求较少，适合应用于部分具有较强空气湿度的无风地区。

（六）地面浇灌法

地面浇灌法是应用范围最为广泛同时应用时间最长的一项传统灌溉技术，通过科学规划畦和水流量能够进一步实现节水效果。具体开展相关工作时，现场工作人员首先需要在农作物种植区域内寻找水源，科学修建水渠；其次在农作物区域内引入河流中的水资源进行灌溉作业。为了确保能够实现更为有效的节水目的，灌溉人员在具体选择河流时，必须确保其科学性，保证能够充分利用每一滴水资源，同时，还需要科学修建阀门，利用阀门孔进行水流控制，确保能够有效避免浪费。

四、水利工程施工灌浆技术

系统性和整体性是水利工程建设的主要特点，由于这两个特点的限制，导致其工作烦琐，在较强的专业知识、专业技术基础上才能够保证工程的顺利进行。在现行施工状态下难免会产生一些施工难题和影响工程顺利进行的障碍，解决这些难题障碍就成了创新研究的主题。在目前国内水平日趋向上发展的趋势推动下，必须加强对技术的认识，加强对知识的解读。

（一）灌浆施工的概念结构

灌浆施工是一种复杂的系统性结构，这种"最优化"意义下的系统采用工程分析进行最优化处理，处理方法在子系统之间进行耦合变量链接，最终达到最优化效果。在当前的系统运行之下，主要从两个方面进行分析，一是采用工程观点来决策变量和施工控制，并验证该技术的可行性；二是在系统运行一段时间后，对系统发生的改变进行新的状态变量输入灌浆数学模型分析，并以此来判定系统的稳定性。

灌浆的作用如下：使孔隙和裂隙受到压密，所谓的压密作用就是挤密和压密，最终使地层的密力学性能得到提高。灌浆的浆液使凝成的结石对原有的地层缝隙进行填充，这样的填充作用能够提高地层的密实性，从而更容易展开工作。在经历前两步的作用后，地层中的化学物质会和填充的浆液发生反应，从而形成"类岩体"，这就是灌浆施工的固化作用。前期工作完成，灌浆施工的任务几乎就完成了，最重要的结尾工作就是黏合作用的目的——利用浆液的黏合性，对脱松的物体进行黏合，最终改善各个部分联合承载能力，提升工程严密程度。

(二) 灌浆技术的应用

1. 准备工作

施工的流畅程度主要就在于工程的前期准备，只有制订出完整的施工计划，才能够确保工程的流畅程度。施工还要未雨绸缪，如施工场地、施工天气等一系列情况，都要在前期准备工作中做好充分的预备方案，适时地对相关工作进行调整，以提高工程效率。准备工作中还应该要对施工的环境进行考核，这样才能够确保安全施工，保证施工的顺利进行。

2. 施工步骤

(1) 钻孔

钻孔占据着整个工程的重要位置，在钻孔过程中，应该保证孔的垂直，还要确保打孔的倾斜度，如果超出了预算的倾斜度合理范围，这一次的打孔就以失败告终。在不同项目里，钻孔的标准也不是相同的，所以工人在施工过程中必须严格把关，这样才能保证工程顺利进行。

(2) 冲洗

冲洗工作是在钻孔之后进行的，这样才能够保证灌浆的质量，这一环节是通过高压水枪强力喷射来洗去孔内的污垢，确保其干净。有时钻孔会产生裂缝，这就要求在清洗时对裂缝一并处理，这些裂缝的处理都能够为之后的工作提供保证。如果清洗之后还没有完全干净，可以采用单孔和双孔的方法进行再处理。

(3) 压水

冲洗干净孔后的工作就是压水了，压水工作前应该勘察该地层的渗透能力，分析完后求出相关数据进行参考。通常在实验时一般采用自上而下的运行方式。

(4) 灌浆

虽然前期有数据支持，但在正式灌浆前还是要对灌浆的次序和方式进行确认。灌浆模式一般采用纯压力模式和环灌模式，因为这两种模式的流动性较强，能够使灌浆顺利沉积，这样就能提高灌浆的品质。

(5) 封孔

最后一步工作是封孔，封孔的步骤要求非常严格，一定要按照既定的计划来执行，以确保整体工作的顺利收尾，保障既安全又高效地完成工作。

(三) 施工注意事项

1. 浆液浓度控制

浆液的浓度最终会影响施工的效率。浆液浓度要在施工之前进行控制分析，工人要熟练掌握浆液浓度改变的应对方法，在灌浆施工中就有过因浆液浓度导致整个施工失败的案例。浆液是一种液体物质，具有流动性。浓度越低流动性就越好，但浓度过低会使灌浆装载增加，容易产生开缝、漏水问题。如果浆液浓度过高，会使浆液停滞，难以流动，容易产生浆液供应不足的问题，降低工程的效率。所以保证浆液的浓度是灌浆工程的首要任务，只有做好这些，才能够提高工程的流畅性。

2. 应对意外

在工程建设中难免会出现一些突发的、未知的情况，由于灌浆施工场地相对较为混乱，所以应对突发事件就对工人的素质提出了较高的要求，高素质的工人能够在突发事件时作出对的判断。其中有些是人为因素，也有的是自然因素。意外事件不可避免，但是前期的准备还是会对后期的施工过程起到作用的，工人应该用科学的方法应对意外，最大限度保证工程的顺利运行。要妥善处理意外事件，要对既有的意外事件进行经验总结，以备后用。

3. 控制浆液压力

灌浆压力的控制方法主要有两种：一次性升压和分段式升压。前者适用于一般的完整的裂缝发育、透水性低、岩石硬的情况。该类情况应该尽量将压力升至标准压力，然后在标准压力下，浆液会自行调配比例，然后逐渐加大浆液浓度，直到灌浆结束为止。

分段式升压法应用于一些严重的渗水。该方法主要分为几个阶段，最终能够使压力达到标准。在灌浆过程的某一级压力中，应该将压力分为三级，然后确定规定的压力大小，这样分段式控制压力就能够发挥作用了。

4. 质量检验

因为灌浆工程属于隐蔽性工程，所以在竣工后要对工程进行复检。认真检查孔的设置，钻取岩芯之后要反复观察胶结情况，还要测试检查孔的相关问题，检查工程前后的数据记录，综合工程进行分析。只有各项检查过关之后，工程才算是真正完成。

灌浆技术在水利工程中的重要地位不言而喻，所以研究施工过程中的问题，就是对灌浆技术的总结，这是保证灌浆工程施工质量的前提，也是水利工程发展的一个大的转折点。

五、水利工程施工的防渗技术

我国水利工程项目明显增加，水利工程施工环境日渐复杂化，频繁出现渗漏问题，影响水利工程建设经济效益。施工企业要多层次高效利用防渗技术，加大防渗力度，最大化提高水利工程施工效率与效益。

社会经济发展中，水利工程种类繁多，存在的问题也日渐多样化，但渗透问题最普遍，导致水利工程投入使用后功能作用无法顺利发挥，甚至危及下游地区住户生命财产安全。水利工程施工中，施工企业必须准确把握渗漏问题出现的薄弱环节以及渗漏具体原因，巧妙应用多样化的防渗技术，科学解决渗漏问题，促使水利工程各环节施工顺利进行，提高水利工程施工质量。

（一）水利工程施工中防渗技术应用的重要性

和传统建筑工程相比，水利工程有明显的区别，属于水下作业，有鲜明的复杂性与不确定性特征。水利工程施工中极易受到多方面主客观因素影响，出现工程结构变形等情况，引发渗漏问题，影响水利工程施工进度、施工成本、施工效益等，防渗技术在水利工程施工中的科学利用尤为重要，利于实时对建设的水利工程项目进行必要的防渗加固，避免在施工现场各方面因素作用下频繁出现渗漏问题，动态控制水利工程施工成本的基础上，加快施工进度，提高施工效益。同时，防渗技术在水利工程施工中的应用利于提高水利工程结构性能，充分发挥多样化功能作用，实时科学调节并应用水资源，降低地区洪灾发生率，提高水利工程经济、社会乃至生态效益。

（二）水利工程施工中防渗技术的应用

1. 灌浆技术

（1）土坝坝体劈裂灌浆技术

水利工程施工中，灌浆技术是重要的防渗技术，频繁应用到施工各环节渗漏问题解决中。灌浆防渗技术类型多样化体现在多个方面，土坝坝体劈裂灌浆技术便是其中之一，可以有效解决水利工程坝体出现的各类渗透问题。在具体应用过程中，施工人员要根据水利工程坝体所具有的应力规律，以坝体轴线为切入点，进行合理化布孔，在孔内灌注适量的浆液，促使坝体、浆液二者不断挤压，确保浆液更好地渗透到坝体中，有效改善坝体应力分布状况，从源头上提高水利工程项目坝体安全性、稳定性，避免坝体频繁出现渗漏问题。在此过程中，施工人员要从不同方面入手深入分析坝体具体条件以及出现的裂缝问题，科学利用土坝坝体劈裂灌浆技术。如果水利工程坝体裂缝只是在某些位置均匀分布，施工人员在利用该灌浆防渗技术时，只需要对出现裂缝的具体位置进行灌浆防渗处理；如果水利工程坝体不具有较高的质量，贯通性裂缝问题又频繁出现，在防渗处理中，施工人员需要科学利用全线劈裂灌浆技术，最大化提升坝体严密性，具有较高的防渗效果。

（2）卵砾石层帷幕灌浆技术

和一般的灌浆技术相比，卵砾石层帷幕灌浆技术有着本质上的区别，应用其中的灌浆材料不同，属于水泥、黏土二者作用下的混合浆液，被广泛应用到卵砾石层中，主要是该类石层钻孔难度系数较高。应用过程中，施工人员可以采用打管以及套阀灌浆方法，控制好灌浆孔，顺利提高灌浆效果。但该类灌浆技术在防渗实际应用中存在一定缺陷性，会受到卵砾石层影响，常用于水利工程防渗辅助方面，有效解决渗漏问题的同时最大化提高材料利用率。

（3）控制性与高压喷射灌浆技术

① 控制性灌浆技术建立在传统灌浆技术基础上，属于当下对传统灌浆技术的优化。通常情况下，在应用控制性灌浆技术中，水泥是关键性施工材料，并应用一些适宜的辅助材料，有效改善应用其中的水泥物理性能，有效提高作用其中的材料的抗冲击性能以及防渗质量，避免在土体中水泥浆频繁出现扩张现象。同时，当下控制性灌浆技术在水利工程坝体、围堰以及堤防方面应用较多，可以有效解决相关的渗漏问题。

② 在应用高压喷射灌浆防渗技术过程中，施工人员只需要在钻杆作用下，顺利实现高压喷射，确保水、浆液喷出之后，可以及时冲击对应的土层，使其和土体均匀混合，形成水泥防渗加固体，防止水利工程出现渗漏问题。具体来说，高压喷射灌浆技术可以进一步划分为高压定喷灌浆技术、高压摆喷灌浆技术等。施工人员必须坚持具体问题具体分析的原则，客观分析地区水利工程施工中渗漏问题，高效应用高压喷射灌浆技术，借助其多样化优势，做好加固防渗工作。以"高压旋喷灌浆技术"为例，其应用范围较广，如淤泥土层、粉土层、软塑土层。施工人员可以将其应用到水利工程深基坑加固防渗中，在旋喷桩作用下，提高基坑结构性能。

2.防渗墙技术

（1）多头深层搅拌和锯槽防渗墙技术

水利工程施工防渗方面，防渗墙技术也频繁应用其中，有着多样化优势，如避免雨水侵蚀水利工程结构等。多头深层搅拌防渗墙技术便是其中之一。应用过程中，施工人员要在多头搅拌机作用下，及时在土体中喷射适量的水泥浆，均匀搅拌水泥浆，使其和土体有机融合，以水泥桩的形式呈现出来，再对各搅拌桩进行合理化搭接，形成水泥防渗墙。此外，在应用锯槽防渗墙技术中，施工人员要将锯槽设备应用其中，刀杆必须按规定的角度倾斜，多次切割土体的同时向前开槽，动态控制设备移动速度，利用循环排渣法，排出切割下来的土体。锯槽成型以后，施工人员便可以向其浇筑适量的混凝土，形成防渗墙，厚度在 0.2～0.3 米。该防渗技术常被应用到砂砾石地层中，具有可以连续成墙、高施工效率等优势。

（2）链斗法、薄型抓斗与射水防渗墙技术

在应用链斗法防渗墙技术时，施工人员要科学利用链斗开槽设备，规范取下土体，明确成墙深度，科学放置排桩，在开槽设备作用下，向前开槽，借助泥浆优势，保护好槽壁，浇筑适量的混凝土。应用过程中，砂砾石粒径必须小于槽宽，砾含量不能超过30%。同时，在应用薄型抓斗防渗墙技术中，施工人员要控制好薄型抓斗设备的斗宽度，在孔洞开槽的基础上，借助水泥浆优势，保护好孔壁，再浇筑适量的混凝土。该防渗墙技术可以应用到多种土层中，有其他防渗墙技术无法比拟的优越性，成槽速度较快，防渗施工成本不高，泥浆消耗量较少等。此外，防渗施工中，施工人员也可以利用射水防渗墙技术，要科学应用到水利工程防渗中的设备，如浇筑设备、搅拌设备，在造孔设备作用下，顺利喷出高速与高压的水流，科学切割土体，在成型设备作用下多次修整，最大化提高槽壁光滑程度，在反复出渣的基础上，在槽孔中浇筑适量水泥浆，形成防渗墙，达到防渗目的。

总而言之，水利工程施工中，施工企业要科学利用多样化的灌浆与防渗墙技术，做好防渗加固工作，科学解决渗漏问题，在高效施工的基础上，提升水利工程应用价值，更好地服务于地区经济发展。

六、混凝土裂缝控制技术

水利工程作为国内经济建设基础在人们的日常生活中广泛出现，水利工程建设的具有规模大、消耗时间长，实际投入各项成本过大、建筑实际成本高、施工困难等，在建筑施工时常会产生各类的质量问题。水利工程在实施建设过程中最为常见的是混凝土裂缝问题，这类问题不仅会缩短工程使用期限，也会影响水利工程内部的稳定可靠性，对工程社会效益来说是较为不利的。因此混凝土裂缝问题需要引起建筑企业重视，企业需要使用先进科学的手段实施干预，确保有效提高施工质量，切实提升水利工程实际运行效率和效益。

（一）水利工程施工中混凝土产生裂缝的原因

1. 塑性混凝土裂缝出现的原因

混凝土浇筑作业过后，进行凝结凝固时，若环境不是很稳定，如高温、振动，混凝土尚未凝结以前，都会有失水状况的存在，进而会使得混凝土发生变质、变形，致使混凝土最终体积因此发生改变，不能与建筑施工设定目标保持一致，会出现塑性裂缝。大多情况下，塑性裂缝呈现中间宽、两边细的特征。

2. 收缩混凝土裂缝出现的原因

混凝土凝固过程中，体积会发生一定的变化，例如缩小，致使混凝土出现收缩、变形等状况。此种状况下，有较大的约束力，很容易产生收缩裂缝，尤其是搭建高配筋率时，受到钢筋的影响，周边混凝土会产生相应的约束力，导致钢筋对混凝土收缩情况进行限制，由此出现了拉应力，借助此类作用，混凝土收缩裂缝情况极其容易在构件内发生变化。

3. 因温度变化而导致的裂缝

混凝土凝固过程中对环境条件有着较高的要求，尤其对温度来说是比较严格和敏感的。混凝土在完成浇筑过后，若没有妥善对混凝土建筑进行养护，控制混凝土周边温度的环境，会造成混凝土内部产生裂缝状况。混凝土凝固过程中，若混凝土内外部温差过大或温差明显，受到热胀冷缩的影响，混凝土实际应力会随之发生变化。例如，受到温差变化的影响，有序对混凝土构件力进行拔高，若实际应力远远大于预期规定承受能力时，混凝土将会产生温度裂缝。

（二）水利工程施工技术

1. 施工材料控制

水利工程进行施工时，混凝土结构性能会受到施工材料的影响，进而造成混凝土出现裂缝。结合这一情况，施工管理单位要切实做好材料管控工作，严格参照施工建设方案的材料标准和规范进行施工，采购材料的过程中，要保障水泥的型号、骨料实际级配、粒径等各项要求和施工建设标准保持一致，确保混凝土内部的结构性能。与此同时，选取水泥材料的途中，作为施工单位要确保水泥材料的性能的同时，兼顾选取水化热偏低的水泥进行施工。

2. 混凝土配比控制

施工材料选取完毕过后，施工单位要制定符合施工要求的混凝土最佳配合比，借助施工材料对其进行反复试验，及时测量混凝土预期建筑强度、坍落度等，进而获取最优的配合比例，提高混凝土结构的性能。但需要引起关注的是，水利工程使用的混凝土大多是借助工厂搅拌混合后向施工现场运输的，作为施工单位要及时控制和管理混凝土运输质量，确保混凝土到达现场及时验收，方可进行施工。

3. 施工温度控制

水泥水化热是造成混凝土施工时温度变化的主要原因，施工企业施工时要把控好水泥的各项性能要求，尽量降低水泥的使用频率，若必须使用则多选取低水化热的水泥进行施工，减少混凝土搅拌时散发的热量。混凝土实施搅拌前，借助冷水对碎石进行冲洗，减少产生热量。单位要选取有效的施工时间与浇筑方式。大多浇筑时间在早 7:00—10:00，下午 3:00—6:00，杜绝高温作业扩大混凝土结构内部温差。实施浇筑时，使用分层浇筑施工，加强混凝土散热能力。若水利工程施工选取大体积混凝土，施工单位要安装冷却水管，减少混凝土内外温差和内部应力，杜绝裂缝产生。

4. 开展养护工作

混凝土施工质量的基础是要做好养护工作，其也是杜绝裂缝产生的主要措施。首先，妥善对混凝土构件实行保温，使用防晒手段，杜绝因温差大而产生裂缝，施工人员需要参照施工需求和标准进行施工。借助设置草席、塑料等手段实施养护。要想杜绝人为对其进行干预和破坏使混凝土产生危害，需要委派专人进行管理。

5. 混凝土塑性裂缝控制技术

水利工程进行施工时，要控制混凝土塑性裂缝，要立足实际从源头入手，也就是制作混凝土的源头。配置混凝土时，要选取合适的集料配合比例，设计科学有效的配合比例，尤其是混凝土的水灰配合比例。进行配置过程中，要认真进行考察，深入调查研究和了解实际状况，结合实际需求，选取最佳的减水剂，保证混凝土可塑性达到施工建设标准。想要有效实施混凝土浇筑工作，需要使用有效的管理办法实施振捣，确保不发生过度振捣的状况，借助科学有效的办法，降低混凝土发生泌水状况，杜绝模板沉陷。若出现塑性裂缝，要妥善处理，确保在混凝土终凝前完成抹面压光工作，保证裂缝有效闭合，减少压缩问题。

6. 混凝土收缩裂缝控制技术

混凝土收缩若出现裂缝，应结合裂缝内产生的裂缝，选取合适的施材料进行修复，如借助环氧树脂等施工材料，妥善对裂缝表层进行维修处理。结合实际状况来说，使用控制技术仍存在一定的局限性，仅从表层对混凝土裂缝进行修护，想要从源头控制混凝土收缩裂缝，要把制作混凝土看作至关重要的一步：第一，优化升级混凝土性能，结合实际状况，科学减少水灰比例，有序降低水泥实际使用含量；第二，重视混凝土配筋率，科学有效对其进行设置和管理，确保分布变得规范、有序，进而杜绝发生裂缝状况；第三，及时养护混凝土，重视养护管理工作，结合实际状况妥善控制混凝土保温覆盖时间，及时做好涂刷工作，最大限度避免混凝土发生收缩裂缝状况。

7. 混凝土温度裂缝控制技术

要想降低混凝土温度敏感程度，需要立足下述方面：第一，选取材料时，水泥要选择低、中热的矿渣和粉煤灰水泥，对水泥用量进行严格管控，水泥含量不得大于 450 kg/m^3；第二，要降低水灰比，保证水灰比小于 0.60，对骨料级配进行控制，实施过程内部，要添加一定的掺粉煤灰、减水剂，降低水化热程度，减少水泥实际含量；第三，对混凝土浇筑工艺和水平进行优化升级，切实降低混凝土温度，借助相关工艺满足预期要求；第四，结合实际状况，对混凝土浇筑施工工序进行妥善控制，进行浇筑途中，降低温差给混凝土凝固产生的各类影响，使用科学有效的分层、分块的管理办法，妥善进行混凝土散热工作；第五，混凝土进行养护时需要严格控制标准，混凝土实施浇筑完成过后，养护工作是至关重要的，如果天气温度高，需要保护混凝土，及时覆盖和降温，立足实际，妥善进行洒水防晒工作还需参照施工要求，强化养护管理期限，杜绝发生温差过大的情况。

根据水利工程施工建设中混凝土出现裂缝的各项原因，立足实际妥善分析混凝土裂缝控制技术的应用情况，建设水利工程时，混凝土产生裂缝大多是因为各类原因造成的。因此，我们需要使用科学的混凝土施工办法，配置最佳的混凝土比例，妥善进行养护管理工作，从源头控制管理原材料工作这在很大程度上能有效预防和减少混凝土发生裂缝的频率，进而使水利工程能够在施工时得到有效保障，以此打牢水利工程施工在未来建设中的基础，为后续实施水利工程奠定坚实支撑。

七、水利工程施工中模板工程技术

随着现代社会的不断发展，工程质量逐渐被人们所重视，而水利工程由于与人们日常生活关系密切，其工程质量尤其被人们所重视。不断提高水利工程相关技术将是对其工程质量的良好保障，将更新颖更专业的模板工程技术应用到水利工程施工中，是保障工程质量、提高相关技术的重要举措之一。

(一) 模板工程技术的相关概念

1. 模板施工技术的重要性

水利施工中，混凝土浇筑构（建）筑物前需要在该地先做出一个浇筑模板，制作这块模板便是水利工程中的模板工程。模板工程分为两部分，其一是模板，其二是支撑，混凝土是直接浇筑进模板与模板之间进行直接接触的，所制作模板的体积是由图纸上混凝土的浇筑体积决定的。模板工程的支撑部分就是起支护模板，让模板位置安装正确并能承受混凝土的浇筑以实现模板功效。同时，由于模板直接决定了混凝土的成型，这便需要模板与混凝土最大限度实现尺寸、体积等方面的符合程度，以将误差最小化。模板方面，若是各模板的接缝处不严密，就会使后续混凝土浇筑时发生严重影响工程质量的漏浆情况。而支撑方面，如果支撑力度不达标，那么在后续混凝土施工时就容易导致变形和错位等质量缺陷，甚至发生质量事故，严重降低其工程质量，与之相应的模板相关方面就会出现偏差，不仅影响水利工程的质量，甚至还会导致水利工程坍塌，导致各种事故的发生，故而近年来我国对水利工程施工质量也确定了相关的标准。模板工程技术在水利工程中的地位由此可见一斑。

2. 关于模板的主要分类方式

模板类型众多，为了使模板使用更加规范化、科学化，常以多种分类方式进行一定分类，也便于查找应用。其中，主要按制作材料分类、根据不同的混凝土结构类型、按模板的不同功能、按模板的不同形态、按照组装方式的不同、根据不同施工方法不同和所处位置的不同这几种标准进行分类。通过多种的分类方式，以便施工中能更快捷有效率地进行相关模板选择，通过更切合实际的模板来实现更高效的建筑施工，并通过相关工程技术，有效提高整个工程的质量。

3. 模板设计的相关要求

混凝土施工中，混凝土凝结前始终处于流体状态，而将这种形态的混凝土制作成符合设计要求的形状和尺寸的模型，即是模板。要确保施工完成后所得到的混凝土的各个方面符合要求，而模板也要更好地保证刚度、强度和耐久性，以确保其安全性与稳定性。在拆装模板时也要确保模板的便捷性，不破坏模板重复利用的同时保证结构达到相关标准。同时，也要求模板的外在方面做到表面光滑、接缝严密，同时由于未凝结时混凝土处于半流体状态，模板还需有良好的耐潮性。模板的设计方面，技术工作人员要对施工地点、环境等实际情况进行现场调查，以确保设计出的模板方案科学合理、符合施工要求并切合当地实际情况。此外，模板设计时还要制定配图设计和支撑系统的设计图，然后根据施工中的详细情况进行一定计算，确定科学合理的模板装卸方法。

（二）模板施工技术在水利工程中的应用

1. 模板施工的连接技术

在模板设计完成后，将根据实际情况以各种方式进行模板连接工程，故而模板工程技术应用于水利工程施工的过程中，技术人员应当重视机械连接、接头质量、焊接类型等各种连接过程的细节，并在连接施工结束后，进行详细的全方位检查，以最大限度地保证工程施工中模板工程技术施工的工程质量。此外，在水利工程施工模板技术的应用过程中，施工人员可以在某根钢筋上仅安置少量钢筋接头，如此不仅能够最大化提升模板工程技术应用的质量，对后续施工技术的展开也有着积极影响。

2. 模板施工中的浇筑技术

在开展模板工程施工的过程中，需要严格要求模板工作的相关程序，以确保工程中最重要的质量问题，而混凝土浇筑技术有着影响水利工程施工中的性能以及安装效果的作用。混凝土浇筑过程中，要确保模板工程的支撑部分能起到支护模板的作用，同时保证准确的模板安装位置，最重要的是承受住相应的内外力荷载，以确保混凝土浇筑过程不会出现降低浇筑强度而导致工程质量下滑的恶劣影响。

3. 施工结束后的拆除技术

随着水利工程技术与模板工程技术的不断发展，模板拆除的相关技术也有着一定的发展成效。在对模板进行相关拆除时，需要确保侧模和混凝土强度已达到相关要求，为此，对于模板拆除工作的相关要求是在选择底模时，需要设计强度满足标准值八成左右方可进行拆除。经实践证明，在将模板拆除技术应用于实践时，施工人员要根据具体的实际情况，对模板进行全面、同步的拆除工作，最大限度地避免模板掉落等模板损坏、损毁情况的发生，避免造成不必要的人力物力损失。此外，还要在拆除过程中，对拆下的模板及时进行清理，针对相应模板进行一定的清理维护工作，确保更有效地重复利用模板。模板拆除技术在一定程度上提升了水利工程的质量，以及模板工程技术的应用水平，体现了现代循环利用的环保理念。

(三) 模板工程的相关材料

水利工程中，与其他建筑工程的实际相比，需要的模板材料具有更高的强度和刚性，同时兼具一定的稳定性能，以达到相关的要求，确保在模板承受施工荷载时发生的变形仍在可控的安全范围内。而以模板的外观要求来说，主要就是保证表面的平滑性，确保其在拼接过程中不会发生缝隙等质量问题。从模板的其他要求来看，需要将模板与施工中所选混凝土的特性相结合，当施工要求混凝土技术较大时，相应地，就要选择大型模板来施工，同时配以更好的刚性材料。而在模板支护方面则要注重模板两侧的安装及防护，以此保障模板的稳定性，确保模板不会受到外力的影响，同时，在安装模板时也要对正确拆卸拥有一定认知。而对于水利施工中模板工程来讲，对于刚性是有着严格要求的，并且针对模板支护也要做好全面实际的分析调查工作。模板支护时要保证所固定基础面上的坚实度能够满足实际需求，一般还要根据施工过程的持续不断增加相应的支护板，以满足施工中的要求，符合有关质量问题的要求。此外，在模板施工前要对模板中的杂物进行检查并予以相关处理，确保模板一定的洁净性。

综上所述，模板施工技术在水利工程施工中占有重要地位，模板施工的质量直接影响了混凝土结构的质量，也就是工程质量。相关工作人员与管理人员应重视模板工程的价值，通过更多不同的有效举措保证模板工程技术更好地应用在水利工程中，以提高水利工程施工的相关质量与效率不断提升。

八、水利工程施工爆破技术

水利工程施工中，通过利用爆破技术来为施工提供相应的空间，还能够用来采集石料和完成特殊作业任务。如在水利工程施工中，堤坝爆破、堤坝开渠、堤坝截流及水下爆破等施工中，通常都需要应用爆破施工技术。

（一）水利工程施工用的爆破材料

1. 起爆炸药

起爆炸药是水利工程较为常用的爆破材料，其具有较高的爆炸威力和较高的化学稳定性。雷汞炸药、二硝基重氮酚炸药都可作为起爆炸药。其中，二硝基重氮酚炸药具有较高的耐水性能，因此在水利施工起爆中较为常见。

2. 单质猛性炸药

单质猛性炸药是水利工程中较为常用的爆破材料，其中，常用的成分为 TNT 及硝化甘油，这些物质不溶于水，因此可以用在水下进行爆破作业，但这种爆破材料在水利施工的地下爆破施工中不具有适用性。这主要是由于 TNT 在爆破中会产生一氧化碳，因此不能单独使用，需要与硝酸钠等化学物质一同使用。

3. 混合猛性炸药

混合猛炸药在水利工程中也较为常用，这种爆破材料以硝酸钠脂类化学物质为主，可以在水下爆破施工，爆破材料敏感度不高，可以有效地提高其使用中的安全性能。在相同工作量基础上，利用混合猛性炸药，具有较强的经济性，因此混合猛性炸药在水利施工中应用最为广泛。

（二）水利工程起爆方法

1. 火雷管起爆法

利用火雷管起爆时，通过运用点燃的导火索来达到起爆。这种起爆方法操作较为简单，而且成本较低，在一些小型、分散的浅孔及裸露的药包爆破中应用十分广泛。但利用火雷管起爆过程中，工人需要直接面对点炮，安全性较差，而且控制起爆顺序也不准确，很难达到预期的效果。而且在火雷管起爆法中，无法利用仪器来检查工作质量，出现瞎炮的可能性较大，因此在一些重要及大型的爆破工程中不宜应用。在具体应用过程中，需要做好雷管保管工作，注意防潮及降低敏感度，导火索不宜受潮、浸油及折断，需要做好相应的保护措施。

2. 电雷管起爆法

利用电雷管通电起爆法来对爆炸包进行引爆，需要计算电爆网路，并采用串联、并联和混联三种方式进行电爆网络连接。串联网路布置操作简单，所需要电流较小，而且电线消耗也少，能够提前对整个网络的导通情况进行检查，一个雷管出现故障后，整个网路就会断电拒爆。对于并联网路，其需要较大的电流，无法提前检查每一个雷管的完好情况，即使某个雷管存在问题也不会有拒爆情况发生。混联有效地集中了串联和并联的优点，在一些规模较大及炮眼分布集中的爆破中应用更为适宜，而一些小规模的爆破多采用串联和并联的方法。

3. 导爆索起爆法

利用雷管来引爆导爆索，然后由导爆网路引爆炸药，在一些深孔和洞室爆破中进行应用。其中，可以利用火雷管和电雷管引爆导爆索，而且雷管聚能穴需要与传爆方向保持一致。采用并联或是并串联的方式联结导爆索网路，在有水和有电的场合都可以使用。但这种起爆法价格较为昂贵。

(三) 水利工程施工中爆破技术的应用分析

1. 深孔台阶的爆破技术

深孔台阶的爆破技术指孔径大于 50 mm，孔深大于 5 m，对多级台阶进行爆破。只有两个自由而及以上才能开展爆破，多排炮孔之间可以毫秒延期进行爆破，爆破的方量比较大，破碎的效果好，而且振动的影响很小，在我国水利工程中得到了广泛的应用。

2. 预裂和光面的爆破技术

预裂爆破是沿着设计和开挖线，打密集孔安装少量炸药，预先完成爆破缝，防止爆破区导致岩体破坏的技术。光面爆破是在开挖线布置些间距小、平行的炮孔，进行少量装药，同时起爆。在隧道中的爆破，设计线内岩石不使线外围岩受到破坏，围岩面可以留下清晰孔痕，保持断面成形的规整和围岩的稳定性。

3. 围堰爆破的拆除

我国一些大型的水利工程在建设中会遇到很多需要拆除的一些临时性的建筑，典型的代表就是围堰爆破拆除，可以利用围堰顶面和北临水面开始钻爆作业，而爆破要求要做到一次爆通成型，才能实现泄水与进水的要求，还要保证周围已建成建筑不受到损害。

4.定向爆破进行筑坝

定向爆破进行筑坝是高效开发水资源的施工方法，这种施工方法具有一定的优势，一般不需要使用大型的机械设备，对施工的道路要求也不高，而且采石、运输和填筑都可以一起完成，有效地节省劳动力与资金的投入，施工进度很快。

5.岩塞的爆破技术

岩塞爆破属于水下爆破，目的是引水和放空水库，可以修通到水库的引水洞与放空洞。工程完成后，可以把岩塞炸掉，使洞和库及湖连通在一起。水下岩塞的爆破可以不受到库水位的影响，也不受季节限制，还能省去围堰工程，施工周期短，效果好，资金投入低。而且水库运行和施工之间不会受到干扰，我国的岩塞爆破以丰满水库的规模最大。

6.隧道掘进的爆破技术

水利工程建设中，地下工程开挖是非常重要的一项内容，通过隧道掘进钻爆方法能够与不同地质条件相适应，而且成本较低，在一些坚硬的岩石隧洞和破碎的岩石隧洞中具有较好的适用性。由于爆破开挖作为施工的第一道工序，会对后续工序和施工进度带来较大的影响，因此需要掌握隧道掘进爆破施工技术要点，以此来确保达到较好的爆破效果。

(四) 瞎炮处理

未能爆炸的药包称为瞎炮，为避免瞎炮，需要做好预防工作，应认真检查爆破器材的有效期，选择可靠安全的起爆网路，小心铺设用路，起爆前应全面检查网路和电源，发现瞎炮后立即设置明显标志，由炮工进场处理，具体做法有：检查雷管电阻正常，需要重新接线引爆；证实炸药失效，敏感度不高，可将炮泥掏出，再装起爆药引爆；散装粉末状炸药可以用水冲洗，冲出炸药等。严禁用镐刨处理瞎炮，不许从炮眼中取出原放置的引药或从引药中搜出电雷管。不准用打眼的方法往外掏，也不准用压风吹这些炮眼，不得将炮眼残底继续加深。因为以上这些做法都可能引起爆炸，处理瞎炮后，放炮员要详细检查炸落的煤、砰石，收集没有爆炸的电雷管，交回爆炸材料库。

水利工程施工过程中，通过掌握爆破施工技术，可以确保水利工程施工的顺利开展，而且在水利工程施工中应用爆破施工技术，可以全面保证水利工程施工进度提速和施工质量。当前，水利工程施工中爆破工程技术应用十分广泛，在具体应用中需要从设计和施工方面严格要求，全面提高爆破水平和操作水平，确保爆破工程技术能够在水利工程施工中发挥更大的作用。

九、水利工程施工中堤坝防渗加固技术

水利工程项目的相关建设中，堤坝的防水性能和结构稳定性能否达到既定标准，直接决定了整个水利工程的施工质量，堤坝的施工在整个水利水电工程中都是至关重要的，也是整个工程项目的基础和前提，影响其施工质量的客观因素种类较多，而堤坝的施工所涉及的技术也较为繁多，如此一来，就为施工质量的控制增加了难度。为了保障水利工程项目的安全性，确保在后期使用中能够发挥出最佳的效用，相关施工人员应当重视堤坝的防渗加固技术，制定合理的施工方案，使这一技术能够在水利工程建设中达到最佳效果，从而有效提升水利建筑的工程质量。

(一) 堤坝防渗加固在水利工程施工中的重要性

随着我国科技水平的发展，水利工程建设等基础建筑行业越来越受到重视。然而，由于技术水平和管理手段在行业实际发展过程中还不够完善，我国许多已经完工的水利工程在投入使用后，才发现存在安全隐患，不仅会影响该建筑的正常使用，还会威胁到社会财产安全以及人民的生命安全。

水利工程施工时，渗透破坏是堤防工程中的常见问题，堤坝容易受到水流侵蚀而出现渗漏，长此以往，会产生逐渐坍塌的现象，对堤坝造成破坏，直接影响整个水利工程的运作，还会对周边的生态体系、居住环境、社会安全造成严重影响。因此堤坝防渗加固在堤防施工中应作为施工的重中之重，一旦在施工过程中出现渗透破坏，应遵循前堵、中截、后排的原则，结合工程实际对堤身、堤基防渗加固方法进行分析，并采用合理、科学的防治加固措施，充分保证堤防工程的安全性。

(二) 水利工程施工中堤坝防渗加固技术的合理使用

1. 施工方案的合理规划

水利项目施工中应用堤坝防渗加固技术，主要是为了提升整个工程项目的建筑质量，增强其安全性能，减少安全事故发生的概率，同时对整个工程的结构进行系统、完整的优化。施工方案的制定是整个工程开始的前提和基础，因此这一环节无疑是至关重要的，要求设计人员必须充分了解整个工程的周边环境和预算、用途等情况，并对这些数据统筹分析，与施工的目的结合起来，寻找其中的平衡点，制定最佳施工方案，为具体的施工提供指导和依据。

2. 堤坝防渗加固技术应用时需要遵循的原则

由于水利工程项目的特殊性，尤其是公共基础性质比较强，与人们的社会生产

生活息息相关，因此必须遵循既定原则，通过有序施工确保其质量。在进行堤坝部分施工时，随着社会发展的变化，必须收集更多的有用信息，特别是要对周边地域环境进行周密的调查和考察，从而为设计方案的制定提供数据。同时，在选择堤坝防渗加固技术时，需要考虑工程的实际用途，以及当前情况下的工程预算，从而根据成本的使用制定完善的管理措施，并在施工中加强监督与控制。此外，应当根据工程的实施进度，安排周期性的质量管理与检测工作，确保每一个环节的施工都不存在遗漏，以保证整体质量达到要求。

3. 堤坝防渗加固常用技术

(1) 速凝式低压灌浆技术

这种技术主要适用于水位较高的情况，需要施工人员充分了解水流上涌位置的分布以及地质情况，选择恰当的位置进行钻孔施工，将具有凝固作用的填充物质注入其中，从而控制水流的速度，增加阻力，最终阻挡水流侵蚀，但是这种方法适用范围较小，操作起来不够便捷，还需要进一步改进。

(2) 帷幕灌浆技术

这一技术的采用，需要结合平行面上堤坝所呈现出来的曲直程度来决定。它的优势在于操作比较便捷，能够选用质量较轻的钻孔工具，同时在位置的选择上也比较灵活，可以根据实际情况的变动来进行合理调整，而不会影响最终的施工效果。这种方法因其明显的优越性而备受青睐，在我国现阶段的水利工程施工中是一种比较常见的堤坝防渗加固技术。

(3) 灌浆加固法

这种方法在堤坝施工的灌浆和堆砌阶段使用最为广泛，通过填补堤坝表面存在的细小空隙，增加其结构稳定性，使其更加牢固。在施工中使用该技术必须注意，要对压力作用的面积和频率采取严格的控制方案，以防过度加压造成堤坝出现变形情况。

(4) 混凝土防渗墙的使用

就现阶段我国水利工程堤坝施工的技术水平而言，采取额外的防范措施是十分必要的。混凝土防渗墙的存在就是为了设置双重保护，进一步减少水流对堤坝的侵蚀和冲击，减缓施工阶段堤坝所需要承受的压力和外界环境因素所造成的影响，从而保证其安全性能，确保在施工阶段堤坝的质量不会影响整个工程的顺利进行。

综上所述，堤坝的施工在水利工程建设中起着十分关键的作用，也是整个工程备受关注的一个重点环节。近年来，堤坝的防渗加固越来越受到重视，施工中应用较为先进的技术可取得显著成果。在具体的施工过程中，施工单位应根据实际情况，谨慎选择适用的防渗加固技术，不放过每一个环节，严格把关堤坝施工的质量，从而保证整个水利工程施工的安全性。

十、水利工程施工的软土地基处理技术

水利工程在施工建设中占有重要地位，这些工程往往施工软土地基上。其中，软土地基的施工技术会和水利工程施工于质量挂钩。软土地基有很大的空隙，因此有较高的含水量，相应地降低了承载力。对软土地基进行有效处理迫在眉睫，软土地基有一定的危害性，这对水利工程的施工产生了一定的影响和阻碍。因此，水利工程施工的过程中就应该合理运用软土地基处理技术，让工程顺利和稳定地开展。

（一）软土地基概述

1. 软土地基的定义

水利工程和民生社稷存在很大的关联，往往是在河、海岸边湿度较大的地方进行选点。通常是以软土地基为基础，其中涵盖了比较多的黏土、粉土和松软土，同时，也拥有一定的细微颗粒有机土，泥炭和松散的砂石也是其中的一部分。软土地基并没有良好的稳定性，内部有比较大的空隙，如果受到水分的侵蚀，就会出现土质下降的问题。在进行水利工程建设的过程中，对软土地基应该进行长时间的排水准备，让地基得到固结处理。

2. 软土地基的特征

第一，低透水。软土地基往往是由淤泥质黏性土构成，这样的地基性质并不能在渗水层面有很大的效果。开展施工前，要对软土地基进行处理，主要是从排水性能层面出发。其中，经常受到关注的便是排水固结方法。在进行软土地基排水的过程中，往往要投入很大的精力。地基在沉降上会花费比较多的时间。

第二，高压缩。软土地基自身并没有较高的强度。这样，就会有一定的压缩空间。增加工程的质量时，软土地基就会受到工程的影响，受到一定的压力，压力的大小和塌陷之间成正比。其中有一个临界值，那就是在压力超过 0.1MPa 的时候，软土地基就会发生变形，严重的可能会出现塌陷的问题。

第三，沉降速度快。通常情况下，我们从建筑的地面层面着手。如果地面建筑高，就会加剧软土地基的沉降速度。在相同的软土地基条件下，工程的总体质量就会出现很大的下降。

第四，拥有不均匀的特点。一般来说，软土地基在密度上存在很大的不同。同时，还会涉及不同强度的土质。在软土地基接受不同力度的时候，地面建筑的作用导致地面建筑出现裂缝的问题，在长时间压力下，建筑就会出现坍塌的问题。

（二）影响软土地基处理技术选择的因素

影响软土地基处理技术选择的因素有很多，如果在进行处理技术选择的过程中，没有关注其中涉及的影响因素，就会对水利工程的质量产生很大影响，由此，下面着重从工艺、施工周期、工程质量和环境层面展开分析，具体如下：

1. 工艺性的选择

水利工程施工过程中往往涉及较多的施工工艺。其中的质量标准是从工程的等级上确定的。例如，国家级水利工程施工和地方性的水利工程施工在材料、工艺和质量的要求上就存在很大的差别。因此，在工艺选择上，应该重点关注工程的成本，还要考察施工的具体环境等内容。

2. 工程质量要求

通常情况下，工程的具体用途和建设的等级存在差异，就会对水利工程质量标准产生一定的影响，并展现出不同。所以，在水利工程施工运行的过程中，要注意的是，软土地基在处理上并不是越完美越好，更应该注意工程的质量和造价等层面的内容。

3. 工程工期要求

在水利工程施工建设的过程中，比较重要的一个事项就是建设工期。要对施工的建设时间进行重点把控，不能因为过短或者过长的工期而影响工程的整体质量。因此，实际开展施工的过程中，就要积极关注水利工程的工期要求。因此，应该对工程的各个阶段时间进行合理安排，从整体上保证工程的完成时间符合要求。在进行软土地基处理技术选择的过程中，就要十分关注整个水利工程的工期。

（三）水利工程施工中软土地基处理技术

水利工程开展施工的过程中，应该针对软土地基实行有针对性的处理技术。其中，要关注土质的硬度和强度，对材料进行重点选择。通常，水利工程施工中软土地基处理技术涉及排水砂垫层技术、换填垫层处理技术、化学固结处理技术和物理旋喷处理技术。下面对水利工程施工所运用的处理技术进行一一阐释，具体如下：

1. 排水砂垫层技术

排水砂垫层主要是把其中的一层砂垫层铺设在软土地基的底部。在进行该工作环节的过程中，要求砂垫层有较高的渗水性，让排水的面积变得越来越大，拥有十分广泛的领域，在填土的数量逐渐增加的情况下，软土地基上就会拥有比较大的负荷，水分也会逐渐流走，并经过砂垫层。在此背景下，就需要对软土地基进行不断的加固，以此和工程建筑的标准和设计要求相吻合。为了让砂垫层更好地进行渗水，就应该让砂垫层上面拥有隔水性能比较好的黏土性。在此模式下，地下水就不会出现反渗水的现象。垫砂层在进行材料选择的过程中，就应该从强度大和缝隙大的透水材料层面着手，其中具有代表性的就是鹅卵石和粗砂等。在排水砂垫层之中，经常是运用具有大量水分的淤泥性质的黏性土，还有泥炭等。这样，在排水的过程中，就会让土质的压缩空间有所减小。

2. 换填垫层处理技术

换填垫层主要是通过机械设备对浅层范围内的软土层进行挖掘和整合，转变为具有较高强度和较高稳定性的矿渣和碎石等材料。随之，要实行分层务实和振动的措施，让地基的承载能力和抗变性得到全方位的提升。在具体开展施工的过程中，应该对底层材料进行优质选择，要保持谨慎的态度，并关注高强度和小压缩性。发现空隙的时候，应该运用透水性能比较好的材料进行排水，这样，软土地基在凝结上会上升到一定的空间。针对浅层地基进行处理的过程中，着重关注低洼地域和淤泥质土的回填处理，这个时候就可以运用换填垫层处理技术。一般情况下，换填垫层在进行处理的过程中，为了防止出现低温冻胀，在固结处理进一步加快的背景下，应该在填土层面空留一些缝隙，针对具体的空隙进行排水。在技术实际运行的过程中，应该科学合理地选择施工材料，保证材料拥有较高的硬度。其中，最为合适的材料便是砂砾、碎石和粗砂。

3. 化学固结处理技术

对化学固结处理技术进行全方位阐释，其主要涵盖了灌浆法、水泥土搅拌、高压注浆三种形式。对这三种形式进行分析，都是把固化剂和软土黏合在一起。这样，就会让深层的软土拥有较高的硬度。最终，在提高软土地基的硬度和强度的情况下，让工程质量得到保证。灌浆往往是从土体的裂缝出发，向其中灌入水泥浆，借助土体物理力学性质，对其结构进行转变，并实现固结。通过这样的方法，减少地基的陷入程度，使地基的承载能力在很大程度上得到了提高。这样的处理技术特别适用于含水量比较高的地基，使其具备较强防渗漏的作用。水泥土的搅拌处理技术，往往涉及五米左右的加固深度，在进行实际使用的过程中，应该开展强度的验证，确定合适的水泥掺合量。该技术适合那些含水比较多和厚度比较大的软土地基。实行化学固结处理技术的过程中，施工方应该对地基和水泥之间会产生的化学反应进行重点分析和把握，在制定出有效的管理举措下，让地基固化速度逐渐提升。

4. 物理旋喷处理技术

软土地基处理技术运用的过程中，具有代表性和经常运用的一种技术就是物理旋喷处理技术。该技术运用的过程中，能够在注浆管自软土拥有一定深度进行缓慢上升的同时，实行高速旋喷模式，能够通过混合加固喷射的形式，展现出完美的喷桩。在此，就可以让地基进行扭动，保证软土地基拥有较强的强度。要结合实际情况合理应用该技术。例如，针对那些有机质成分较高的地基就不宜运用这种技术而有机质成分非常高的土层是禁止运用该技术的。

综上所述，当前，我国水利工程软土地基处理的时候，往往隐含一定的问题。这些问题会对水利工程的周期产生很大的阻碍，导致周期和实际工程标准相背离。由此，要对软土地基进行进一步了解，关注其中涉及的软土处理技术。具体施工过程中，应该关注工程的具体情况，对造价成本进行重点控制，选择合理的处理技术，对软土地基处理效果进行重点优化的情况下，保障水利工程的施工过程更加安全和科学。

十一、水利工程施工中土方填筑施工技术

水利工程的具体施工过程中涉及很多方面的施工技术，其中，土方填筑施工技术有着很多方面的优势，对于整体的工程建筑都有着十分重要的作用，可以确保水利工程施工更有序地推进，确保整体工程的质量和性能。但是该项施工技术的工序比较复杂，所涉及的范围和内容十分广泛，对相关的流程和步骤都有着严格的要求，如果在具体的施工过程中没有按照相对应的施工要求严格操作，会造成十分严重的后果。从具体的操作流程和工序来看，主要是从清理场地起步，然后结合实际情况进一步加工填筑材料，最后用推土机把辅料进行相对应的平整，进一步对其进行振动碾压。其中，每一个环节都要进行严格细致的把控，并对最后的结果进行认真检验，确保其质量合格之后才能投入应用。

（一）水利工程施工中土方填筑施工的基本流程

水利工程具体施工的过程中，有针对性地进行土方填筑，具体的操作环节主要分成三大板块，分别是材料拌合、土方挖掘及混合材料填筑。有针对性地结合具体的施工计划，必须要在施工之前做好相应的准备工作，进一步结合相关数据，有效划分各个填筑单元，划分完毕后，要着重针对填筑单元实施相对应的测量和放样。与此同时，为了确保充分满足后期的建筑需求，要进一步平整土地，使地面的松土得到切实有效的清理，从根本上满足基面验收的具体标准。所有的准备工作完成后，要结合具体情况，有针对性地测量各区段边线的具体数据，在这个过程中可以用撒白灰的方式进行标注，然后结合工程的需要进一步准备相对应的填筑料，并结合具体的施工内容和类别，选取更科学合理的填筑料，同时在事先做好放样的制定区域摊铺填筑料，科学合理地控制和管理相应的厚度。摊铺之后，要碾压填注料，然后进一步加强其铺设的厚度。就取样而言，要进行严格的检验，如果在检验的过程中

发现某些不合格的问题，要进一步重复碾压，同时要再一次进行抽样检验，直到检验合格后，才能推进下一阶段的填土层施工。

(二) 水利工程土方填筑施工过程中的注意事项

水利工程中的土方填筑施工中，相对来说施工程序十分复杂，所以必须着重把握其注意事项，其施工质量和整体工程有着紧密联系，在具体的施工过程中要严格把关，从根本上有效贯彻落实相关方面的基本原则。土方填筑的三个大的基本原则是就近取料、挖填结合、均匀施工。土方填筑具体的施工环节受多方面因素影响，特别是客观环境的影响程度比较大，所以要有针对性地结合施工现场的具体情况以及施工材料等相关因素，进一步科学合理地规划好出料场的位置，真正意义上有效执行就近取料的原则。而挖填结合指的是在施工前期，要根据工程的具体规划和设计内容，针对施工的相关环节和因素进行全面深入的考察，并着重针对工程土方、填筑总量、施工质量等一系列相关情况进行详细深入的测量和计算。在具体的水利工程填土施工环节，要有效贯彻落实均匀施工的基本原则，有效利用装卸车把材料运输到施工场地，之后再采用进占倒退铺土法把填筑料卸到土层路面上，再结合实际情况选用推土机对其进行平整和铺设，同时严格细致的检验碾压的宽度，从根本上有效确保满足既定的碾压要求，然后预留出超出 20～30cm 的设计线，再有效利用人工和机器密切配合的方式，最大限度地降低人力的劳动强度，以此确保筑土料和填筑料的硬度。

(三) 水利工程施工中土方填筑施工技术的施工要点

1. 施工前所进行的准备工作

施工前期的准备工作与整体水利工程的质量和性能以及工程造价和进度等都有着紧密联系，切实有效地着重做好施工准备，能够有效确保整体的施工过程更有迹可循，有法可依，使相关的操作更有针对性和高效性。针对上方填筑的前期准备工作来说，要结合实际情况，更有效地进行相关方面的碾压试验以及涂料的试验等工作，并要做好人员安排，选用更科学合理的材料，并配备相对应的施工机器，等等。与此同时，在整体的土方填筑施工环节，要着重针对基面进行切实有效的清理，同时要确保边界得到更有效的控制，确保整体的基面能够保持清洁。土方填筑之前所涉及的准备工作，还包括铺料方式、铺料厚度、碾压遍数、铺料的含水量等一些相关情况的预测和规划，通过这些工作为后续的填筑施工提供更有针对性的施工技术参数，确保各项工作能够更有条不紊地推进。

2. 水利工程中的土方填筑

具体工作的推进过程中，要着重根据施工方案和施工现场的地形结构等情况进一步实施土方填筑工作，同时要进一步有效实施摊铺、平料、压实、质检、处理等相关方面的具体操作。在填筑过程中，就物料的填筑而言，要有针对性地选用自卸汽车进行运输装卸，用推土机平土、压实。具体的施工环节要贯彻落实从上到下逐层填筑的基本原则，确保每一层的施工面理论厚度不超过 30 cm。同时也要进一步结合具体的地形地貌以及施工现场的气候条件等一系列相关因素进行综合性的衡量，具体铺设厚度要有针对性地结合施工前期所进行的碾压实验，来针对具体铺设厚度进一步有效增减；在平料的过程中，要着重针对施工细节进行科学合理的把控，最大限度规避大型施工机具靠近岸墙碾压，从根本上杜绝挡土墙某种程度上出现位移或者沉降的问题。实际施工过程中，相关工作完成之后，要对其进行及时有效的检验和审核，从根本上保证其不出现沟渠等问题，进一步确保地面的平整程度。如果在某些过程中出现一定问题，要及时有效地对其进行修正，可以有效通过液压的反铲实施削坡，在稳定平整挂线之后利用人工的方式，对其进行有针对性的调整和修理，使其能够真正意义上与工程的质量标准高度吻合。

3. 水利工程中的路基填筑

水利工程的土方填筑过程中，路基的填筑是其中至关重要的组成部分，也是整体工程的基础所在。水利工程的路基填筑要进一步进行实验和测量，严格按照相应的规范流程和实验结果，进一步参考后期的参数依据，推进各项工作。在试验完毕之后，要进一步明确施工过程中的相关数据，然后有效利用反铲的现场拌和的方式，在每隔 10 m 的地方设置相对应的中边柱，同时结合具体的施工数据，进行更精准有效的测量。对基面杂物清理合格之后，要进一步回填水泥，在这个过程中要确保水泥料的压实度和湿度都与相关要求高度吻合，以此保证整体工程的施工质量。

总而言之，通过上文的分析，我们能够很明显地看出，水利工程施工过程中所涉及的土方填筑施工技术有着至关重要的作用，与水利工程的整体质量和工程造价、施工进度等紧密联系。在当前水利工程事业不断飞速发展的同时，土方填筑技术使工程的性能得到进一步增强，确保水利工程能够创造更大的效益。

第四章　水利水电工程移民安置管理与监督

第一节　水利水电工程移民安置实施管理

一、移民安置工作程序

水利水电工程建设征地移民伴随工程建设的全过程，是一个完整的系统工作，移民安置的工作程序与主体工程建设程序基本一致，大致可分为前期工作阶段、移民搬迁安置实施阶段和后期扶持阶段。

(一) 前期工作阶段

从项目立项、可行性研究、规划设计到批准规划设计，这个阶段为前期工作阶段。这一阶段移民安置工作的主要任务是进行工程占地和淹没区实物指标调查，编制移民安置规划大纲和移民安置规划，并报有关部门审查和审批。

(二) 移民搬迁安置实施阶段

项目批准开工后就进入移民搬迁安置实施阶段。实施阶段移民安置工作的主要内容如下：

①签订移民安置协议。大中型水利水电工程开工前，项目法人应当根据经批准的移民安置规划，与移民区和移民安置区所在的省、自治区、直辖市人民政府或者市、县人民政府签订移民安置协议；签订协议的省、自治区、直辖市人民政府或者市政府，可以与下一级有移民安置任务的人民政府签订移民安置协议。

②编制移民安置年度计划。项目法人应当根据工程建设的要求和移民安置规划，向与其签订协议的地方人民政府提出下年度移民安置计划建议；签订协议的地方人民政府在与项目法人充分协商的基础上，根据工程建设要求和移民安置规划，组织编制并下达本行政区域内移民安置年度计划。

③拨付征地补偿和移民安置资金。项目法人根据移民安置年度计划和移民安置实施进度，将征地补偿和移民安置资金拨付到与其签订协议的地方人民政府。

④征地移民搬迁安置。签订协议的地方人民政府对农村移民、城 (集) 镇迁建、

工矿企业迁建、专项设施恢复改建等安置项目，按照有关政策法规和相关规定实施补偿与搬迁安置。搬迁安置实施阶段，地方政府需要组织移民工作机构编制征地移民实施规划、移民单项工程设计方案等，再根据实施规划和单项工程设计方案实施，并且根据相关要求由项目法人或地方人民政府聘请有资质的监督评估机构对征地移民实施全过程进行监督评估。征地移民安置内容多而复杂，包括工程建设征地、土地划拨和调整、搬迁安置组织、资金管理、项目管理等。

⑤移民安置验收。移民安置达到阶段性目标并完成后，省（自治区、直辖市）人民政府或者国务院移民管理机构要组织有关单位进行移民安置验收。

（三）后期扶持阶段

移民搬迁安置完毕并经验收合格后，就进入移民的后期扶持阶段。一方面，要对移民搬迁安置后生产生活恢复给予经济扶持，包括发放给移民个人的生产生活补助等，以及尽快落实移民安置规划的生产、生活安置措施，加强移民培训以拓宽就业渠道、发展生产等扶持项目；另一方面，对于大中型水库移民，应由移民安置区县级以上人民政府编制水库移民后期扶持规划，报上一级人民政府或者移民管理机构批准后实施。主要工作内容有：

①编制后期扶持相关规划并报批；
②落实移民后期扶持人口，确定后期扶持方式；
③编制年度计划和年度预算；
④后期扶持相关规划实施。

二、移民安置管理体制

（一）政府部门主要职责

1.省级移民管理机构
①宣传贯彻执行国家和自治区有关移民工作的法律、法规、政策、规定，研究、制定本行政区的移民安置政策和规定。
②负责大中型水利水电工程移民安置规划大纲和移民安置规划的初审工作。
③与项目法人签订移民安置协议，与项目法人共同委托移民监督评估单位开展征地补偿和移民安置的监督评估工作；亦可授权下一级移民管理局代理。
④组织或参与移民安置阶段性验收和竣工验收。
⑤负责组织本区域内新建大中型水利水电工程后期扶持人口初步核定工作。
⑥对征地补偿和移民安置资金、后期扶持资金的使用情况进行监督。

⑦负责移民信访、库区和移民安置区的社会稳定工作，建立健全本地区突发事件应急预案，及时监督和协调处理建设征地、移民安置和后期扶持工作中出现的问题。

2. 县级移民管理机构

①配合项目法人开展水库淹没实物调查，负责实物指标调查结果的认定和公示，并出具实物指标调查成果书面认可意见；在充分听取移民群众意见的基础上确定移民安置方案。

②负责参与或组织大中型水库移民安置规划大纲、移民安置规划的编制工作，并出具书面意见；负责移民后期扶持相关规划的编报工作。

③依据批准的移民安置规划，编制并上报移民安置实施方案、移民安置年度计划和资金使用年度计划；按照批准的移民安置规划、实施方案和年度计划，负责组织实施征地补偿和移民搬迁安置工作；指导乡（镇）人民政府实施农村移民搬迁安置工作。

④负责将批准的补偿范围、补偿标准、安置方案等进行公示；将核准的实物指标和移民补偿补助费落实到权属单位或个人；协助项目法人或项目主管部门办理建设征地报批手续；负责依法办理移民安置用地手续。

⑤按照批准的移民安置规划和签订的移民安置协议，管理、使用移民资金。

⑥负责组织移民安置工作自验和移民安置项目的验收工作，编制相关验收报告。

⑦配合移民监督评估单位做好相关监督评估工作。

⑧建立移民安置实施工作档案，并按要求进行管理。

⑨负责移民信访工作，建立和落实本行政区域内突发事件应急预案，及时协调处理征地补偿和移民安置工作中出现的问题与矛盾，维护库区和移民安置区的社会稳定。

⑩负责组织本区域大中型水库移民后期扶持人口的初步核定工作。

（二）项目法人

项目法人参与水利水电工程移民安置工作的主要职责有：

①组织编制移民安置规划大纲和移民安置规划。

②筹集征地补偿和移民安置资金。

③办理相关征地手续。

④协商确定移民安置实施年度计划。

⑤依据年度计划和移民安置实施进度拨付征地补偿和移民安置资金。

⑥监督征地补偿和移民安置工作的实施进展。

⑦ 参与组织征地补偿和移民安置监督评估工作。

⑧ 参与移民安置阶段性验收和移民安置竣工验收。

（三）设计单位

设计单位受项目法人委托，承担以下工作：

① 开展实物调查工作。

② 编制移民安置规划大纲和移民安置规划。

③ 进行移民安置现场技术交底和现场技术指导。

④ 会同处理移民安置现场设计变更并编写报告。

⑤ 参与移民安置阶段性验收和竣工验收。

（四）移民安置监督评估单位

移民安置监督评估单位受签订移民安置协议的地方政府和项目法人的委托，承担以下工作：

① 组建项目移民安置监督评估机构，选派总监督评估师和监督评估师，进驻现场；按照批准的移民安置规划，编制移民安置监督评估工作大纲和移民安置监督评估实施细则，并报委托方备案。

② 参与移民安置规划技术交底工作。

③ 参与移民安置年度计划和资金计划的审核工作。

④ 开展移民安置监督评估工作，编制并向委托方提交移民安置监督评估报告、移民安置年度计划实施情况监督评估报告。

⑤ 采用现场监督、跟踪、检查、资金审核、监测评估等多种方式对移民搬迁进度、移民安置质量、移民资金的拨付和使用情况，以及移民生活水平的恢复情况进行监督评估。

⑥ 参与移民安置规划设计变更的审核工作。

⑦ 参与移民安置阶段性验收和竣工验收。

⑧ 向委托方移交监督评估档案资料。

三、移民安置实施管理

（一）计划管理

移民安置计划是落实移民安置规划、后期扶持规划，确保移民生产生活来源的主要手段，是对移民安置规划和后期扶持规划的分解与具体实施。

移民安置计划以年度计划为主体，以年度实际能够达到的投资额度为依据，严格按照规划项目类别控制投资，使移民安置与工程建设进度保持衔接。

征地补偿和移民安置实施过程中，与项目法人签订移民安置协议的地方人民政府或受其委托的移民管理机构，以及与项目法人签订迁建协议的有关单位，依据经批准的移民安置规划、移民安置协议、工程建设进度安排、成建制移民搬迁及合理安排周期的要求，编制相应的移民安置年度计划。年度计划的内容包括项目名称、地点、建设性质、建设规模、设计工程量、总投资、形象进度等。

移民区和移民安置区各级地方政府及有关部门必须按照年度计划实施移民安置项目，并按照实施的项目拨付移民资金；必须定期检查移民安置年度计划执行情况，及时研究解决实施中的问题。

移民安置计划执行过程中，确因实际情况变化需要调整年度计划的，按原程序逐级上报计划调整报告，经原批准单位批准后执行。

(二) 移民工程项目管理

移民工程项目是指经批准的移民安置规划中规定的、以满足水库淹没处理和移民安置需要为目标的一次性任务。移民工程项目繁多，涉及工程建设的方方面面，主要包括农村移民安置、城 (集) 镇迁建、专业设施恢复改建及农村移民生产安置等专业项目，文物保护、环保工程、塌岸滑坡处理、库底清理，以及库区和移民安置区的其他基础设施建设项目等。

在移民安置实施过程中，移民工程项目实行项目管理，执行国家基本建设程序，实行项目法人责任制、招标投标制、合同管理制和建设监理制，严格工序管理，以确保移民工程建设质量和移民安置质量，提高资金使用效率，避免出现质量事故和安全事故，保证移民工作有序开展。

(三) 资金管理

移民资金的使用与管理直接关系到移民群众的切身利益。确保移民资金安全，是做好移民工作的关键环节；加强对移民资金的监督检查，是加强对移民工作全过程监督的重要任务。

1.移民资金的组成

移民资金主要包括征地补偿和移民安置等资金。

征地补偿和移民安置资金主要包括土地补偿费、安置补助费，农村居民点迁建、城 (集) 镇迁建、工矿企业迁建以及专项设施迁建或者复建补偿费 (含地上附着物补偿费)，移民个人财产补偿费 (含地上附着物和青苗补偿费) 和搬迁费，库底清理费，淹没区文物保护费及国家规定的其他费用。

2. 移民资金的使用管理

征地补偿和移民安置资金按照批准的移民安置规划与年度计划，遵循分级负责、计划管理、专款专用的原则进行管理。

征地补偿和移民安置资金必须依据批准的移民安置规划与年度计划规定的用途使用，实行专款专用、专户存储、专账核算，不得侵占和挪用。未列入移民安置规划和年度计划的项目不得使用移民资金。

项目法人根据确定的年度计划，按照移民安置实施进度，将移民资金拨付给与其签订移民安置协议的地方人民政府，以及与其签订迁建协议的有关单位。

签订移民安置协议的地方人民政府根据确定的年度计划，按照移民安置实施进度，将移民资金逐级拨付到县级人民政府和有关单位。

县级地方人民政府根据确定的年度计划、移民安置实施进度和签订的协议，将移民资金兑付给有关单位、集体经济组织和移民个人。

（四）监督管理

水利水电工程移民搬迁安置实施过程中，主要监督管理体系由两部分构成。

一是政府监督管理体系。包括国务院相关行业主管部门与各省、市、县各级政府及职能部门的纪检、监察、稽查、审计、质量监督等部门。其哟行政执法权，对被监督对象进行某方面的针对性监督，具有强制性，项目的参与各方都必须接受监督，是非全过程的监督活动。

二是社会监督管理体系。是指具有独立法人资格的第三方受建设项目法人的委托，为项目法人提供监督管理服务的社会化的专业监督或监理机构。主要包括社会化的各行业的单项工程监理服务、移民监督、移民监理和监测评估服务。社会监督服务可根据委托单位的要求，其工作范围有大有小，工作内容有多有少，既可以是全方位、全过程的监督管理，也可以是某个阶段或是某一类工作的跟踪监督。

1. 政府监督

政府监督主要包括发展和改革、财政、信访、移民等部门的一般监督和监察、审计等部门的专门监督。

（1）国家层面的监督

国家对移民安置和水库移民后期扶持实行全过程监督。省、自治区、直辖市人民政府和国务院移民管理机构应当加强对移民安置和水库移民后期扶持的监督，发现问题应当及时采取措施。

国家对征地补偿和移民安置资金、水库移民后期扶持资金的拨付、使用和管理实行稽查制度，对拨付、使用和管理征地补偿及移民安置资金、水库移民后期扶持资金的有关地方人民政府及其有关部门的负责人实行任期经济责任审计。

（2）县级以上人民政府的监督

县级以上人民政府应当加强对下级人民政府及其财政、发展和改革、移民等有关部门或者机构拨付、使用和管理征地补偿及移民安置资金、水库移民后期扶持资金的监督。

县级以上地方人民政府或者其移民管理机构应当加强对征地补偿和移民安置资金、水库移民后期扶持资金的管理，定期向上一级人民政府或者其移民管理机构报告并向项目法人通报有关资金拨付、使用和管理的情况。

（3）部门监督

移民工作属地方人民政府的行政事务范畴，地方人民政府是移民工作的责任主体，各级审计、监察机关有责任依法对移民资金的拨付、使用和管理情况进行审计与监察。

① 稽查监督。稽查监督的主体是国务院水利水电工程移民行政管理机构和省级移民管理机构。稽查对象为项目法人和组织实施移民安置的地方人民政府及有关单位。稽查监督的主要内容为征地补偿、农村移民安置、城（集）镇迁建、工矿企业迁建、专项设施恢复改建、库底清理、文物保护等项目是否按照批准的移民安置规划和年度计划实施，移民安置资金和水库移民后期扶持资金的拨付、使用和管理是否符合有关规定等。

② 审计监督。审计监督的主体是国家和省级审计部门，审计对象为项目法人、组织实施移民安置的地方人民政府及有关单位、移民项目建设有关责任单位。审计监督的主要内容为移民安置资金、水库移民后期扶持资金的拨付、使用和管理情况。

③ 内部审计。内部审计的主体是各级移民行政管理机构，审计对象为管理、使用移民资金的下级移民行政管理机构、有关单位及移民项目。

县级以上人民政府财政部门应当加强对征地补偿和移民安置资金、水库移民后期扶持资金的拨付、使用和管理情况的监督。主要是加强对下一级人民政府财政部门、移民管理机构等部门拨付、使用和管理移民资金情况的监督。

审计、监察机关和财政部门进行审计、监察和监督时，有关单位和个人应当予以配合，及时提供有关资料。

2. 社会监督

社会监督包括社会团体、媒体、人民群众等的监督。

（1）移民安置监督评估

移民安置监督评估的主体是与项目法人和地方移民行政管理机构签订移民安置

监督评估协议的咨询机构；移民安置监督评估的对象是组织实施移民安置的地方人民政府、有关部门、有关单位、移民村、征地补偿和移民安置项目。移民安置监督评估的主要内容为移民安置搬迁进度、移民安置质量、移民资金的拨付和使用情况以及移民生活水平的恢复情况等。

（2）群众监督

移民区和移民安置区县级人民政府，应当以村为单位将大中型水利水电工程征收的土地数量、土地种类和实物调查结果、补偿范围、补偿标准和金额以及安置方案等向群众公布。群众提出异议的，县级人民政府应当及时核查，并对统计调查结果不准确的事项进行改正；经核查无误的，应当及时向群众解释。

有移民安置任务的乡镇、村应当建立健全征地补偿和移民安置资金的财务管理制度，并将征地补偿和移民安置资金收支情况张榜公布，接受群众监督；土地补偿费和集体财产补偿费的使用方案应当经村民会议或者村民代表会议讨论通过。

（五）档案管理

移民档案工作是水利水电工程移民工作的重要组成部分，是维护国家、集体和移民利益，保障移民工作顺利进行和社会长治久安的一项基础性工作，应与移民工作同步开展。

县级以上地方人民政府或者其移民管理机构、项目法人，应当建立移民工作档案，并按照国家有关规定进行管理。要建立健全与工作任务相适应的档案管理部门，配备相应人员和设施，按照国家有关规定，完善移民档案的收集、整理、保管、利用、保密、鉴定销毁等各项规章制度，以满足档案规范管理工作的需要。各级档案管理部门要加强对移民档案工作的监督指导。

移民档案的归档范围主要包括：前期工作、组织实施、移民验收、后期扶持等阶段产生的文件材料。其主要内容包括移民工作中形成的各类应归档文件材料，年度工作及专项工程、课题，工作过程中产生的录音、录像、照片、光盘、磁盘等特殊载体的档案材料以及会计档案。移民工作档案应当完整、准确、系统、安全。

（六）移民合法权益的保护

合法权益，即符合法律规定的权利和利益。在我国，公民的合法权益包括宪法和法律所规定的政治权利、民主权利、人身权利、经济权利、教育权利等。

移民安置和水库移民后期扶持中，国家已明确要求切实保障移民的合法权益。在移民工作中，各级各方只有注重移民合法权益的保护、落实，移民工作才能顺利开展，社会才会和谐稳定。

在征地补偿和移民安置过程中，移民认为其合法权益受到侵害的，可以依法向县级以上人民政府或其移民管理机构反映；为切实维护移民的合法权益，有关地方人民政府或其移民管理机构应畅通移民申诉渠道，建立对移民反映问题及时有效处理的机制，对移民反映的问题及时核实并妥善处理。移民对有关地方人民政府或其有关部门的处理不满意时，还可以依照《中华人民共和国行政复议法》的有关规定，向县级以上人民政府或其有关部门申请行政复议；也可以依法向人民法院提起诉讼。

移民安置后，移民与移民安置区当地居民享有同等的权利、承担同等的义务。移民安置后实行属地化管理，移民同移民安置区居民一样，都是当地普通公民，应拥有同等的权利和义务。

（七）移民安置验收

为了确保移民安置规划的实施效果，使移民得到切实妥善的安置，移民安置达到阶段性目标和移民安置工作完毕后，省、自治区、直辖市人民政府或者国务院移民管理机构应当组织有关单位进行验收。

移民安置验收一般包括移民安置阶段验收和移民安置竣工验收。移民安置阶段验收主要是对应工程建设的阶段验收，水利水电工程建设进入导（截）流、下闸蓄水（包括分期蓄水）等重要阶段后，对涉及移民安置的部分，在工程建设阶段验收之前，应进行相应的移民安置阶段验收。移民安置工作全部完毕后，应进行移民安置竣工验收。

移民安置验收由省、自治区、直辖市人民政府或国务院移民管理机构组织有关单位进行。项目法人、有关地方人民政府、移民安置规划编制单位、移民安置监督评估单位等应根据移民安置验收的需要做好相关工作。移民安置验收程序一般分为自验、初验和终验。

移民安置竣工验收的主要内容包括农村移民搬迁安置、城（集）镇迁建、工矿企业迁建、专业项目迁建、地质灾害处理、库底清理、移民资金使用管理、移民档案、后期扶持政策及落实措施、土地征用手续等。移民安置阶段验收的主要内容根据实际情况确定。

移民安置未经验收或者验收不合格的，不得对大中型水利水电工程进行阶段性验收和竣工验收。

第二节　水利水电工程移民监督评估

一、水利水电工程移民监督的概念

监督，即观察和督促。从狭义上来讲，水利水电工程移民监督是指具有移民安置监督评估专业技术能力的单位，受项目法人和与其签订移民安置协议的地方人民政府的共同委托，对移民搬迁进度、移民安置质量、移民资金的拨付和使用以及移民生活水平的恢复情况所进行的监测、控制、督促的活动。移民监督的目的是行使国家移民管理职能，实现国家对工程移民的行政管理，保护移民合法权益，促进水利水电工程与移民安置及社会经济、资源环境保护协调发展。

移民安置监督评估是水利水电工程移民管理体制的重要组成部分，也是政府监督所必需的重要辅助手段。我国不断探索如何对水利水电工程移民安置实行有效的社会监督管理，借鉴了水利水电工程建设中的监理制度和世界银行、亚洲开发银行贷款项目中的移民监测评估制度，并在二滩、棉花滩、小浪底、三峡等大中型水利水电工程中试行了移民监理和监测评估制度，取得了良好的效果。之后，国家有关部委分别印发了水利水电工程中有关移民监理的规定，移民监理制度在全国大中型水利水电工程移民安置工作中得到普遍推广，成为移民安置工作监督管理的有效手段。在总结以往经验的基础上，提出了建立移民安置监督评估制度，要求对移民安置全过程实行监督评估，从而将原有的社会监理调整为社会监督，使政府监督和社会监督相融合，对水利水电工程移民安置实行政府监督和社会监督相结合的新型监督管理模式。

二、水利水电工程移民监督体系

我国大中型水利水电工程移民安置实行政府监督和社会监督相结合的制度，移民安置监督体系主要包括政府监督体系和社会监督体系两部分。水利水电工程移民监督评估体系主要由政府监督、社会监督和群众监督三个方面构成。

① 政府监督。其主体主要包括国务院移民管理机构和省、市、县级人民政府或其移民管理机构，以及各级监察、审计、稽查等职能部门，是对被监督对象某方面的针对性监督，具有强制性，有行政执法权，项目的参建各方都必须接受监督。

② 社会监督。是指具有独立法人资格的第三方受签订移民安置协议的地方人民政府和项目法人共同委托，对移民安置实施机构和实施过程进行监督，以维护项目法人、移民及地方人民政府的利益，保障移民安置目标的实现。具有独立法人资格的第三方必须是具有移民安置监督评估专业技术能力的专业监督或监理机构，提供

社会化的监督管理服务，主要包括社会化的各行业的单项工程监理服务、移民监督或移民监理和监测评估服务。

③ 群众监督。其主体是移民和安置区居民。监督的内容主要包括对征地移民实物调查结果进行签字认可，对监督征地数量、地类、补偿标准、补偿金额以及安置方案等进行公示等。

三、水利水电工程移民监督的任务和目标

工程移民监督的中心任务是控制移民项目的目标，即控制移民安置规划中确定的移民搬迁安置进度、移民安置质量、移民资金的拨付和使用情况以及移民生活水平恢复情况的四大目标系统。

移民监督，能使移民安置总进度满足工程建设需要，移民安置实施进度达到移民安置规划和年度计划要求，移民单项工程项目进度满足移民要求，移民各项活动协调有序开展；移民安置质量达到批准的规划质量目标，满足规划设计质量要求；在满足移民质量和进度要求的前提下，实现移民资金的拨付和使用与计划投资相吻合，移民资金拨付及时到位，移民资金使用按项目计划实施，实行专款专用，促进移民安置工作管理科学化、规范化、制度化。

为此，移民监督必须做好以下几个方面的工作：

① 移民搬迁安置进度控制。督促依据有关地方人民政府下达的实施年度计划，安排好移民安置的各项工作，按期完成年度工作计划，确保满足主体工程的建设进度和汛期工程的安全。

② 移民安置质量监督。按照国家有关法律法规，督促依据批准的移民安置规划有条不紊地做好移民安置的实施工作，确保实现预期的安置规划目标。监督有关各方严格执行基本建设程序，确保移民安置点基础设施建设和专项工程搬迁复建的质量。

③ 移民资金控制。督促遵守财经纪律，加强资金管理和使用，确保征地补偿费和安置补助费按期拨付到位，确保移民个人补偿资金足额按期兑现。严格控制基础设施建设规模和标准，确保库区补偿资金不被挪用、挤占和浪费。

④ 严把移民安置政策关。监督地方政府严格执行移民安置有关政策，切实保护移民的合法权益，维护库区社会的安定。

⑤ 政策指导和咨询。指导并做好政策咨询和决策参谋，使地方政府制定出台的移民安置政策更科学、更公平、更具有可操作性，尽可能减少因政策不当而产生诸多的麻烦和后遗症。同时，开展移民政策的宣传工作，为移民群众提供政策释疑解惑服务。

⑥ 协调工作。协调移民工作机构和项目法人等相关单位，形成相互支持、密切配合的利益共同体，有序推进移民安置实施工作。

⑦ 信息、档案管理等。综合监管有关的文字、图纸、语言和各种媒体往来信息，加强信息收集、整理、分析和研究，预测移民项目未来发展状况，并预先考虑对策。

四、水利水电工程移民监督评估的主要内容和过程

（一）水利水电工程移民监督评估的主要内容

① 通过对移民安置进度、质量、资金的拨付和使用情况的监督，评估移民安置活动是否遵循移民安置规划，是否实现移民安置规划目标。

② 通过对移民生活水平跟踪调查，客观评价移民生活水平恢复情况。

③ 对移民安置活动中存在的问题，及时提出监督评估意见，为委托方提供决策支持。

（二）水利水电工程移民监督评估的过程

移民安置全过程监督评估是国家在水利水电工程建设中强制推行的社会监督制度，是指移民安置监督评估单位依据国家法律、法规批准的移民安置规划和实施年度计划，对农村移民安置、城（集）镇迁建、工业企业处理、专业项目处理、水库库底及工程建设区场地清理等移民安置实施情况进行全过程检查、监测，并对监测中发现的问题进行督促、协调，从而对移民搬迁进度、移民安置质量、移民资金的拨付和使用、移民生活水平的恢复进行评价和预测，找出移民安置工作的差距和潜在的问题，并提出改进对策。

国家对移民安置实行全过程监督评估，一般包括前期工作、移民安置实施及后期扶持三个阶段。

1. 前期工作监督评估

移民前期工作监督评估主要包括：

① 参与水库淹没实物指标复核，评估其准确性；

② 在移民安置规划、移民搬迁安置方案编制中组织开展相关听证会，以评估其可行性；

③ 审核移民安置总投资概算、移民安置实施进度计划，以评估其合理性。

2. 移民安置实施监督评估

移民安置实施的过程是指从征地拆迁活动开始，到移民搬迁安置完成后竣工验收的整个过程，由农村移民安置、城（集）镇迁建、工业企业处理、专业项目处理和

水库库底及工程建设区场地清理等活动构成。

移民安置实施阶段的监督评估主要包括：

① 移民安置和专业项目实施进度监督评估；

② 移民安置质量监督评估；

③ 移民资金拨付和使用情况监督评估；

④ 移民生活水平恢复情况监督评估。

（1）进度监督评估

主要有：

① 协助委托方审核实施单位提交的移民安置和专业项目实施进度计划；

② 对移民安置和专业项目实施进度计划执行情况进行跟踪检查与监督；

③ 对移民安置实施过程中出现的规划设计变更提出监督评估意见；

④ 参与移民安置进度计划协调会议，提出监督评估意见；

⑤ 对移民安置实施进度提出评估意见，对进度严重滞后的，提出整改建议并及时报告委托方。

（2）质量监督评估

主要包括移民安置项目质量、移民生活安置质量和生产安置质量：

① 督促移民安置实施单位严格按批准的移民安置规划组织实施，对移民安置质量进行检查监督；

② 参与移民安置项目质量问题处理；

③ 参与移民安置专业项目的验收工作；

④ 对移民安置质量提出评估意见。

（3）资金监督评估

包括移民资金使用管理情况，移民个人资金兑付情况，农村居民点建设资金、农村土地补偿费和安置补助费、城（集）镇迁建费、工矿企业迁建费、专业项目设施迁建或复建费的拨付使用情况等。主要是：

① 协助委托方审核实施单位提出的移民安置年度计划；

② 跟踪检查移民资金拨付和使用情况。监督实施单位按照审定的规模、标准和投资组织实施，对资金拨付和使用过程中存在的问题提出整改建议，并及时报告委托方；

③ 协助委托方对预备费的使用提出意见；

④ 协助委托方审核实施单位报送的移民安置年度计划实施情况统计报表；

⑤ 对移民资金拨付和使用情况提出评估意见。

（4）生活水平恢复监督评估

主要包括：

① 建立移民安置前生产生活水平本底资料；

② 跟踪监测移民安置规划确定的移民生产生活恢复措施的实施情况及效果；

③ 跟踪监测移民安置后的生活水平恢复情况；

④ 对移民生产生活中存在的问题提出整改建议并报委托方。

3. 后期扶持监督评估

后期扶持监督评估内容包括后期扶持政策实施情况、后期扶持资金的使用管理情况及后期扶持政策实施效果等。

现阶段，水利水电工程移民监督评估工作在具体操作上运用现有的、成熟的移民综合监理业务的技术和方法，对移民搬迁进度、安置质量、移民资金的拨付与使用情况进行监督管理，并且要运用连续不断的监测手段，对被监督对象的实施状况进行阶段性评价和对移民生活水平的恢复情况进行最终评价。

移民安置监督评估是指具有移民安置监督评估专业技术能力的单位，受与项目法人签订移民安置协议的地方人民政府和项目法人的共同委托，对移民搬迁进度、移民安置质量、移民资金的拨付和使用以及移民生活水平的恢复情况所进行的监督、监测和评估活动。

五、水利水电工程移民监测评估方法和原则

（一）监督评估的方法

监督评估人员主要采用定点或巡回式现场监督、跟踪检查、资金审核、监测评估等多种方法对移民安置实施全过程进行监督评估。

监督评估主要方法包括监测方法和评估方法。其中，监测的方法包括文献调研、座谈、访谈及问卷调查等资料收集与普查、抽样调查、典型调查以及个案调查、现场查勘等现场调查；评估方法采取统计分析、理论分析（包括因果分析、辩证分析、归纳和演绎以及比较分析等）、模糊综合评估以及快速评估等。通过资料收集、实地查勘、抽样调查等监测手段，运用统计分析、对比分析等方法得出评估结论。

（二）监督评估的原则

征地移民监督评估是工程建设的重要组成部分，对完善工程移民管理具有重要意义。为保证移民监督评估的工作质量，必须遵守以下原则：

① 依法办事的原则。水利水电工程移民监督评估必须严格执行国家有关的政

策、法律、法规及技术标准等。

②独立性原则。移民监督评估机构是独立于项目法人和移民实施机构的第三方，移民监督评估机构受项目法人委托，按照合同明确的责任、义务和权利独立地开展工作，具有与项目法人和移民实施机构平等的法律地位。

③科学合理、客观公正、及时准确的原则。移民监督评估机构应用科学的态度、采用科学的方法制定监督评估工作程序、规划、方案，科学地采集移民安置过程中的各种基础数据，力求准确地进行调查和收集资料；按照移民安置规划的实施情况，全面、客观、实事求是地进行分析和评估；及时向项目法人和移民实施机构报告，使其能够及时了解项目的进展和规划实施的结果，从而做出正确的决策。

④监测评估指标统一、连续系统评价的原则。移民监测评估项目的分类要与规划项目相一致，采取统一的生产生活水平评价指标体系等。

⑤定性分析与定量分析相结合的原则。工程移民具有涉及面广、涉及学科多的特点，具有自然科学和社会科学的双重性，有些评估指标难以进行定量计算，只能进行定性分析。因此，在监测评估中，要把定性分析和定量计算相结合，要对定量指标的特征值准确度量，应对定性指标加以确切的说明，并采用系统综合评价的方法对总体情况进行综合评价。

⑥群众性原则。移民监测评估人员在进行现场调查时，应充分地相信群众和依靠群众，虚心听取群众的意见和建议，认真处理好与移民的关系，取得移民的信任和协助，以获取真实的信息资料。同时，要对移民反映和提出的问题做出正确的分析与判断，确认其可靠性。

六、水利水电工程移民监督评估工作对象的特点

(一) 工作对象类别多，社会关系错综复杂

移民监督工作对象涉及有关省、市、县、乡政府的不同层次实施机构，可能涉及国土、水利、电力、交通、市政、民政等相关行业部门、企事业单位、乡镇以及乡镇企业等。要面对形形色色的不同阶层、不同职业、不同文化背景、不同宗教信仰、不同生活理念、不同利益诉求而又密切相关的社会关系人或群体。很多重大移民事件主要是由于相关各方利益冲突导致的，只有依法协调处理好这些利益关系，移民搬迁安置工作才能顺利进行。

(二) 涉及工作内容丰富

大中型水利水电工程建设征地移民涉及不同相关行业，移民工程种类多、规模

大。在移民项目的实施过程中涉及的各类不同相关行业项目的建设阶段划分、实施程序、不同阶段工作深度、专业技术标准要求等不尽相同，因此对移民监理人员的专业水平、工作经验、工作协调能力是极大的考验。

（三）移民项目相关因素的动态变化导致实施过程的多变性

每个大中型水利水电工程移民项目在不同时期，社会人文环境、自然环境、移民生产生活习惯、相关工程内容都会有很大的差异，其他项目的做法和经验难以完全适用。移民搬迁安置过程中的主要矛盾的变化要求移民监理能够及时调整工作的重点，以适应实施过程中委托方变化的具体需求。

移民搬迁安置政策处在不断改进与完善过程中，导致移民安置规划原则、管理体制发生较大变革。实施主体（县、乡级实施机构）的人事变动频繁导致移民在搬迁安置实施工作中熟悉地方人文环境、懂政策、有经验的干部缺乏，特别是有较多规模较大的生产生活基础设施建设的县级实施机构缺乏有相关工程建设实施管理经验的干部，移民工程建设过程中常常出现各种问题，影响移民的搬迁安置。

七、水利水电工程移民监督的性质和工作原则

（一）水利水电工程移民监督的性质

水库移民综合监督是水库移民监理单位受有关方委托，对工程移民安置实施全过程进行的法规化、专业化、社会化服务监督管理活动，这就决定了它具有服务性、科学性、独立性和公正性。

1. 服务性

水库移民综合监督具有服务性，这是由它的业务性质决定的。

移民综合监督的主要任务是控制移民安置工程的投资、进度和质量，协调各方利益关系，最终达到协助业主在计划目标内完成移民搬迁安置工作，确保安置效益的目的。在移民安置工程建设中，综合监理单位不直接参与设计、施工和承包商的利益分成，仅按照监理合同的约定和授权范围，利用本身的知识、技能和经验、信息及必要的试验、检测手段为委托方提供管理服务，这种服务受法律的约束和保护，但不能完全取代业主的管理活动。移民安置工程建设的决策权仍掌握在委托方和建设单位的手中。

2. 科学性

水库移民综合监督具有科学性，这是由移民综合监督对象——移民工程的特点决定的。

移民搬迁安置工作涉及面广，任务量重，投资规模大，政策性与专业性强，安置环境与容量日趋复杂，功能与标准要求越来越高，而且搬迁安置的是人，难度与风险更大。因此，必须采用科学的思想和理论、方法和手段，才能驾驭移民搬迁安置工作。这就要求综合监理单位必须具有一支组织管理能力和专业能力强、移民工作经验丰富的高素质人才队伍，具有一套科学、适用、完善的管理制度，掌握现代化的管理理论、方法和手段，具有科学的工作态度、严谨务实的工作作风和吃苦耐劳的工作精神，才能面对和完成复杂而艰巨的任务。

3.独立性

水库移民综合监督具有独立性。

独立性是对监理单位的一项基本要求，也是国际惯例。要求工程监理企业应按照"公正、独立、科学"原则开展监理工作，国际咨询工程师联合会对工程监理企业独立开展工作有更加严格的要求。移民综合监理涉及移民搬迁进度、移民安置质量、移民资金的拨付和使用等全过程，情况复杂、政策性强、投资额大，更应该坚持独立原则，依据法律、政策、规章、技术标准、规程、规范、合同，自主地开展综合监督工作。在监督过程中，不受任何单位或个人关系、金钱关系的影响，按照规范科学的程序、计划、方法、手段独立地开展工作，作出自己的判断。

4.公正性

水库移民综合监督还必须具备公正性。

公正性是社会公认的职业道德准则，是监理行业的基本职业道德准则。在开展综合监督的过程中，既要维护委托方的权益，又要维护实施机构的权益，还要维护移民的权益。因此，移民综合监督单位应当排除一切干扰，客观公正地对待委托方、实施机构和水库移民，客观公正地处理三方的矛盾和问题。

(二) 水利水电工程移民监督的工作原则

1.科学、公正、独立、自主的原则

监理工程师在移民监理中必须尊重科学、尊重事实，独立运用自己的技术技能获取相关材料，以自己的意志客观地分析、判断和提出问题，不受任何单位和个人的影响；组织各方协同配合，维护业主、执行机构、移民等有关各方的合法权益，公正地协调业主、执行机构之间的争议，正确处理监理过程中发生的问题，不偏袒任何一方；认真落实移民安置规划，在合同和法规规定的权、责、利关系基础上，协调各方，使业主、实施机构及移民等各方各得其所。

2.权责一致的原则

监理工程师在移民安置实施过程中行使监理职权，是依据国家监理规定和业主的委托及授权而进行的，监理工程师承担的职责应与业主授予的权限一致。也就是说，业主向监理工程师的授权，应以能保证其正常履行监理的职责为原则。移民监理的主要内容、范围也应该与业主委托的主要内容、范围一致。

3. 总监理工程师负责制的原则

总监理工程师负责制体现在：总监理工程师全面领导移民项目的监理工作，包括组建项目监理组织，主持编写监理规划，组织实施监理活动，对监理工作总结、监督、评价；总监理工程师是项目监理的责任主体，既要对监理单位负责，又要对业主负责；总监理工程师是项目监理的利益主体，既要对国家的利益负责、对业主的利益负责，又要对移民的利益负责，并负责项目监理机构内所有监理人员利益的分配。

4. 严格监理、热情服务的原则

在监理过程中，监理工程师既要严格按照国家有关政策、法规、规范、标准和监理合同控制项目目标，严格把关，依照既定的程序和制度，认真履行职责，建立良好的工作作风，又要为业主、实施机构、移民提供热情服务，应运用合理的技能，谨慎而勤奋地工作，维护业主、移民、实施机构的合法权益。

监理工程师一方面应坚持严格按照规章、合同办事，严格监理要求；另一方面应立场公正，为实施机构提供热情的服务。

5. 预防为主的原则

由于移民项目具有一次性的特点，因此移民过程充满了风险，监理工程师必须具有预见性，并把重点放在预控上，防患于未然。在制订监理规划、编制监理实施细则和实施监理控制的过程中，监理工程师要对移民实施的进度、质量、投资等方面有可能发生的问题有预见性和超前的考虑，并制定相应的对策和预控预警措施予以防范。

6. 保护移民合法权益的原则

保护移民合法权益不受侵犯是移民监理的基本要求。在移民安置中，移民是最主要的主体之一，由于移民安置的复杂性，其合法权益最易受到侵犯。移民安置主要是依靠政府行为组织实施的，移民虽然是搬迁的主体，但毕竟处于被动状态。这种情况下，如果组织实施工作不细或者个别干部履行责任不到位、自身素质不高，容易使移民的合法权益得不到保护。

出现上述情况时，监理单位首先应站在公正的立场上，积极协调处理存在的问题，对有些解决不了的事，应及时向业主和上级政府主管部门反映，要通过采取各种措施，利用各种渠道，保障移民的合法权益得到落实。

八、水利水电工程移民监理、监测与监督评估概念辨析

(一) 移民监理

移民监理是委托方监督管理职能的延伸与细化，是移民搬迁安置实施过程的管理活动的参与者。移民监理深入移民搬迁安置与生产生活设施建设的现场，为委托方和被监督方提供所需的全方位、全过程的移民工程建设管理监督咨询、移民搬迁安置过程监督与相关政策的专业化咨询服务，是仍属水利水电工程建设领域范围的建设管理活动。

移民监理是依据工程建设监理的原理，结合水利水电工程移民搬迁安置的工作特点，在委托方授权范围内参与移民安置实施的监督管理活动。移民监理的工作程序与建设工程监理相近，采用工程监理的目标控制方法，如预防为主的事前预防控制、中间检查的过程控制、成果验收的事后控制、定期报告等。工作内容包括搬迁安置实施过程中的投资监控、进度监控、功能质量检查与组织协调。

(二) 移民监测评估

移民监测评估是根据项目移民安置行动计划，对移民安置实施活动进行持续的调查、检查、监督和评价工作。

移民监测评估活动包括由业主和移民实施机构进行的内部的移民监测评估活动和由独立的移民监测评估机构进行的移民监测评估活动。内部的移民监测评估，是项目法人和移民实施机构依靠自上而下的管理体系对移民安置行动计划的实施进行连续的内部监控，目的在于全面、及时、准确地掌握移民项目的进展，发现和解决问题，为顺利实施移民工作提供决策依据。独立的移民监测评估，是由独立于业主和移民实施机构的、具有移民监测评估能力的组织或机构，对移民活动进行的周期性的监测和客观评估。通过现场调查访问等方法，对移民安置实施活动进行数据和信息的收集，在此基础上对项目移民安置实施工作进行客观评估，以发现已经存在或潜在的问题，提出解决的意见和建议，并反馈给项目业主和移民实施机构，以推动移民安置工作的不断改进和完善。

(三) 移民监理、监测与监督评估的相互关系

移民监理和监测评估均是一种征地移民管理制度，两者的根本目的是一致的，即妥善安置移民，保证区域社会经济的持续稳定发展。但是移民监理与监测评估着重点不同，在理论基础、工作方法、工作内容、组织形式以及工作时间等方面也存

在一定的差异。移民监理主要是通过质量、进度、资金"三控制"等确保移民搬迁、安置、补偿等活动按照计划正常进行，并且不影响主体工程的建设进度，即更注重工程性的工作内容和移民安置与工程建设的关系；而移民监测评估主要是通过现场调查移民搬迁、安置、补偿和移民收入水平，以及移民安置区社会经济的变化情况等，评价工程对移民和安置区居民的影响，以确定移民的生产生活水平变化情况，即移民监测评估更关注受影响人群权益的获得和实现。

移民监督评估涵盖移民监理和监测评估的全部内容，是一种更加科学、更加全面、更加有效的系统的管理方法。实际工作中，监督评估一方面要对移民搬迁进度、安置质量、移民资金的拨付与使用情况进行现场监督管理；另一方面需要运用连续不断的监测手段，定点、定时地对被监督对象的实施状况进行阶段性评价和对移民生活水平的恢复进行最终评价。因此，对水利水电工程征地移民实施监督评估，更加符合征地移民工作实际，有利于区域社会稳定和切实维护征地移民的合法权益。

第三节　水利水电工程征地补偿和移民安置

一、征地补偿和移民安置

(一) 移民安置的任务和目标

移民安置是指对非自愿水利水电工程移民的居住、生活和生产的全面规划与实施，以达到或超过移民前的水平，并保证他们在新的生产、生活环境下可持续发展。其具体内容包括移民的去向安排，移民居住和生活设施、交通、水电、医疗、学校等公共设施的建设或安排，土地征收和生产条件的建立，社区的组织和管理等，是为移民重建新的社会、经济、文化系统的全部活动，是一项多行业、综合性、极其复杂的系统工程。移民安置是水利水电工程建设的重要组成部分，安置效果的好坏直接关系到工程建设的进展、效益的发挥乃至社会的安定。

移民安置的任务主要是做好水库库区的经济恢复重建，妥善安排好移民的生产生活，使每个移民都有适合的生活环境、生产设施，并能发挥社会作用；移民安置的目标是保证移民生活达到或者超过搬迁安置前的水平。移民安置必须与库区和移民安置区的经济发展、水土保持、生态环境保护相结合，通过移民安置带动地区经济发展，并为长远的经济可持续发展和生活水平的提高创造条件。

(二) 移民安置的主要内容

水利水电工程移民安置主要包括以下内容：农村移民安置、城 (集) 镇迁建、工业企业处理、专业项目恢复、水库库底清理、征地补偿和移民安置资金、移民合法权益保护及移民安置验收等。

(三) 移民安置工作的方针

水利水电工程移民安置实行开发性移民方针，妥善安置移民，扶持移民发展生产，使移民生产和生活达到或超过原有水平，做到移民搬得出、稳得住、逐步能致富。水利水电工程建设必须树立和坚持科学发展观，实现水资源的可持续开发利用与人口、资源、环境的协调发展，实现人与自然和谐相处。

民族地区移民安置工作的总体原则可以概括为：

① 以人为本，保障移民的合法权益，满足移民生存与发展的需求；

② 顾全大局，服从国家整体安排，兼顾国家、集体、个人利益；

③ 节约利用土地，合理规划工程占地，控制移民规模；

④ 可持续发展，与资源综合开发利用、生态环境保护相协调；

⑤ 因地制宜，统筹规划；

⑥ 尊重少数民族的生产、生活方式和风俗习惯。

二、征地补偿和移民安置工作体系

(一) 征地补偿和移民安置管理体系

水利水电工程移民工作实行属地管理，省级人民政府对本地区移民工作和社会稳定负总责，地方各级人民政府主要负责人是第一责任人，要有一位负责人分管移民工作，实行一级抓一级，逐级落实责任，做到责任到位、工作到位。

水利水电工程移民安置工作实行政府领导、分级负责、县为基础、项目法人参与的管理体制。具体到每一个水利水电工程，其征地补偿和移民安置工作管理体系由项目法人、地方政府、设计单位和移民监督评估机构四方构成。

通常，项目法人组建工程建设项目管理机构，下设工程建设用地办公室，具体负责办理各项征地手续和与地方政府及其移民管理机构等参建单位的接洽、协调工作。

项目所在地县级人民政府成立移民领导小组，下设办公室；办公室一般设立在县级移民管理机构，具体负责工程建设的征地补偿和移民安置工作。

移民领导小组通常由县长牵头，成员由国土、水利、交通、林业、农牧、环保、公安等单位以及征地移民涉及的乡、镇等相关部门的主要领导组成。

县级移民管理机构具体负责项目征地补偿和移民安置的组织与实施，并协调指导相关乡镇、村组做好征地补偿和移民安置工作。

有移民安置任务的乡镇及村组配备专职人员，具体负责本乡镇征地补偿和移民安置工作的落实，接受县级移民管理机构的业务指导。

设计单位和移民监督评估机构根据签订的相关协议，履行相关职责。

征地补偿和移民安置实施过程中，参建各方各司其职，密切配合，保障征地补偿和移民安置工作的顺利推进。

(二)签订征地补偿和移民安置相关协议

①项目法人与政府签订征地补偿和移民安置实施协议。项目法人根据国家有关规定，按照经批准的移民安置规划与省级移民管理机构或受省级移民管理机构委托的市(州、县)级移民管理机构签订项目征地补偿和移民安置协议，协议内容包括农村移民安置、城(集)镇迁建、工业企业处理、专业项目恢复改建、水库库底清理等规划内容。

②项目法人与设计单位签订项目征地补偿和移民安置规划设计现场设计协议。委托设计单位开展项目征地补偿和移民安置规划设计及现场设计工作，处理相关规划设计变更。

③项目法人和与其签订征地补偿和移民安置协议的地方人民政府共同与监督评估单位签订项目征地补偿和移民安置监督评估协议。委托监督评估单位对征地补偿和移民安置实施的全过程进行监督评估。

④与项目法人签订征地补偿和移民安置协议的地方人民政府，与下一级人民政府签订相关协议，实行一级抓一级，并根据移民安置年度计划任务与计划，与有关市、县、乡级领导逐级签订目标责任书，建立以领导责任制为重点的移民工作责任制，把移民工作纳入地方政府的年度业绩考核当中，确保征地补偿和移民安置工作的顺利实施。

(三)建立征地补偿和移民安置工作程序

水利水电工程征地补偿和移民安置工作一般按以下程序实施：

工程建设项目部提供工程建设进度计划→建设用地办根据工程建设进度计划编制用地计划→县级移民实施机构根据用地计划编制年度计划、安排征地移民工作→移民监督评估机构根据工程建设进度计划、用地计划、移民安置规划及其批准的投资概算对移民搬迁进度、移民安置质量、移民资金的拨付与使用以及移民生活水平的恢复情况进行监督评估。

三、城（集）镇迁建

城（集）镇是当地的政治、经济、文化及商贸中心，对当地的经济社会发展起着重要作用。因此，城（集）镇迁建是水利水电工程征地移民的重要内容。

（一）城（集）镇迁建的主要任务和内容

1. 城（集）镇迁建的主要任务

城（集）镇迁建的主要任务是依据水利水电工程建设征地补偿政策，按照移民安置规划要求，通过城（集）镇新址选择、场地平整、基础设施建设等，恢复城（集）镇功能和满足安置移民需要。

2. 城（集）镇迁建的主要内容

城（集）镇迁建主要包括确定迁建城（集）镇的性质、迁建方式、新址选择、迁建规模及基础设施专项工程恢复等内容。

（1）城（集）镇新址选择

选址是城（集）镇迁建中的一项重要工作，关系到城（集）镇的长远发展和移民的长远生计。决定选址的因素很多，主要包括地形、地质、交通、供水、环境等，其中，地形、地质的选择最为关键。所以，城（集）镇迁建应依法做好环境影响评价、水文地质与工程地质勘察、地质灾害防治和地质灾害危险性评估。此外，迁建规划选址布局应当充分征求库区政府和移民群众的意见，这样有利于妥善安置移民，方便移民群众生产生活。

（2）城（集）镇迁建规模

城（集）镇迁建规模主要包括人口规模和用地规模。

① 人口规模主要为原城（集）镇常住人口、寄住人口、通勤人口、流动人口，以及随迁人口、新址占地人口、规划进城安置的农村移民人口等的总和。

落实进城（集）镇的人口规模，应在保证其有生产生活来源的前提下逐户落实，并与每一户签订协议，同时结合经济社会长远发展需要，预留发展空间。

② 城（集）镇迁建用地规模根据人口规模和人均用地标准进行计算。人均用地标准根据现状人均用地指标，参照国家和省（自治区、直辖市）有关规定综合分析确定。

③ 城（集）镇迁建的方案布局要充分尊重移民和当地政府的意见，根据城（集）镇的功能，统筹规划，合理布局，有利于移民的生产生活和城（集）镇经济社会的发展。

④ 城（集）镇中的基础设施建设主要包括城（集）镇迁建中的场地平整、交通道路、供排水、电力电信工程及防护工程等。迁建标准应符合国家相关行业的规定，建设

程序应按照国家基本建设程序的规定进行。

在城（集）镇迁建实施中，以要迁建的城（集）镇现状为基础，根据国家城镇规划和政策规定，结合区域经济的总体发展和城市化方向，本着节约用地、少占耕地、合理布局的原则，合理地确定其迁建的性质和规模。在新址选择及用地布局方面，要为远期发展留有余地，正确处理好近期建设与远期发展的关系。城（集）镇迁建规划设计应当为恢复或完善城镇体系以及地方经济发展创造条件。

(二) 城（集）镇迁建组织实施

城（集）镇迁建中，基础设施建设涉及项目多，工作量大，一般时间要求紧迫，并涉及大量的协调工作，所以迁建工作的组织实施尤为重要。实际工作中，城（集）镇迁建的组织形式较多。例如，以县人民政府为项目业主，通过成立指挥部或管委会的形式，代表政府负责城（集）镇迁建的组织工作；以移民管理部门为项目业主，具体负责城（集）镇迁建的组织工作；按照行业分工，以行业主管部门为项目业主，负责城（集）镇迁建的组织工作等。无论采用何种组织形式，都必须签订投资和任务协议，加强项目管理，严格按合同办事，在投资限额内完成迁建任务。

但是，实际工作中往往把城（集）镇迁建与当地经济发展和行业规划相结合，一般会存在"搭车"超标准建设的现象，从长远来看，是符合行业发展方向的。实际工作中怎样把"扩大规模、提高标准"建设与移民工作中的迁建有机地结合起来，是值得进一步研究的课题。

四、工业企业迁建处理

受水利水电工程建设影响的工业企业的迁建，应根据受淹程度，结合地区经济产业结构、产品结构调整、职工安置、技术改造及环境保护要求，按照技术可行、经济合理的原则，由设计单位会同当地政府或行业管理部门，在征求业主的意见后，提出迁建、扩建与技术改造或关停并转方案，根据受淹程度，按原规模、原标准、恢复原有生产能力的原则进行补偿。因提高标准、扩大规模、技术改造以及转产等所需增加的投资，由企业自己承担。

对需要迁建的企业，应当根据国家的产业政策，结合技术改造和结构调整，按原规模、原标准、恢复原有生产能力的原则进行规划设计；对技术落后、浪费资源、产品质量低劣、污染严重、不具备安全生产条件的企业，应当依法关闭，研究适当的处理方案。对受淹工业企业的职工和住在厂区内随同搬迁的职工家属，应结合企业迁建规划，由企业负责统筹安置。

（一）工业企业迁建处理原则

工业企业的处理方案应符合国家有关政策规定，遵循技术可行、经济合理的原则。工业企业处理方案应根据受影响程度，结合地区经济产业结构调整、技术改造和环境保护要求，在征求地方政府、主管部门意见的基础上进行统筹规划，确定合理的处理方式，包括防护、改建、迁建或关、停、并、转等处理方式。

（二）工业企业淹没处理

工业企业的淹没处理一般分为迁建、货币补偿、防护等方案。对受淹企业的改组、改制、合并、分立、破产等的处理，由地方政府和企业依法进行，并履行有关程序；淹没工业企业或承担工业企业迁建任务的单位是工业企业迁建的项目法人，应按照国家有关法规和产业政策，自行承担建设和生产经营风险，按时完成工业企业迁建任务。

① 工业企业迁建是指工业企业按原规模、原标准重新选址建设，恢复原有生产工艺，生产原有产品。

工业企业迁建规划设计应按原规模、原标准、恢复原有生产能力的原则进行，其主要内容包括选址论证、生产规模、厂（矿）区布置、土建工程和工艺流程设计、实施进度、投资概（估）算、分年投资计划及经济分析等，并给出规划设计书及图纸。

全部受淹的工业企业需要迁建的，应优先考虑就近迁建；部分受淹的工业企业需要迁建的，根据淹没影响程度和周围环境条件，确定是局部后靠迁建还是易地迁建；原在受淹城镇之内需要迁建的工业企业，原则上应随城镇迁建，其具体迁建位置在城镇规划中统一考虑。

工业企业迁建用地应符合所在地的土地利用总体规划，原则上按其原有占地面积控制，同时应注意节约用地、尽量少占耕地、多利用荒地或劣地；企业迁建新址，应根据企业的生产特性，考虑地质、地形、交通、水源等条件及环境保护的要求合理选定。

迁建、改建工业企业厂区内的有形资产，通常可采用重置成本法进行资产评估，以资产评估成果为基础，分企业用地、房屋、设施、设备、实物形态流动资产搬迁、停产损失等逐项计算核定，并计算对外连接工程投资。采用关、停、并、转等处理方式的企业，可参照资产评估的方法，计算其补偿投资。因提高标准、扩大规模、进行技术改造以及转产所需增加的投资，不应列入建设征地移民补偿投资概算。

② 对有防护条件的工业企业，应采取防护工程措施进行防护；不能防护的，除矿业等丧失生产经营所需的资源、不具备迁建条件的工业企业外，原则上应按照迁

建方案计算补偿费用。

③ 对于调查时生产规模和环保与安全设施等不符合现行国家产业政策的"六小企业"（小煤矿、小炼油、小水泥、小玻璃、小火电、小炼钢）等，采用关、停、并、转等迁建方案，并结合固定资产和实物形态的流动资产的资产评估成果，按照"原规模、原标准、恢复原功能"的原则合理计算补偿投资。

④ 对于不需要复建或难以复建的工业企业，应根据淹没影响的具体情况，给予合理补偿。

工业企业在搬迁过程中通过技术改造、重组、争取对口支援、招商等，对产品有市场、领导班子强的，要扶优扶强发展一批；对技术落后、亏损严重、污染环境的企业，要实行破产，规划前用破产关闭的资金安置下岗职工，用补偿资金来保证职工有住房。通过产业结构调整和产品结构调整，尽快形成县域经济的支柱产业，增强自我发展能力。

五、专业项目处理

专业项目处理一般包括复建、改建、迁建、防护、一次性补偿等方式。对需要恢复改建的专业项目，按照国家批复投资和标准组织实施，按照"原规模、原标准、恢复原功能"的原则进行控制；对不需要复建的专业项目，按照有关批复给予补偿。因扩大规模、提高标准或改变功能需要增加的投资，由有关单位自行解决。

（一）专业项目处理的原则

① 专业项目的淹没处理方案应符合国家有关政策规定，遵循技术上可行、经济上合理的原则。

② 根据各专业项目的特点及其受淹没影响的程度，结合专业项目的布局及其规划，提出合理的处理方式。一般包括复建、改建、迁建、防护、一次性补偿等。

③ 对确定迁建、改建的专业项目，提出技术上可行、经济上合理的规划方案。

④ 专业项目迁建、改建，应按照"原规模、原标准、恢复原功能"的原则补偿。对于需要复建的项目，要与农村经济发展相结合，与移民安置所在区域的经济发展相协调，做到有利于移民生产的发展、生活水平的提高；不需要复建或难以复建的项目，经主管部门同意后，应根据影响的具体情况，给予合理的经济补偿。

（二）专业项目恢复改建实施

1. 制定专项设施处理方案

对于需要恢复迁建的专业项目，要根据不同的类型提出相应的处理方案。具体包括：

①对于铁路、公路、水运、电力、电信、广播电视、水利水电等工程，需要进行恢复改建的，要根据受淹没影响的程度，结合移民搬迁地区经济发展规划，选定经济合理的复建方案；不需要或者难以复建的，则根据淹没影响的具体情况，给予合理补偿。

②对于文物古迹，要坚持保护为主、抢救第一的方针，实行重点保护、重点发掘。根据其文物保护单位的级别、淹没影响程度，提出搬迁、发掘、防护或其他保护措施。

③对于受淹没影响的风景名胜区、自然保护区等，根据其淹没影响程度、保护级别，提出保护或其他措施。

④对于水库淹没区具有开采价值的重要矿藏，在查明淹没影响程度的前提下，提出处理措施。

⑤对于库周交通的恢复，要根据淹没影响程度和建库后居民点的分布，按照有利生产、方便生活、经济合理的原则，提出库周交通恢复方案。

2. 专项项目恢复改建实施

实际工作中，对于交通、电力、电信、广播电视等专项设施的迁建或者复建及补偿，存在由地方人民政府委托和项目法人直接委托相关专业部门实施两种方式。按照经批准的移民安置规划，可以由项目法人将规划中所列的专业项目处理直接委托给相关专业部门，与他们签订迁建、改建协议或补偿协议，由专业部门具体负责组织实施相关项目的迁建、改建工作，项目法人根据协议和实施进度拨付相关补偿费。实施完成后，经相关部门验收合格，直接办理移交事宜。这种方式在水电项目中运用较多。项目法人也可以将规划中的专业项目处理委托给当地人民政府，由当地政府组织实施。无论何种方式，交通、电力、电信、广播电视等专项设施的迁建或者复建及补偿，都应该遵守国家有关规定和行业标准，并进行工程验收、移交使用。

由于水利水电工程具有特殊性，所以专业项目的处理应按照移民安置实施总进度计划和年度计划制订专项设施的分年度计划、投资计划，并在实施过程中按照进度拨款，以满足专项设施的迁建、改建要求，以及移民安置总进度要求。

水利水电工程大都兴建在山区、贫困地区，被淹没的交通、通信等设施大都处在较落后状态，淹没影响设施复建大都有扩大规模、提高等级的要求，这是合理的。但专项设施复建是按照"原规模、原标准、恢复原功能"的原则确定补偿投资的，要解决这个矛盾，就需要调动相关部门的积极性，利用各种机遇，如企业改造升级机遇、路网改造机遇、实施西部大开发机遇、新农村建设机遇，把移民专项复建补偿资金和其他资金捆绑起来使用，形成合力。属于地方性的基础设施，可结合农牧民安置、城（集）镇的迁建，进行统筹规划，提出经济合理的复建方案。

六、水利水电工程生产安置规划

水利水电工程安置的目的在于将工程建设区域内的居民迁移至合适的居住点，并为其创造适合生产生活的条件。在生产安置的过程中，居民的生产生活环境会发生很大的改变，所以必须保证各方面都安排妥当。但是在进行水利水电工程安置过程中也会遇到一些问题，影响安置工作的效率。

水利水电工程具有非常显著的经济效益和社会效益，其建设和发展一直是党和国家关注的重点内容。水利水电工程的建设难免会对附近居民的生产生活带来一定的影响，如对土地的占用、居民的迁移等，所以生产安置工作也是水利水电工程建设的重要组成部分，在水利水电工程的建设中发挥着重要的作用。

（一）当前我国在水利水电工程的搬迁安置/移民安置方面存在的问题

水利水电工程生产安置工作的难度往往比较大，目前，我国在这一方面还有很多不够完善的地方，主要表现在以下几个方面。首先，对移民的安置问题不够重视，因为水利水电工程的主体建设部分主要是技术问题，而搬迁安置/移民安置是一个比较大的社会问题。但是从目前的情况来看，很多水利水电工程在建设的过程中往往都会表现出重工程、重技术的特点，在移民的安置方面往往不够重视。其次，移民一般都是在县内安置，安置的范围有一定的局限性。最后，很多当地的居民因为居住地的迁移多少会有不舍或者不满的情绪，对新环境的适应能力也比较差。在进行移民安置的过程中，居民的意愿是最难把握的，一是涉及的人口比较多，很难进行统一的安排；二是水利水电工程建设的周期比较长，在这期间居民的迁移意愿也可能发生变化。这些因素会增加搬迁安置/移民安置工作的难度和不确定性，必须在安置的规划阶段都充分考虑到，以保证移民安置工作的顺利进行。

（二）水利水电工程生产安置的原则

坚持有土安置的原则。简单地说，有土安置就是要在安置工作中为移民提供一定数量的土地作为依托，并保证土地的质量，然后通过对这些土地的开发以及其他经济活动方面的安置，使移民能够在短时间内恢复到之前的生活水平，甚至超越之前的生活状况。在这一过程中，农民要仍然按照农民对待，保证农民能够得到土地这一基本的生活依据，防止农民在安置的过程中失去土地而走向贫穷。如果库区的土地资源不足，要因地制宜、综合开发，努力弥补土地资源，保证移民的生产生活有足够的土地作为保障。

坚持因地制宜的原则。目前，我国正处于经济大发展、大变革的时期，农村的生产生活方式也发生了很大的变化，农业收入已经不再是农民的主要经济收入来源了，所以在移民的安置方面也应该在原本的"有土安置"原则的基础上作出一些调整和改进。另外，尤其是在我国南方地区，人口密集，土地资源也比较少，在进行生产安置时很难保证所有移民都能够分到土地，目前，多渠道安置移民已经成为水利水电工程中生产安置的一大发展趋势，除了农业安置、非农业安置、农业与非农业相结合的安置外，还有社会保障、投靠亲友以及一次性补偿安置等多种形式，搬迁的方式有集中搬迁、分次搬迁等。当地政府在进行生产安置时要坚持因地制宜的原则，在安置方式的选择方面要充分听取移民的要求和意愿，做到因人而异、因地而异，对于有能力或者有专业技术的移民可以进行非农安置，鼓励其进城自谋职业；对于依靠农业为生的移民，要坚持有土安置；对于没有经济能力的老人和残障人士，可以采用社会保障安置的方式。

坚持集中安置。集中安置是与后靠安置相对应的安置方式，我国在水利水电工程的生产安置方面一直采用的是后靠安置的方式，通常是将移民迁移到条件比较差的库区周围，这些地区的生产生活环境都比较恶劣，供水供电方面都非常不便，基础设施也非常落后，这些遗留问题一直到后期都没有得到妥善的解决。所以，在当前的水利水电工程建设中，要汲取之前的经验，在生产安置方面已经逐渐改为采用集中安置的方式。集中安置简单地讲就是在对移民进行安置前先做好统一的规划，待建成之后统一搬迁入住，安置点的生活环境也能够得到很大的改善，各种生活设施也比较健全，移民的满意度也更高。虽然这种安置方式在前期的投入比较大，但是可持续发展理念的体现，在后期的管理中所花费的成本也比较少。

坚持生产安置和生活安置相统一。在水利水电工程的生产安置方面，不仅要解决移民的生活问题，也要注重解决居民的就业问题。在生活安置方面，要有超前的规划意识，坚持以人为本的原则，为移民的生活创造良好的环境。注重考察安置点的地质、地灾状况，对地质、水文条件做好评估工作，并从安置点的实际情况出发，做好当地的发展规划。此外，要保证安置点的各项生活设施全面，项目齐全、功能达标，在布局方面也要做到科学合理。在生产安置方面，要做好对土地资源的开发和规划调整，在充分考察民意的基础上，因地制宜发展二、三产业，促进安置点经济社会的发展。然后要做好其他方面的安排，包括一次性补偿安置、自谋安置、社会保障安置等，保证移民能够得到妥当的生产安置。

（三）水利水电工程生产安置应该考虑的问题

要保证移民的生产生活水平。水利水电工程生产安置的标准就是要达到或者超越移民之前的生产生活水平，这样不仅能够保证水利水电工程施工的顺利进行，也能够体现水利水电工程作为一项民生工程的社会效益。而且通常水利水电工程施工的地方经济发展水平不高，当地居民生活的物资也比较匮乏，基础设施建设也非常不完善，所以做好当地的生产安置规划是非常重要和必要的。一方面是为了切实改善当地居民的生活状况，保障移民的切身利益；另一方面体现了党和国家利民的政策和以人为本的思想理念。

在生产安置的过程中，为了保证移民安置能够有效提升移民的生产生活水平，有关部门要注重从以下几个方面进行把握：首先要做好对土地资源的调整，因为水利水电工程的建设本身就需要占用大量的土地资源，余下的土地资源是非常有限的，在对当地居民进行搬迁安置时，要注意做好土地资源的分配，也可以通过开垦新地的方式来弥补土地资源的不足。其次，要加强科技的引导，大力发展现代农业，根据安置点的土地状况和气候状况来开发新的种植品种和养殖品种，充分开发出有效的土地资源的潜力，引导移民科学种植、科学养殖、科学管理，提升移民的知识水平和现代农业技术水平，提升对土地资源的利用。然后要适当发展二、三产业，增强对移民的教育和培训力度，努力提升移民的科学技术水平和劳动技能，鼓励农民找寻新的致富路径，增加赚钱的门路和本领。最后，要加强对安置点的基础设施建设，完善安置点的交通运输和医疗卫生、学校等基础设施，为移民创造更加便捷高效的生活环境和条件，逐步提升安置点移民的生产生活水平。

促进当地社会经济的发展。水利水电工程建设具有非常显著的经济效益和社会效益，其在供水、供电、航运、防洪、灌溉等方面的功能和作用，能够给工程建设的所在地注入经济发展的活力。但是在水利水电工程的生产安置方面，也存在很多不确定因素，会对当地的经济发展带来一定的不良影响。因此，在水利水电工程的建设过程中，有关部门要重点解决移民的补偿安置问题，保证移民安置工作的顺利进展，最大限度地发挥出水利水电工程的经济和社会价值。如何使移民能够及时迁出、统一安置、快速致富，是考察生产安置工作的重要标准，移民安置工作的完成情况与当地政府的科学规划、积极组织、有效安排是密不可分的，所以在安置工作进展的过程中，政府要明确自身的责任，全力支持，积极参与。一方面，当地政府在对工程施工地的移民进行安置时，要坚持以人为本、因地制宜的原则，从移民的角度出发，将移民安置妥当；另一方面，在开展各项具体的安置工作时，要明确工作和责任的主体，保证各项安置工作能够及时有效地落实，使搬迁和维稳工作都能够落实到位，提升工作的效率，保证后续安置工作的顺利进行。

　　虽然水利水电工程的建设对安置点的经济发展具有一定的促进作用，但是这一过程是缓慢的，移民群众的积极性也很容易受到影响。因此，当地政府部门要将水利水电工程建设同促进安置点居民的脱贫结合起来，进而推行并落实相关的政策措施，明确各级政府部门的责任，合理分工、积极协作，注重调动安置点居民的积极性，共同致力于促进当地社会经济的发展。

　　总体来说，水利水电工程建设是一个综合全面的过程。在此过程中，要重点解决当地移民的生产安置问题，坚持以人为本的原则，做好生产安置的规划工作，努力促进安置点的可持续发展，在提升移民生产生活水平的同时，努力促进当地社会经济的发展。

第五章　水利水电工程建设监理理论

第一节　水利水电工程建设监理概述

一、建设程序

基本建设程序是指基本建设全过程中各项工作必须遵循的先后顺序。它是客观存在的规律性反映，不按基本建设程序办事，就会受到客观规律的惩罚，给国民经济造成严重损失。因此，水利水电工程建设应严格按照基本建设程序进行。

水利水电工程建设程序可分为前期工作、工程实施和竣工投产三个阶段，主要包括项目建议书、可行性研究、初步设计、施工准备（包括招标设计）、建设实施、生产准备、竣工验收、后评价等阶段性内容。

（一）前期工作阶段

1. 项目建议书

项目建议书是在流域规划的基础上，由建设单位向国家主管部门提出建设项目的轮廓设想，从宏观上衡量分析项目建设的必要性和可能性，分析是否具备建设条件，是否值得投入资金和人力，进行可行性研究工作。

项目建议书的编制一般由政府委托有相应资质的设计咨询单位承担，并按国家现行规定的权限向主管部门申报审批。项目建议书被批准后，由政府向社会公布，若有投资建设意向，则组建项目法人筹备机构，进行可行性研究工作。

2. 可行性研究

可行性研究是项目能否成立的基础，这个阶段的成果是可行性研究报告。可行性研究是运用现代技术科学、经济科学和管理工程学等，对项目进行技术经济分析的综合性工作。其任务是研究兴建某个建设项目在技术上是否可行，经济及社会效益是否显著，建设中要动用多少人力、物力和资金，建设工期多长，如何筹集建设资金等重大问题。因此，可行性研究是进行建设项目决策的主要依据。

水利水电工程项目的可行性研究是在流域（河段）规划的基础上，组织各方面的专家、学者对拟建项目的建设条件进行全方位多方面的综合论证比较。例如，三峡工程就涉及许多部门和专业，甚至整个流域的生态环境、文物古迹、军事等学科。

可行性研究报告由项目主管部门委托工程咨询单位或组织专家进行评估，并综合行业归属部门、投资机构、项目法人等方面的意见进行审批。项目的可行性研究报告批准后，应正式成立项目法人，并按项目法人责任制实行项目管理。

3. 初步设计

可行性研究报告批准后，项目法人应择优选择有相应资质的设计单位承担工程的勘测设计工作。

初步设计是在可行性研究的基础上进行的，其主要任务是确定工程规模；确定工程总体布置、主要建筑物的结构形式及布置；确定电站或泵站的机组机型、装机容量和布置；选定对外交通方案、施工导流方式、施工总进度和施工总布置、主要建筑物施工方法、主要施工设备、资源需用量及其来源；确定水库淹没、工程占地的范围，提出水库淹没处理、移民安置规划和投资概算；提出水土保持、环境保护措施设计；编制初步设计概算；复核经济评价等。初步设计完成后按国家现行规定权限向上级主管部门申报，由主管部门组织专家进行审查，合格后即可审批。

(二) 工程实施阶段

1. 施工准备阶段

项目在主体工程开工前，必须完成各项施工准备工作，其主要内容包括：

① 施工现场的征地、拆迁，施工用水、电、通信、道路的建设和场地平整等工程。

② 必需的生产、生活临时建筑工程。

③ 组织招标设计、咨询、设备和物资采购等服务。

④ 组织建设监理和主体工程施工、主要机电设备采购招标，并择优选择建设监理单位、施工承包商及机电设备供应商。

⑤ 进行技术设计，编制修正总概算和施工详图设计，编制设计预算。

施工准备工作开始前，项目法人或其代理机构，须依照有关规定，向政府主管部门办理报建手续，并同时交验工程建设项目的有关批准文件。工程项目报建后，方可组织施工准备工作。

2. 建设实施阶段

建设实施阶段是指主体工程的建设实施，项目法人按照批准的建设文件，组织工程建设，保证项目建设目标的实现。项目法人或其代理机构，必须按审批权限，向主管部门提出主体工程开工申请报告，经批准后，主体工程方可正式开工。主体工程开工须具备以下条件：

① 前期工程各阶段文件已按规定批准，施工详图设计可以满足初期主体工程施

工需要。

②建设项目已列入国家或地方水利水电工程建设投资年度计划，年度建设资金已落实。

③主体工程招标已经决标，工程承包合同已经签订，并得到主管部门同意。

④现场施工准备和征地移民等建设外部条件能够满足主体工程开工需要。

⑤建设管理模式已经确定，投资主体与项目主体的管理关系已经理顺。

⑥项目建设所需全部投资来源已经明确，且投资结构合理。

⑦项目产品的销售，已有用户承诺，并确定了定价原则。

（三）竣工投产阶段

1. 生产准备

生产准备是项目投产前所要进行的一项重要工作，是建设阶段转入生产经营的必要条件。项目法人应按照建管结合和项目法人责任制的要求，适时做好有关生产准备工作，其主要内容一般包括：

①生产组织准备。建立生产经营的管理机构及其相应管理制度。

②招收和培训人员。按照生产运营的要求，配备生产管理人员，并通过多种形式的培训，提高人员素质，使之能满足运营要求。

③生产技术准备。主要包括技术资料的汇总、运行技术方案的制定、岗位操作规程的制定等。

④生产物资准备。主要是落实投产运营所需要的原材料、协作产品、工器具、备品备件和其他协作配合条件的准备。

⑤正常的生活福利设施准备。

2. 竣工验收

竣工验收是工程完成建设目标的标志，是全面考核基本建设成果、检验设计和工程质量的重要步骤。竣工验收合格的项目即从基本建设转入生产或使用。

当建设项目的建设内容全部完成，经过单位工程验收，符合设计要求，并按水利基本建设项目档案管理的有关规定，完成档案资料的整理工作；在完成竣工报告、竣工决算等必需文件的编制后，项目法人按照有关规定，向主管部门提出申请，根据国家和部颁验收规程，组织验收。

竣工决算编制完成后，须由审计机关组织竣工审计，其审计报告作为竣工验收的基本资料。对工程规模较大、技术较复杂的建设项目可先进行初步验收。不合格的工程不予验收；有遗留问题必须有具体处理意见，且有限期处理的明确要求并落实责任人。

3. 后评价

建设项目竣工投产后，一般经过 1~2 年生产运营后要进行一次系统的项目后评价。主要内容包括：

① 影响评价。项目投产后对各方面的影响的评价。

② 经济效益评价。对项目投资、国民经济效益、财务效益、技术进步和规模效益、可行性研究深度等方面进行的评价。

③ 过程评价。对项目立项、设计、施工、建设管理、竣工投产、生产运营等全过程进行的评价。

项目后评价工作一般按三个层次组织实施，即项目法人的自我评价、项目行业的评价、计划部门（或主要投资方）的评价。建设项目后评价工作必须遵循客观、公正、科学的原则，做到分析合理、评价公正。

二、水利水电工程建设监理概念、依据与任务

(一) 水利水电工程建设监理概念

水利水电工程建设监理是根据国家有关法规，由政府主管部门授权、认可机构认定的水利水电工程建设监理单位接受建设单位（项目法人）的委托和授权，依据国家法律、法规、技术标准以及水利水电工程建设合同，综合运用法律、经济、行政和技术手段，对水利水电工程建设参与者的行为和责、权、利，进行监督、约束和协调，使水利水电工程建设能按计划有序、顺畅地进行，达到水利水电工程建设合同所规定的投资、质量和进度控制目标。

目前，我国大中型水利水电工程均实行了建设监理制，对保证工程质量，加快工程进度，提高工程项目的经济效益起到了重大作用。建设监理制已成为我国工程建设的一项重要制度，且已纳入法律规范的范畴。

(二) 水利水电工程建设监理依据

① 国家的法律、行政法规和部门规章。

② 工程建设有关技术标准及相关规定。

③ 业主与监理单位签订的工程监理合同。

④ 业主与承建单位签订的工程承建合同。

(三) 水利水电工程建设监理任务

实行水利水电工程建设监理制度，是发展生产力的需要，也是发展市场经济的

必然结果。使监理机构承担起投资控制、质量控制和工期控制的责任，是监理机构的分内之事，也是他们的专业特长。实践证明，实行监理的水利水电工程建设项目（如举世瞩目的三峡工程），在投资控制、质量控制和工期控制方面都能取得良好的效果，达到提高投资效益的目的。

在水利水电工程建设施工中，在建设项目的投资、质量、工期等目标明确的前提下，利用合同管理、信息管理、组织协调等有效手段进行动态控制，以达到监理的目的。

1. 投资控制

投资控制也称费用目标控制，主要是指在建设前期进行可行性研究及投资估算；在设计阶段对设计准备、总概算及概预算进行审查；在施工准备阶段协助确定招标控制价（标底）和工程总造价；在施工阶段进行工程进度款签证，控制设计变更和索赔，审核工程结算等。

2. 质量控制

质量控制主要是审查工程项目的设计是否符合标准与规范、是否满足使用功能、计算依据及结果是否正确；结构是否先进合理；零部件的尺寸及材料是否符合要求；加工工艺是否合理；零部件制造是否达到设计图纸的技术要求；工程项目及其设备安装、调试与运行是否达到设计要求；等等。

3. 工期控制

工期控制就是通过运用网络技术等手段审查、修改施工组织设计与进度计划，随时掌握项目进展情况，督促施工单位按合同的要求如期实现项目总工期目标，保证工程建设按时投产。

4. 合同管理

合同管理是进行工期控制、质量控制及成本控制的有效工具。监理单位可通过有效的合同管理，站在公正的立场上，尽可能调解建设单位与承包单位双方在履行合同中出现的纠纷，维护当事人的合法权益，确保建设项目三个目标的最好实现。

5. 信息管理

控制是监理工程师在监理过程中使用的主要方法，控制的基础是信息。因此，要及时掌握准确、完整的信息，并迅速处理，使监理工程师对工程项目的实施情况有清楚的了解，以便及时采取措施，有效地完成监理任务。

信息管理要有完善的建设监理信息系统，最好的方法就是利用计算机进行辅助管理。

6. 组织协调

在工程项目实施过程中，业主和承包商由于各自的经济利益和对问题的不同理解，会产生各种矛盾和争议。因此，监理工程师要及时、公正地进行协调和决定，维护双方的合法权益。

（四）水利水电工程建设监理工作方法及制度

1. 建设监理工作方法

由于建设工程监理工作具有技术管理、经济管理、合同管理、组织管理和工作协调等多项业务职能，因此，对其工作内容、方式、方法、范围和深度均有特殊要求。

根据有关规范和规定，水利水电工程建设项目施工监理的主要工作方法有以下几种：

① 现场记录。监理机构应完整记录每日各施工项目和部位的人员、设备和材料，以及天气、施工环境及施工中出现的各种情况。

② 发布文件。监理机构采用通知单、指令、签证单、认可书、指示、证书等文件形式进行施工全过程的控制和管理。

③ 旁站监理。监理机构按照监理合同约定，在施工现场对工程项目的重要隐蔽部位和关键部位的工序的施工，实施连续性的全过程检查与监督。

④ 巡视检验。监理机构对所监理的工程项目进行定期或不定期的检查、监督和管理。

⑤ 跟踪检测。在承包人进行试样检测前，监理机构应对其试验人员、仪器设备、程序、方法进行审核；在承包人检测时，进行全过程的监督，确认其程序、方法的有效性，检验结果的可信性，并对该结果签认。

⑥ 平行检测。监理机构在承包人自行检测的同时独立进行抽样检测，以核验承包人的检测结果。

⑦ 协调。监理机构对参加工程建设各方的关系以及工程施工过程中出现的问题和争议进行调解解决。

2. 建设监理工作制度

工程建设监理工作制度的主要内容包括协助建设单位进行工程项目可行性研究，优选设计方案、设计单位和施工单位，审查设计文件，控制工程质量、造价和工期，监督、管理建设工程合同的履行，以及协调建设单位与工程建设有关各方的工作关系等。

根据有关规范和规定，水利水电工程建设项目施工监理的主要工作制度如下：

① 技术文件审核、审批制度。根据施工合同约定，由双方提交的施工图纸、施工组织设计、施工措施计划、施工进度计划、开工申请等文件均应在通过监理机构

核查、审核或审批后，方可实施。

② 原材料、构配件、工程设备检验制度。进场的原材料、构配件和工程设备应有出厂合格证明和技术说明书，经承包人自检合格后，方可报监理机构检验。不合格的材料、构配件和工程设备应按监理指示在规定时限内运离工地或进行相应处理。

③ 工程质量检验制度。承包人每完成一道工序及一个单元工程，都必须自检，自检合格后，方可报监理机构进行复核检验。上道工序及上一单元工程未经复核检验或复核检验不合格，禁止进行下道工序及下一单元工程施工。

④ 工程计量付款签证制度。所有申请付款的工程量均应进行计量并经监理机构确认。未经监理机构签证的付款申请，发包人不应支付。

⑤ 会议制度。监理机构应建立会议制度，包括第一次工地会议、监理例会和监理专题会议。会议由总监理工程师或由其授权的监理工程师主持。

⑥ 施工现场紧急情况报告制度。监理机构应针对施工现场可能出现的紧急情况编制处理程序、处理措施等文件。当发生紧急情况时，应立即向发包人报告，并指示承包人立即采取有效紧急的措施进行处理。

⑦ 工作报告制度。监理机构应及时向发包人提交监理月报或监理专题报告；在工程验收时，提交监理工作报告；在监理工作结束后，提交监理工作总结报告。

⑧ 工程验收制度。在承包人提交验收申请后，监理机构应对其是否具备验收条件进行审核，并根据有关水利工程验收规程或合同约定，参与、组织或协助发包人组织工程验收。

三、水利水电工程建设监理单位

（一）监理单位基本规定

水利水电工程建设监理单位是指取得水利水电工程建设监理资格等级证书、具有法人资格从事工程建设监理业务的单位。监理单位必须严格执行国家有关法律、法规和政策，以及水利水电行业的规章、规范性文件和技术标准，接受水利行政主管部门的监督管理。

水利水电工程建设监理单位应遵守以下基本规定：

① 接受政府主管部门及其监督部门的检查和监督；

② 按许可的业务范围和资质等级承担工程监理业务；

③ 履行工程监理合同约定的义务，并承担相应的合同责任；

④ 不得与监理项目承建单位有经营性隶属关系或合伙关系；

⑤ 不得修改建设工程勘察、设计文件；

⑥ 监理机构成员不得是所监理项目承建单位的在职人员；

⑦ 监理工程师应具备执业资格，并持有监理工程师岗位证书；

⑧ 专业工程师应具备相应执业资格，并持有执业资格证书或岗位证书。

(二) 监理单位资质等级和标准

监理单位资质，是指从事监理工作应当具备的人员素质、资金数量、专业技能、管理水平及监理业绩等。承担水利水电项目主体工程建设监理业务的单位，必须是具有法人资格并取得水利水电工程建设监理资质等级证书的监理单位。监理单位应按批准的业务范围和资质等级承担相应工程建设监理业务。

1. 水利工程建设监理单位的资质等级

水利工程建设监理单位资质分为水利工程施工监理、水土保持工程施工监理、机电及金属结构设备制造监理和水利工程建设环境保护监理四个专业。其中，水利工程施工监理专业资质和水土保持工程施工监理专业资质分为甲级、乙级和丙级三个等级，机电及金属结构设备制造监理专业资质分为甲级、乙级两个等级，水利工程建设环境保护监理专业资质暂不分级。

2. 水利工程建设监理单位的业务范围

水利工程建设监理各专业资质等级可以承担的业务范围如下：

(1) 水利工程施工监理专业资质

① 甲级可以承担各等级水利工程的施工监理业务。

② 乙级可以承担Ⅱ等 (堤防2级) 以下各等级水利工程的施工监理业务。

③ 丙级可以承担Ⅲ等 (堤防3级) 以下各等级水利工程的施工监理业务。

(2) 水土保持工程施工监理专业资质

① 甲级可以承担各等级水土保持工程的施工监理业务。

② 乙级可以承担Ⅱ等以下各等级水土保持工程的施工监理业务。

③ 丙级可以承担Ⅲ等水土保持工程的施工监理业务。

同时，具备水利工程施工监理专业资质和乙级以上水土保持工程施工监理专业资质的，方可承担淤地坝中的骨干坝施工监理业务。

(3) 机电及金属结构设备制造监理专业资质

① 甲级可以承担水利工程中的各类型机电及金属结构设备制造监理业务。

② 乙级可以承担水利工程中的中、小型机电及金属结构设备制造监理业务。

(4) 水利工程建设环境保护监理专业资质

可以承担各类各等级水利工程建设环境保护监理业务。

（三）监理单位资质管理

从事水利工程建设监理业务的单位，应当取得资质，并在资质等级许可的范围内承揽水利工程建设监理业务。申请监理资质的单位（以下简称申请人），应当按照其拥有的技术负责人、专业技术人员、注册资金和工程监理业绩等条件，申请相应的资质等级。

水利部所属流域管理机构（以下简称流域管理机构）和省、自治区、直辖市人民政府水利行政主管部门依照管理权限，负责有关的监理单位资质申请材料的接收、转报以及相关管理工作。

1. 申请

申请水利工程建设监理单位资质，应当具备"水利工程建设监理单位资质等级标准"规定的资质条件。监理单位资质一般按照专业逐级申请。申请人可以申请一个或者两个以上的专业资质。

申请人应当向其注册地的省、自治区、直辖市人民政府水利行政主管部门提交申请材料。但是，水利部直属单位独资或者控股成立的企业申请监理单位资质的，应当向水利部提交申请材料；流域管理机构直属单位独资或者控股成立的企业申请监理单位资质的，应当向该流域管理机构提交申请材料。

省、自治区、直辖市人民政府水利行政主管部门和流域管理机构应当自收到申请材料之日起20个工作日内提出意见，并连同申请材料转报水利部。水利部按照规定办理受理手续。

首次申请监理单位资质，申请人应当提交以下材料：

①《水利工程建设监理单位资质等级申请表》。

②《企业法人营业执照》或者工商行政管理部门核发的企业名称预登记证明。

③验资报告。

④企业章程。

⑤法定代表人身份证明。

⑥《水利工程建设监理单位资质等级申请表》中所列监理工程师、造价工程师的资格证书和申请人同意注册证明文件（已在其他单位注册的，还需提供原注册单位同意变更注册的证明）、总监理工程师岗位证书，以及上述人员的劳动合同和社会保险凭证。

申请晋升、重新认定、延续监理单位资质等级的，除提交前款规定的材料外，还应当提交以下材料：

①原《水利工程建设监理单位资质等级证书》(副本)。

②《水利工程建设监理单位资质等级申请表》中所列监理工程师的注册证书。

③近三年承担的水利工程建设监理合同书，以及已完工程的建设单位评价意见。

申请人应当如实提交有关材料和反映真实情况，并对申请材料的真实性负责。

2. 受理

水利部应当自受理申请之日起20个工作日内作出认定或者不予认定的决定；20个工作日内不能做出决定的，经本机关负责人批准，可以延长10个工作日。决定予以认定的，应当在10个工作日内颁发《水利工程建设监理单位资质等级证书》；不予认定的，应当书面通知申请人并说明理由。

3. 认定

① 水利部在做出决定前，应当组织对申请材料进行评审，并将评审结果在水利部网站公示，公示时间不少于7日。

水利部应当制作《水利行政许可除外时间告知书》，将评审和公示时间告知申请人。

②《水利工程建设监理单位资质等级证书》包括正本一份、副本四份，正本和副本具有同等法律效力，有效期为5年。

③ 资质等级证书有效期内，监理单位的名称、地址、法定代表人等工商注册事项发生变更的，应当在变更后30个工作日内向水利部提交水利工程监理单位资质等级证书变更申请，并附工商注册事项变更的证明材料，办理资质等级证书变更手续。水利部应在自收到变更申请材料之日起3个工作日内办理变更手续。

④ 监理单位分立的，应当自分立后30个工作日内，按照规定，提交有关申请材料以及分立决议和监理业绩分割协议，申请重新认定监理单位资质等级。

⑤ 资质等级证书有效期届满，需要延续的，监理单位应当在有效期届满30个工作日前，按照规定，向水利部提出延续资质等级的申请。水利部在资质等级证书有效期届满前，做出是否准予延续的决定。

⑥ 水利部应当将资质等级证书的发放、变更、延续等情况及时通知有关省、自治区、直辖市人民政府水利行政主管部门或者流域管理机构，并定期在水利部网站公告。

(四) 监理单位工作职责

水利水电工程施工监理单位应当依照法律、法规及有关技术标准、设计文件和工程承建合同，对承建单位在施工质量、施工安全、合同工期和合同费用使用等方面，代表业主实施监督管理，并承担相应的监理责任。

监理单位工作职责由工程监理合同约定，应包括：

① 协助业主进行工程施工招标与承建合同的签订。

② 检查工程勘察、设计文件，组织合同项目的设计技术交底和施工图会检。

③ 解释工程承建合同。

④ 审查承建单位选择的分包单位资质。

⑤ 向业主建议优化工程建设与管理的有关事项。

⑥ 审批承建单位工程施工措施、计划和技术方案。

⑦ 主持工程项目承建各方现场协调。

⑧ 按合同规定发布开工令、停工令、返工令和复工令。

⑨ 检查工程施工中使用的材料、设备，检查施工质量。

⑩ 检查、监督工程施工进度。

⑪ 审查、指令与临时处置工程变更。

⑫ 检查、督促承建单位安全生产、施工环境保护与水土保持。

⑬ 审查合同支付计量，作出合同支付签证。

⑭ 调解承建单位与业主之间的合同争议。

⑮ 参加工程项目验收，办理合同项目移交证书、合同项目完工证书，审核合同项目施工竣工档案资料。

（五）监理单位与各方的关系

1. 工程项目建设监理当事方

（1）建设单位

所谓建设单位，就是项目的投资者、拥有者或最高决策者的统称。它全面负责项目筹资、建设与生产经营。自我国改革开放以来，投资出现了多元化的趋势。由政府投资及其组建的管委会、开发公司或工程指挥部都是建设单位。项目投资者还有企业、个人、外商独资或合资等多种形式，它们只要拥有上述权利与职能，均可称为建设单位。

（2）承包单位

承包单位指其投标文件被建设单位接收并与建设单位签订了工程承建合同的单位。承包单位受雇于建设单位，承担项目的施工、安装与调试任务，是工程建设的直接执行者和施工者。

（3）监理单位

监理单位是中介服务性机构，一般是指具有法人资格，取得监理单位资格证书，主要从事工程建设监理工作的监理公司、监理事务所等，也包括具有法人资格的单位所设立的专门从事工程监理的二级机构，像设计单位或大专院校的"监理部"等。

2. 监理单位与建设单位的关系

监理单位与建设单位是平等主体之间的关系，在工程项目建设上是委托与被委托、授权与被授权的关系。监理的内容和授予的权利，是通过双方平等协商并以监理委托合同的形式予以确认。监理单位应本着对建设单位负责、为建设单位服务、为工程建设服务的精神，切实履行合同规定的义务与责任。

监理单位就建设单位而言，一般权利有：有关工程项目的招标、设计标准与使用功能的建议权；施工进度和质保体系的审核权和否决权；工程合同内工程款支付与工程结算的确认权与否决权；对所监理的工程需组织协调的主持权；以及参加项目施工调度会的权利等。

监理单位对建设单位应尽的义务：维护建设单位的合法权益，对知悉的商业机密负有保密的责任；项目实施前应根据委托的合同编制监理计划、实施方案，并以书面的形式提交建设单位审定；定期向建设单位提供有关项目施工质量及进度的报表，保存完整的项目施工质量记录；项目竣工后应向建设单位提交监理总结报告；监理机构在承办监理业务未按照委托合同的规定履行义务而给建设单位造成损失的应当依法承担赔偿责任。

建设和监理单位双方在项目实施中应将保证项目质量、进度及提高投资效益作为共同的目标。因此，建设单位应在承包合同中明确委托监理单位的名称、项目监理的内容；项目实施监理前，建设单位应对监理单位派出的总监理工程师予以确认，并将总监理工程师的姓名以及赋予的权限、确认的监理计划书面通知承包单位（被监理单位）；项目结束后应以书面形式对监理工作进行评价，如期支付监理费用。

3. 监理单位与承包单位的关系

监理单位受建设单位委托，依据工程项目承包合同文件的规定，对项目实施监理，与承包单位是监理与被监理的关系。监理机构应监督承包单位履行项目承包合同规定的义务和责任，并公正地维护承包单位的合法权益。

监理单位在实施监理中既要严格，又要客观、公正；但不应超越设计、施工及制造和安装等单位的权限，也绝不能代替项目实施中的检验员、安全员。

在项目实施监理过程中，与承包单位直接打交道的是监理单位，而不是建设单位。在建设单位授权监理范围内的工作，承包单位对建设单位的有关要求，以及建设单位对承包单位的有关要求都必须通过监理单位，不得绕过监理单位双方直接做出处理。

四、水利水电工程建设监理人员

水利水电工程建设项目的监理人员包括总监理工程师、监理工程师和监理员，总监理工程师、监理工程师、监理员是岗位职务。其中，总监理工程师须经考试取得《水利工程建设总监理工程师岗位证书》；监理工程师须经全国水利工程建设监理资格统一考试合格，经批准取得《水利工程建设监理工程师资格证书》，并经注册取得《水利工程建设监理工程师岗位证书》；监理员须经考核取得《水利工程建设监理员岗位证书》。

监理人员应遵守"守法、诚信、公正、科学"的职业准则，严格履行监理合同，正确运用业主授权和监理技能，督促业主和承建单位履行工程承建合同义务，维护双方的合同权益，认真为工程建设提供服务。

（一）总监理工程师

水利工程项目建设监理实行总监理工程师负责制。总监理工程师是项目监理机构履行监理合同的总负责人，行使合同赋予监理单位的全部职责，全面负责项目监理工作。总监理工程师在授权范围内有权发布有关指令，签认所监理工程项目的有关文件，项目法人不得擅自更改总监理工程师的指令。

总监理工程师有权建议撤换承包商的工地项目经理及有关管理人员以及工程建设分包单位。总监理工程师须按合同规定公正地协调项目法人与承包单位的争议。监理工程师在总监理工程师领导下和授权范围内开展监理工作；监理员在监理工程师（监理机构中监理人员较少时在总监理工程师）领导下和授权范围内开展监理工作。

1. 总监理工程师上岗条件

① 已取得《水利工程建设监理工程师资格证书》和《水利工程建设监理工程师岗位证书》。

② 经过水利部举办的总监理工程师培训班培训合格并取得结业证书。

③ 有在监理工程师岗位从事建设监理工作 2 年以上的实践经验；有较高的专业技术水平和组织协调能力。

2. 总监理工程师上岗申报程序

① 对于符合上岗条件的监理工程师，应填写《水利工程建设总监理工程师岗位申请表》，由所在注册单位签署意见后按隶属关系申报。

② 初审单位：部直属监理单位人员的申请表直接由该部审查；各流域机构所属单位人员的申请表由流域机构初审；地方所属监理单位人员的申请表由各省、自治区、直辖市、水利（水电）厅（局）初审。

③ 各流域机构，各省、自治区、直辖市、水利（水电）厅（局）初审合格后，将申请表汇总报部建设与管理司。

④ 部建设与管理司负责组织对初审合格人员进行考核，并提出考核合格者名

单，报部批准后，核发《水利工程建设总监理工程师岗位证书》。

3. 总监理工程师的基本职责

①以工程建设监理公司在工程项目的代表身份，与业主、承包单位及政府监理机关和有关单位协调沟通有关方面问题。

②确定工程项目组织和监理组织系统，制定监理工作方针和基本工作流程。

③选择各部门负责人员，并决定他们的任务和职能分工。

④对监理人员的工作进行督导，并根据工程实施的变化进行人员的调配。

⑤主持制订工程项目建设监理规划，并全面组织实施。

⑥提出工程承发包模式，设计合同结构，为业主发包提供决策意见。

⑦协助业主进行工程招标工作，主持编写招标文件，进行投标人资格预审，开标，评标，为业主决标提出决策意见。

⑧参加合同谈判，协助业主确定合同条款。

⑨审核并确认分包单位。

⑩主持建立监理信息系统，全面负责信息沟通工作。

⑪在规定时间内及时对工程实施的有关工作做出决策。如计划审批、工程变更、事故处理、合同争议、工程索赔、实施方案、意外风险等。

⑫审核并签署开工令、停工令、复工令、付款证明、竣工资料、监理文件和报告等。

⑬定期及不定期地巡视工地现场，及时发现和提出问题并进行处理。

⑭按规定时间向业主提交工程监理报告和例外报告。

⑮定期和不定期地向本公司报告监理情况。

⑯分阶段组织监理人员进行工作总结。

总之，总监理工程师是一个工程项目中的监理工作总负责人。在管理中承担决策职能，直接主持或参与重要方案的规划工作，并进行必要的检查。他也有执行的职能，对本公司的指示和业主方在监理合同所规定范围内作出的指示应当认真执行。

(二) 监理工程师

各专业和各子项目监理工程师是各专业部门和各子项目管理机构的负责人员或骨干，在各自的部门和机构中有局部决策职能。而在全局监理工作范围内一般具有规划、执行和检查的职能。经总监理工程师的书面委托，监理工程师在委托的范围内可行使总监理工程师的权利和职责。

各专业或各子项目监理工程师的基本职责包括：

①组织制订各专业或各子项目的监理实施计划或监理细则，经总监理工程师批

准后组织实施。

②对所负责控制的目标进行规划，建立实施目标控制的目标划分系统。

③建立目标控制系统，落实各控制子系统的负责人员，制定控制工作流程，确定方法和手段，制定控制措施。

④协商确定各部门之间的协调程序，为组织一体化主动开展工作。

⑤定期提交本目标或本子项目目标控制例行报告和例外报告。

⑥根据信息流结构和信息目录的要求，及时、准确地做好本部门的信息管理工作。

⑦根据总监理工程师的安排，参与工程招标工作，做好招标各阶段本专业的工作。

⑧审核有关的承包方提交的计划、设计、方案、申请、证明、单据、变更、资料、报告等。

⑨检查有关的工程情况，掌握工程现状，及时发现和预测工程问题，并采取措施妥善处理。

⑩组织、指导、检查和监督本部门监理员的工作。

⑪及时检查、了解和发现承包方在组织、技术、经济和合同方面的问题，并向总监理工程师报告，以便研究对策，解决问题。

⑫及时发现并处理可能发生或已发生的工程质量问题。

⑬参与有关的分部（分项）工程、单位工程、单项工程等分期交工工程的检查和验收工作。

⑭参加或组织有关工程会议并做好会前准备。

⑮协调处理本部门管理范围内各承包方之间的有关工程方面的矛盾。

⑯提供或搜集有关的索赔资料，并把索赔和防索赔当作本部门分内工作来抓，积极配合合同管理部门做好索赔的有关工作。

⑰检查、督促并认真做好监理日志、监理月报工作，建立本部门监理资料管理制度。

⑱定期做好本部门监理工作总结。

（三）监理员

1. 监理员上岗条件

①取得中级专业技术职务任职资格或取得初级专业技术职务任职资格 2 年以上或中专毕业且工作 5 年以上，大专毕业且工作 3 年以上，本科毕业且工作 2 年以上。

②经过水利部或流域机构、省、自治区、直辖市水利（水电）厅（局）举办的监

理员培训班培训并取得结业证书。

③ 有一定的专业技术水平和组织管理能力。

2. 监理员上岗申报程序

① 对于符合上岗条件的监理人员，应填写《水利工程建设监理员岗位申请表》，由所在工程监理单位签署意见后按隶属关系申报。

② 审批、发证单位：部直属监理单位人员的申请，由部建设与管理司审批合格后核发《水利工程建设监理员岗位证书》。

各流域机构所属监理单位人员的申请，由流域机构审批合格后核发《水利工程建设监理员岗位证书》；地方所属监理单位人员的申请，由各省、自治区、直辖市水利 (水电) 厅 (局) 审批合格后核发《水利工程建设监理员岗位证书》。

3. 监理员的基本职责

监理员从事直接的工程检查、计量、检测、试验、监督和跟踪工作，并行使检查和发现问题的职能。监理员的任务一般有以下几个方面：

① 负责检查、检测并确认材料、设备、成品和半成品的质量。

② 检查施工单位人力、材料、设备、施工机械的投入和运行情况，并做好记录。

③ 负责工程计量并签署原始凭证。

④ 检查是否按设计图纸施工、按工艺标准施工、按进度计划施工，并对发生的问题随时予以解决纠正。

⑤ 检查确认工序质量，进行验收并签署。

⑥ 实时跟踪检查，及时发现问题、及时报告。

⑦ 做好填报工程原始记录的工作。

⑧ 记好监理日志。

第二节　水利水电工程监理工作准备

一、监理机构建立

(一) 监理机构建立要求

监理机构建立应符合以下要求：

① 监理机构建立与人员配备。

监理单位应按工程监理合同约定，在工程项目开工前或监理合同约定的时间内，向工地派驻监理机构，代表监理单位承担项目工程监理业务。

监理单位应将业主通过工程承建合同、工程监理合同授予的现场管理职责与监理权利授予监理机构，督促监理机构切实履行其职责，公正行使其权利，确保监理工作有序进行。

监理单位应在监理机构进场前完成监理机构分年度的监理人员配置计划编制，根据工程监理合同约定派出满足工作要求的监理人员进驻工地开展工作，并随工程施工进展逐步调整充实。

监理机构的分级组织与监理人员进场计划应事先征得业主同意。总监理工程师（含副职）的聘任、调整与撤换应事先征得业主同意。

总监理工程师应根据工程项目规模、阶段、专业、项目进展等情况，将委派的监理工程师姓名及授予的职责和授权范围及时通知承建单位并抄送业主。

监理机构应在工程项目开工前或监理合同约定的时间内，建立监理工作体系，与其他工程建设方建立起正常的工作和联系渠道。

② 监理机构应按监理合同约定配备满足监理工作要求的办公、通信和交通设备。

③ 监理机构应具备符合监理合同约定，能进行施工质量检查和施工测量检查的手段与技能。如果监理单位自身不具备必需的检测资质，监理机构的平行检测应委托具备独立法人资格及相应检测资质的单位进行。接受委托的检测单位须对检测结果承担责任。

④ 监理机构的工作、生活等用房，以及工作、生活设备设施等应满足监理工作与生活条件的要求。

（二）监理机构组织形式

监理机构组织形式要根据工程建设项目的特点、承发包模式和业主委托的任务，依据建设监理行业特点和监理单位自身状况，科学、合理地进行确定。现行的工程建设监理组织形式主要有直线制监理组织、职能制监理组织、直线职能制监理组织和矩阵制监理组织等。

（三）监理机构的建立步骤

1.确定项目监理机构目标

工程建设监理目标是项目监理机构建立的前提，项目监理机构的建立应根据委托监理合同中确定的监理目标，制定总目标并明确划分监理机构的分解目标。

2. 确定监理工作内容

根据监理目标和委托监理合同中规定的监理任务，明确列出监理工作内容，并进行分类归并及组合。监理工作的归并及组合应便于监理目标控制，并综合考虑监理工程的组织管理模式、工程结构特点、合同工期要求、工程复杂程度、工程管理及技术特点，还应考虑监理单位自身组织管理水平、监理人员数量、技术业务特点等。

如果进行实施阶段全过程监理，监理工作划分可按设计阶段和施工阶段分别归并和组合。如果进行施工阶段监理，可按投资、质量、进度目标进行归并和组合。

3. 组织结构设计

① 确定组织结构形式。监理组织结构形式必须根据工程项目规模、性质、建设阶段等监理工作的需要，从有利于项目合同管理、目标控制、决策指挥、信息沟通等方面综合考虑。

② 确定合理的管理层次。监理组织结构一般由决策层、中间控制层、作业层3个层次组成。决策层由总监理工程师及其助理组成，负责项目监理活动的决策；中间控制层即协调层与执行层，由专业监理工程师和子项目监理工程师组成，具体负责监理规划落实、目标控制和合同管理；作业层即操作层，由监理员、检查员组成，负责现场监理工作的具体操作。

③ 划分项目监理机构部门。项目监理机构中合理划分各职能部门，应依据监理机构目标、监理机构可利用的人力和物力资源以及合同结构情况，将投资控制、进度控制、质量控制、合同管理、组织协调等监理工作内容按不同的职能活动或按子项分解形成相应的管理部门。

④ 制定岗位职责和考核标准。根据责、权、利对等原则，设置各组织岗位并制定岗位职责。岗位因事而设，进行适当授权，承担相应职责，获得相应利益，避免因人设岗。

⑤ 选派监理人员。根据组织各岗位的需要，考虑监理人员的个人素质与组织整体合理配置、相互协调，有针对性地选择监理人员。

4. 制定工作流程

监理工作要求按照客观规律规范化地开展，因此必须制定科学、有序的工作流程，并且要根据工作流程对监理人员的工作进行定期考核。

(四) 监理机构的人员配备

监理机构的人员配备根据监理的任务范围、内容、期限以及工程的类别、规模、技术复杂程度、工程环境等因素综合考虑，并应符合委托监理合同中对监理深度和密度的要求，能体现项目监理机构的整体素质，满足监理目标控制的要求。

1. 监理机构的人员结构

监理机构应具有合理的人员结构，主要包括以下几个方面的内容：

①合理的专业结构。项目监理人员结构应根据监理项目的性质及业主的要求进行配置。对不同性质的项目和业主对项目监理的要求，需要有针对性地配备专业监理人员，做到专业结构合理，适应项目监理工作的需要。

②合理的技术职称结构。监理组织的结构要求高、中、初级职称与监理工作要求相称，比例合理，而且要根据不同阶段的监理进行适当调整。

③合理的年龄结构。监理组织的结构要做到老、中、青年龄结构合理，老年人经验丰富，中年人综合素质好，青年人精力充沛。根据监理工作的需要形成合理的人员年龄结构，充分发挥不同年龄层次的优势，有利于提高监理工作的效率与质量。

2. 监理人员数量的确定

监理人员的数量应根据所监理的工程项目的建设强度、工程的复杂程度、监理单位业务水平以及监理机构设置的情况等因素综合考虑确定。

①工程建设强度。工程建设强度是指单位时间内投入的工程建设资金的数量。它是衡量一项工程紧张程度的标准。显然，工程建设强度越大，投入的监理人力就越多。工程建设强度是确定人数的重要因素。

②工程建设复杂程度。工程复杂程度是根据设计活动多少、工程地点位置、气候条件、地形条件、工程性质、施工方法、工期要求、材料供应及工程分散程度等因素把各种情况的工程从简单到复杂划分为不同级别，简单工程需配置的人员少，复杂工程需配置的人员较多。

③监理单位业务水平。监理单位由于人员素质、专业能力、管理水平、工程经验、设备手段等方面的差异导致业务水平的不同。同样的工程项目，水平低的监理单位往往比水平高的监理单位投入的人力要多。

④监理机构的组织结构和任务职能分工。项目监理机构的组织结构情况关系到具体的监理人员配备，务必使项目监理机构任务职能分工的要求得到满足。必要时，还需要根据项目监理机构的职能分工对监理人员的配备做进一步的调整。

有时监理工作需要委托专业咨询机构或专业监测、检验机构进行。这时，监理机构的监理人员数量可适当减少。

二、监理工作体系文件编制

监理机构进场后，应依据工程监理合同、工程承建合同的规定，针对监理项目特点、工程监理任务与工作范围，完成工程项目监理规划的编制，并报业主批准。

监理机构应按报经业主批准的项目监理规划编制监理工作体系文件。监理工作体系文件应满足工程及监理工作需要,并随工程施工和监理工作进展不断予以补充、调整与完善。

监理工作体系文件应包括监理机构内部管理制度、监理工作实施细则、监理工作计划文件、工程监理工作用表。对于按监理合同约定,必须实行旁站监督的施工项目或部位,监理机构依据旁站监督项目的施工工序、作业程序和控制目标,编制监理人员现场施工监督作业指导书。

(一)监理机构内部管理制度

监理机构的管理要做到制度化、规范化、科学化,使各个职能部门及其岗位人员职责明确,管理制度健全。监理工作要做到规范有序,有据可查,有法可依。实施工程项目监理要规范化,如各种表格、文件及工作程序,有日志(报)、周报、月报、总结报告等表式,监理计划、监理大纲、实施细则、监理手册编写要则、工程设备关键控制要点编写原则等。

监理机构内部管理制度,应依据国家法律法规、监理合同,工程所在地地方政府、业主和监理单位相关规定,并结合工程监理项目实际情况编制。应强调由总监理工程师主持制定的监理大纲、监理规划及监理实施细则等三项文件作为开展项目监理工作的指导性文件的重要性。

(二)监理规划及监理工作实施细则

1. 监理规划

监理规划是监理单位接受业主委托并签订委托监理合同之后,在项目总监理工程师的主持下,根据委托监理合同,结合工程的具体情况,广泛收集工程信息和资料的情况下制订,经监理单位技术负责人批准,用来指导项目监理机构全面开展监理工作的指导性文件。

(1)监理规划的作用

①指导项目监理机构全面开展监理工作。监理规划需要对项目监理机构开展的各项监理工作做出全面的、系统的组织和安排。它包括确定监理工作目标、制定监理工作程序、确定目标控制、合同管理、信息管理、组织协调等各项措施和确定各项工作的方法和手段。

②监理规划是建设监理主管机构对监理单位进行监督的依据。监理规划是建设监理主管机构监督、管理和指导监理单位开展监理活动的主要依据。

③监理规划是业主确认监理单位履行合同的主要依据。监理规划是业主了解和

确认监理单位是否履行监理合同的主要证明文件。监理规划应当能够全面详细地为业主监督监理合同的履行提供依据。

④监理规划是监理单位内部考核的依据和主要存档资料。监理规划的内容应随着工程的进展逐步调整、补充和完善，它在一定程度上真实地反映了一个工程项目监理的全貌，是最好的监理过程记录，是监理单位重要的存档资料。

（2）监理规划的内容

①工程项目概况。

②监理工作范围。

③监理工作内容。

④监理工作目标。

⑤监理工作依据。

⑥项目监理机构的组织形式。

⑦项目监理机构的人员配备计划。

⑧项目监理机构的人员岗位职责。

⑨监理工作程序。

⑩监理工作方法及措施。

⑪监理工作制度。

⑫监理设施。

在监理工作实施过程中，如实际情况或条件发生重大变化而需要调整监理规划时，应由总监理工程师组织专业监理工程师研究修改，按原报审程序经过批准后报建设单位。

（3）监理规划的编制

监理规划的编制应针对项目的实际情况，明确项目监理机构的工作目标，确定具体的监理工作制度、程序、方法和措施，并应具有可操作性。监理规划编制的程序与依据应符合下列规定：

①监理规划应在签订委托监理合同及收到设计文件后开始编制，完成后必须经监理单位技术负责人审核批准，并应在召开第一次工地会议前报送建设单位。

②监理规划应由总监理工程师主持，专业监理工程师参加编制。

③编制监理规划的依据如下：

a.建设工程的相关法律、法规及项目审批文件。

b.与建设工程项目有关的标准、设计文件、技术资料。

c.监理大纲、委托监理合同文件以及与建设工程项目相关的合同文件。

2. 监理工作实施细则

监理机构应依据国家法律法规、工程承建合同、技术规程规范、业主对工程项目管理的要求等，在工程项目开工前或者工程监理合同约定的时间内，完成必需的监理工作实施细则文件编制。

(1) 监理工作实施细则编制依据

① 已批准的监理规划。

② 与专业工程相关的标准、设计文件和技术资料。

③ 施工组织设计或施工技术方案。

(2) 监理工作实施细则编制要求

① 促使承建单位按工程承建合同约定履行其对合同目标保证的义务。

② 依据工程承建合同规定，应对监理职责的运用做出解释和细化，以规范监理机构行为，促使监理机构和监理人员正确、充分地运用业主通过合同文件授予监理机构的职责和权利。

③ 明确监理机构依据工程承建合同规定对合同目标控制提出的要求。

(3) 监理工作实施细则编制原则

① 分阶段编制原则。监理工作实施细则应根据监理规划的要求，尤其当施工图未出齐就开工的时候，按工程进展情况，可分阶段进行编写，并在相应工程（如分部工程、单位工程或按专业划分构成一个整体的局部工程）施工开始前编制完成，用于指导专业监理的操作，确定专业监理的监理标准。

② 总监理工程师审批原则。监理工作实施细则是专门针对工程中一个具体的专业制定的，其专业性强，编制的程度要求高，应由专业监理工程师组织项目监理机构中该专业的监理人员编制，并必须经总监理工程师审批。

③ 动态性原则。监理工作实施细则编好后，并不是一成不变的。因为工程的动态性很强，工程的动态性决定了工程建设监理实施细则的可变性。所以，当发生工程变更、计划变更或原监理实施细则所确定的方法、措施和流程不能有效地发挥作用时，要把握好工程项目变化规律，及时根据实际情况对工程建设监理实施细则进行补充、修改和完善，调整监理工作实施细则内容，使工程项目能够在监理工作实施细则的有效控制之下运行，最终实现项目建设的目标。

(4) 监理工作实施细则的检查调整

在工程建设实施过程中，监理工程师应按照监理工作实施细则经常、定期地对工程进度、质量、投资和安全等的执行情况进行跟踪检查，一旦发现实际偏离计划，即出现进度、质量或投资偏差时，必须认真分析产生偏差的原因及其对后续工作的影响，必要时采取合理、有效的组织、经济、技术调整措施，确保进度总目标的实现。

（三）监理工作计划文件

监理机构应按合同目标控制要求，随监理项目进展、监理工作的开展做好年、季度监理工作计划文件编制，并促使监理工作按预定计划、目标有序地推进。

1. 监理总进度计划

建设监理编制的总进度计划阐明工程项目前期准备、设计、施工、动用前准备及项目动用等几个阶段的控制进度。

2. 总进度分解计划

总进度分解计划包括：

① 年度进度计划。

② 季度进度计划。

③ 月度进度计划。

④ 设计准备阶段进度计划。

⑤ 设计阶段进度计划。

⑥ 施工阶段进度计划。

⑦ 动用前准备阶段进度计划。

（四）工程监理工作用表

1. 工程监理工作用表编制基本规定

① 监理机构应依据工程承建合同和工程监理合同，完成工程监理工作用表的编制。必须报请业主批准的，应报业主批准后下达执行。

② 工程监理工作用表的范围、内容应涵盖监理项目和监理工作内容。工程监理工作用表必须符合工程承建合同、工程监理合同和国家、部门颁发的工程建设管理法规的规定，并不得与业主或其管理部门发布的文件相冲突。

③ 工程监理工作用表应满足下列要求：

a. 对承建单位合同义务的履行与施工进展进行评价。

b. 体现监理机构职责履行与授权的运用。

c. 作为施工质量检查与工程验收基础资料。

④ 监理机构可根据工程承建合同及工程监理合同中对监理单位及其监理机构授权与权利范围的规定，对工程监理工作用表实行分级管理。

2. 工程监理工作常用表编制与使用

① 工程监理工作常用表生效时限。

a. 除工程承建合同或业主另有规定外，工程监理工作常用表的生效日期，以签署日期或应送达方的签收日期为准。

b. 除非承建单位项目经理或其现场项目管理机构职能部门负责人提出确认要求，否则业主经监理机构签署并送达的对于变更施工范围、变更施工工艺、指示返工、暂停施工、批准复工、违章整改等可能涉及合同支付计量与合同责任的工程监理工作常用表，在文件指定的时限或生效日一个合理的时限后生效。这个时限不应迟于12 小时。

② 除非承建单位现场项目管理机构提出的变更、撤销要求得到批准，否则在申请更改、撤销、确认期间，承建单位仍应按已签发的工程监理工作常用表指示执行。

③ 承建单位现场项目管理机构对监理机构所作出的任何决定持有不同意见时，可按工程承建合同规定报请业主，或提起并通过合同争议评审程序对该决定重新予以确认、撤销或更改。

④ 监理机构可根据工程承建合同及工程监理合同文件中对监理单位及其监理机构授权与权限范围的规定，对监理机构发布的施工阶段工程监理工作常用表实行分级管理。其中：

a. 一级监理文件：以监理机构的名义和印章签署的工程监理工作常用表，在承建合同管理中，代表监理单位对承建单位现场项目管理机构发出的指示。

b. 二级监理文件：以监理机构所属监理站（组、室）的名义和印章（若专门刻制有印章时）签署的工程监理工作常用表，在工程监理工作开展中，代表监理机构对工程施工过程管理作出的认证或发出的指示。

第六章　水利水电工程管理与控制实践

第一节　水利水电工程质量管理与控制

一、水利水电工程质量管理与控制理论

(一) 水利水电建设项目管理概述

1. 建设项目管理

项目是在一定的条件下，具有明确目标的一次性事业或任务。每个项目必须具备一次性、目的性和整体性的特征。建设项目是指按照一个总体设计进行施工，由一个或几个相互有内在联系的单项工程组成，经济上实行统一核算、行政上实行统一管理的建设实体。例如，修建一座工厂、一座水电站、一座港口、码头等，一般均要求在限定的投资、限定的工期和规定的质量标准的条件下，实现项目的目标。

建设项目管理是指在建设项目生命周期内所进行的有效的计划、组织、协调、控制等管理活动，其目的是在一定的约束条件下 (如可动用的资源、质量要求、进度要求、合同中的其他要求等)，达到建设项目的最优目标，即质量、工期和投资控制目标得以最优实现。根据建设项目管理的定义和现行建设程序，我国建设项目管理的实施应通过一定的组织形式，采取各种措施、方法，对建设项目的所有工作 (包括建设项目建议书、可行性研究、项目决策、设计、施工、设备询价、完工验收等) 进行计划、组织、协调、控制，从而达到保证质量，缩短工期，提高投资效益的目的。

建设项目管理包括较广泛的范围。按阶段，建设项目管理分为可行性研究阶段的项目管理、设计阶段的项目管理和施工阶段的项目管理；按管理主体，它分为建设项目业主的项目管理、设计单位的项目管理、承包商的项目管理和"第三方"的项目管理。而业主的项目管理是对整个建设项目和项目全过程的管理，其主要任务是控制建设项目的投资、质量和工期。业主经常聘请咨询工程师或监理工程师帮助其进行项目管理。

2. 水利水电建设项目管理的特点

由于水利水电建设项目的规模较大、工期较长、施工条件较为复杂，从而使其

项目管理具有强烈的实践性、复杂性、多样性、风险性和不连续性等特点；此外，由于我国的国情与西方国家存在一定的差异，因此，我国水利水电建设项目管理自身还具备以下一些特点：

(1) 严格的计划性和有序性

我国水利水电建设项目管理是在水利部等有关政府部门的领导下有计划地进行的。水利部等有关政府部门制定的规程、规范等，使水利水电建设项目管理有章可循，大大加快了水利水电建设项目管理的推进速度。同时，由于我国水利水电建设项目管理是在政府制定的轨道上进行的，从而使建设项目管理能够有序进行。

(2) 较广的监督范围和较深的监督程度

我国是生产资料公有制为主体的国家，水利水电建设项目投资的主体是政府和公有制企事业单位，私人投资的项目数量较少且规模不大。政府有关部门既要对"公共利益"进行监督管理，还要严格控制水利水电建设项目的经济效益、建设布局和对国民经济发展计划的适应性等。而在生产资料私有制的国家里，绝大多数项目由私人投资建设，国家对建设项目的管理主要局限于对项目的"公共利益"的监督管理，而对建设项目的经济效益政府不加干预。由此可见，我国政府有关部门对项目的监督范围更广、监督程度更深。

(二) 水利水电工程质量控制概述

1. 设项目质量管理术语

(1) 质量

质量是指实体满足明确和隐含需要的能力的特性总和。质量主体是"实体"。"实体"不仅包括产品，而且包括活动、过程、组织体系或人及其组合。"明确需要"指在标准、规范、图纸、技术需求和其他文件中已经作出规定的需要。"隐含需要"一是指业主或社会对实体的期望，二是指那些人们公认的、不言而喻的、不必明确的"需要"。显然，在合同环境下，应规定明确需要，而在其他情况下，应对隐含需要加以分析、研究、识别，并加以确定。"特性"是指实体特有的性质，它反映了实体满足需要的能力。

(2) 工程项目质量

工程项目质量是国家现行的有关法律、法规、技术标准、设计文件及工程合同中对工程的安全、使用、经济、美观等特性的综合要求。工程项目一般都是按照合同条件承包建设的，是在"合同环境"下形成的。工程项目质量的具体内涵应包括以下三方面。

① 工程项目实体质量。任何工程项目都由分项工程、分部工程、单位工程构

成，工程项目的建设过程又是由一道道相互联系、相互制约的工序构成，工序质量是创造工程项目实体质量的基础。因此，工程项目的实体质量应包括工序质量、分项工程质量、分部工程质量和单位工程质量。

② 功能和使用价值。从功能和使用价值来看，工程项目质量体现在性能、寿命、可靠性、安全性和经济性等方面，它们直接反映了工程的质量。

③ 工作质量。工作质量是指参与工程项目建设的各方，为了保证工程项目质量所从事工作的水平和完善程度。工作质量包括社会工作质量（如社会调查、市场预测等）、生产过程工作质量（如政治工作质量、管理工作质量等）。要保证工程项目的质量，就要求有关部门和人员精心工作，对决定和影响工程质量的所有因素严加控制，通过提高工作质量来保证和提高工程项目的质量。

（3）工程项目质量控制

质量控制是指为达到质量要求所采取的作业技术和活动。工程项目质量控制是指为达到工程项目质量要求所采取的作业技术和活动。工程项目质量要求主要表现为工程合同、设计文件、技术规范规定的质量标准。因此，工程项目质量控制就是为了保证达到工程合同规定的质量标准而采取的一系列措施、方法和手段。工程项目质量控制按其实施者不同，包括三个方面：业主方面的质量控制、政府方面的质量控制、承包商方面的质量控制。工程项目业主或监理工程师的质量控制主要是指通过对施工承包商施工活动组织计划和技术措施的审核，对施工所用建筑材料、施工机具和施工过程的监督、检验和对施工承包商施工产品的检查验收来实现对施工项目质量目标的控制。

2. 质量的特点

要对水利水电工程项目质量进行有效控制，首先要了解水利水电工程项目质量形成的过程，根据其形成过程掌握其特点。监理工程师应结合这些特点进行质量控制。在研究水利水电工程项目质量控制的有关问题时，也必须充分考虑这些特点。

（1）水利水电工程项目质量形成的系统过程

水利水电工程项目质量是按照水利水电工程建设程序，经过工程建设系统各个阶段而逐步形成的。

（2）水利水电工程项目质量的特点

由于水利水电工程项目本身的特点，使通过上述过程形成的水利水电工程项目质量具有以下一些特点：

① 主体的复杂性。一般的工业产品通常由一个企业来完成，质量易于控制，而工程产品质量一般由咨询单位、设计承包商、施工承包商、材料供应商等多方参与来完成，质量形成较为复杂。

②影响质量的因素多。影响质量的主要因素有决策、设计、材料、方法、机械、水文、地质、气象、管理制度等。这些因素都会直接或间接地影响工程项目的质量。

③质量隐蔽性。水利水电工程项目在施工过程中，由于工序交接多，中间产品多，隐蔽工程多，若不及时检查并发现其存在的质量问题，事后看表面质量可能很好，容易产生第二类判断错误，即将不合格的产品判为合格的。

④质量波动大。工程产品的生产没有固定的流水线和自动线，没有稳定的生产环境，没有相同规格和相同功能的产品，容易产生质量波动。

⑤终检局限大。工程项目建成后，不可能像某些工业产品那样，拆卸或解体来检查内在的质量。所以终检验收时难以发现工程内在的、隐蔽的质量缺陷。

⑥质量要受质量目标、进度和投资目标的制约。质量目标、进度和投资目标三者既对立又统一。任何一个目标的变化，都将影响到其他两个目标。因此，在工程建设过程中，必须正确处理质量、投资、进度三者之间的关系，达到质量、进度、投资整体最佳组合的目标。

3. 水利水电工程质量管理体制

水利工程质量实行项目法人（建设单位）负责、监理单位控制、施工单位保证和政府监督相结合的质量管理体制。水利水电工程质量监督机构负责监督设计，监理施工单位在其资质等级允许范围内从事水利水电工程建设的质量工作；负责检查、督促建设、监理、设计、施工单位建立健全质量体系；按照国家和水利行业有关工程建设法规、技术标准和设计文件实施工程质量监督，对施工现场影响工程质量的行为进行监督检查。项目法人（建设单位）应根据工程规模和工程特点，按照水利部有关规定，通过资质审查招标选择勘测设计、施工、监理单位并实行合同管理。监理单位应根据监理合同参与招标工作，从保证工程质量全面履行工程承建合同出发，签发施工图纸；审查施工单位的施工组织设计和技术措施；指导监督合同中有关质量标准、要求的实施；参加工程质量检查、工程质量事故调查处理和工程验收工作。施工单位要推行全面质量管理，建立健全质量保证体系，在施工过程中认真执行"三检制"，切实控制好工程质量的全过程。

（三）水利水电工程质量评定方法

1. 水利水电工程质量评定项目划分

水利水电工程的质量评定，首先应进行评定项目的划分。划分时，应按照从大到小的顺序进行，这样有利于从宏观上进行项目评定的规划，不至于在分期实施过程中，从低到高评定时出现层次、级别和归类上的混乱。质量评定时，应按照从低层到高层的顺序依次进行，这样可以从微观上按照施工工序和有关规定，在施工过程中把好施工质量关，由低层到高层逐级进行工程质量控制和质量检验评定。

（1）基本概念

水利水电工程一般可分为若干个扩大单位工程。扩大单位工程系指由几个单位工程组成，并且这几个单位工程能够联合发挥同一效益与作用或具有同一性质和用途。

单位工程系指能独立发挥作用或具有独立的施工条件的工程，通常是若干个分部工程完成后才能运行使用或发挥一种功能的工程。单位工程常常是一座独立建（构）筑物，特殊情况下也可以是独立建（构）筑物中的一部分或一个构成部分。

分部工程系指组成单位工程的各个部分。分部工程往往是建（构）筑物中的一个结构部位，或不能单独发挥一种功能的安装工程。

单元工程系指组成分部工程的、由一个或几个工种施工完成的最小综合体，是日常质量考核的基本单位。可依据设计结构、施工部署或质量考核要求把建筑物划分为层、块、区、段等来确定。

（2）单元工程与国标分项工程的区别

① 分项工程一般按主要工种工程划分，可以由大工序相同的单元工程组成。如土方工程、混凝土工程是分项工程，在国标中一般就不再向下分，而水利部颁发的标准中，考虑到水利工程的实际情况，像土坝、砌石、混凝土坝等，如作为分项工程，工程量和投资都可能很大，也可能一个单位工程仅有这一个分项工程，按国标进行质量检验评定显然不合理。为了解决这个问题，部颁标准规定，质量评定项目划分时可以继续向下分成层、块、段、区等。为便于与国标分项工程区别，我们把质量评定项目划分时的最小层、块、段、区等叫作单元工程。

② 分项工程这个名词概念，过去在水利工程验收规范、规程中也经常提到，一般是和设计规定基本一致的，而且多用于安装工程。执行单元工程质量检验评定标准以来，分项工程一般不作为水利工程日常质量考核的基本单位。在质量评定项目规划中，根据水利工程的具体情况，分项工程有时划为分部工程，有时又划为单元工程。单元工程有时由多个分项工程组成，如一个钢筋混凝土单元就包括有钢筋绑扎和焊接、混凝土拌制和浇筑等多个分项工程；有时由一个分项工程组成。即单元工程可能是一个施工工序，也可能是由若干个工序组成。

③ 国标中的分项工程完成后不一定形成工程实物量，或者仅形成未就位安装的零部件及结构件，如模板分项工程、钢筋焊接、钢筋绑扎分项工程、钢结构件焊接制作分项工程等。单元工程则是一个工种或几个工种施工完成的最小综合体，是形成工程实物量或安装就位的工程。

（3）项目划分原则

质量评定项目划分总的指导原则是：贯彻执行国家正式颁布的标准、规定，水利工程以水利行业标准为主，其他行业标准参考使用。如房屋建筑安装工程按分项工程、分部工程、单位工程划分；水工建筑安装工程按单元工程、分部工程、单位工程、扩大单位工程划分等。

① 单位工程划分原则。

a. 枢纽工程按设计结构及施工部署划分。以每座独立的建筑工程或独立发挥作用的安装工程为单位工程。

b. 渠道工程按渠道级别或工程建设期、段划分。以一条干（支）渠或同一建设期、段的渠道工程为单位工程，投资或工程量大的建筑物以每座独立的建筑物为单位工程。

c. 堤坝工程按设计结构及施工部署划分。分别以堤坝身、堤坝岸防护、交叉连接建筑物等为单位工程。

② 分部工程划分原则。

a. 枢纽工程按设计结构的主要组成部分划分。

b. 渠道工程和堤坝工程按设计及施工部署划分。

c. 同一单位工程中，同类型的各个分部工程的工程量不宜相差太大，不同类型的各个分部工程投资不宜相差太大。每个单位工程的分部工程数目不宜少于5个。

③ 单元工程划分原则。

a. 枢纽工程按设计结构、施工部署或质量考核要求划分。建筑工程以层、块、段为单元工程，安装工程以工种、工序等为单元工程。

b. 渠道工程中的明渠（暗渠）开挖、填筑按施工部署划分，衬砌防渗（冲）工程按变形缝或结构缝划分，单元工程不宜大于100m。

2. 质量检验评定分类及等级标准

（1）单元工程质量评定分类

水利工程质量等级评定前，有必要了解单元工程质量评定是如何分类的。单元工程质量评定分类有多种，这里仅介绍最常用的两种。按工程性质可分为：

① 建筑工程质量检验评定。

② 机电设备安装工程质量检验评定。

③ 金属结构制作及安装工程质量检验评定。

④ 电气通信工程质量检验评定。

⑤ 其他工程质量检验评定。

按项目划分可分为：

① 单元、分项工程质量检验评定。

② 分部工程质量检验评定。

③ 单位工程质量检验评定。

④ 扩大单位或整体工程质量检验评定。

⑤ 单位或整体工程外观质量检验评定。

（2）评定项目及内容

中小型水利工程质量等级仍按国家规定（国标）划分为"合格"和"优良"两个等级。不合格单元工程的质量不予评定等级，所在的分部工程、单位工程或扩大单位工程也不予评定等级。

单元工程一般由保证项目、基本项目和允许偏差项目三部分组成。

① 保证项目是保证水利工程安全或使用功能的重要检验项目。无论质量等级评为合格或优良，均必须全部满足规定的质量标准。规范条文中用"必须""严禁"等词表达的都列入了保证项目，另外，一些有关材料的质量、性能、使用安全的项目也列入了保证项目。对于优良单元工程，保证项目应全部符合质量标准，且应有一定数量的重要子项目达到"优良"的标准。

② 基本项目是保证水利工程安全或使用性能的基本检验项目。一般在规范条文中使用"应""宜"等词表达，其检验子项目至少应基本符合规定的质量标准。基本项目的质量情况或等级分为"合格""优良"两级，在质的定性上用"基本符合"与"符合"来区别，并以此作为单元工程质量分等定级的条件之一。在量上用单位强度的保证率或离差系数的不同要求，以及用符合质量标准点数占总测点的百分率来区别。一般来说，符合质量标准的检测点（处或件）数占总检测数 70% 及以上的，该子项目为"合格"，在 90% 及以上的，该子项目为"优良"。在各个子项目质量均达到合格等级标准的基础上，若有 50% 及其以上的主要子项目达到优良，该单元工程的基本项目评为"优良"。

③ 允许偏差项目是在单元工程施工工序过程中或工序完成后，实测检验时规定允许有一定偏差范围的项目。检验时，允许有少量抽检点的测量结果略超出允许偏差范围，并以其所占比例作为区分单元工程是"合格"还是"优良"等级的条件之一。

二、施工阶段质量控制的研究

水利水电工程质量控制的目的是确保水利水电工程项目质量目标全面实现，提高水利水电工程项目的投资效益、社会效益和环境效益。水利水电工程项目质量是按照水利水电工程建设程序，经过工程建设系统各个阶段逐步形成的。质量控制的任务：根据水利水电工程合同规定的工程建设各阶段的质量目标，对工程建设全过程的质量实施监督管理。

各阶段的质量目标不同，各阶段具有不同的质量控制对象和任务。施工阶段质量控制是水利水电工程项目全过程质量控制的关键环节。工程质量很大程度上取决于施工阶段质量控制。施工阶段的质量控制不仅是水利水电工程项目质量控制的重点，也是监理工程师质量控制的核心内容。监理工程师进行质量控制的工作主要集中在施工阶段。

(一) 质量控制的系统过程

施工阶段的质量控制是一个经由对投入的资源和条件的质量控制进而对生产过程及各环节质量进行控制，直到对所完成的工程产品的质量检验与控制为止的全过程的系统控制过程。根据施工阶段工程实体质量形成过程的时间阶段，质量控制划分为以下三个阶段。

1. 事前控制

事前质量控制是指在施工前的准备阶段进行的质量控制，即在各工程对象正式施工开始前，对各项准备工作及影响质量的各因素和有关方面进行的质量控制。

2. 事中控制

事中质量控制是指在施工过程中对所有与施工过程有关的各方面进行的质量控制，也包括对施工过程中的中间产品（工序产品，分部、分项工程，工程产品）的质量控制。

3. 事后控制

事后质量控制是指对通过施工过程所形成的产品的质量控制。

在这三个阶段，工作重点是工程质量的事前控制和事中控制。

(二) 质量控制的程序

工程质量控制与单纯的质量检验存在本质上的区别，它不仅是对最终产品的检查和验收，还是对工程施工实施全过程、全方位的监督和控制。

第二节　水电建设进度控制的合同管理

一、建设工程企业资信（资质和信誉）管理

资信管理问题是源头，这些问题的解决不仅限于某一部门，水利水电工程建设管理工作事关经济社会发展大局，国家高度重视，社会非常关注，群众也非常关心。坚持求真务实，坚持改革创新，坚持规范执法，坚持关注民生，加强调查研究，创新工作机制，解决突出问题，不断提高工程建设管理水平。

① 规范建筑市场秩序必须注重长效机制建设，要按照工程建设的规律，严格实施法定基本建设程序，抓住关键环节，强化建筑市场和施工现场的"两场"联动管理，实现属地化、流域化、动态化和全过程监管。

② 逐步形成行政决策、执行、监督相协调的机制。要对涉及建筑市场监督管理的建筑业管理、工程管理、资质和资格、招标投标、工程造价、质量和安全监督以及市场稽查等相关职能机构，进行协调，实现联动，相互配合，国家监督管理既分工管理又联动执法，既不重复执法又不留下空白，进行全过程、多环节的齐抓共管。

③ 将制度性巡查与日常程序性管理相结合，形成建筑市场监督管理的合力和建筑市场闭合管理体系，共同促进建筑市场的规范。

④ 要加快建筑市场监督管理信息系统建设，加大计算机和信息网络技术在工程招标投标、信用体系建设、施工现场监管、工程质量安全监管、施工许可、合同履约跟踪监管中的应用，并实现信息在建筑市场监管职能机构之间的互联、互通和信息共享，强化政府部门对工程项目实施和建筑市场主体行为的监管，并逐步形成全国建筑市场监督管理信息系统；要加快电子政务建设，强化公共服务职能，方便市场主体，及时全面发布政策法规、工程信息、企业资质和个人执业资格等相关信息，全面推行政务公开，不断提高行政行为的透明度和服务水平。

⑤ 流域开发的建设更要建立和完善信誉评测制度和评测办法，建立"黑名单""不良记录"。这个评测要有监督机制，建设各方均要在项目建设中阶段性地接受参建各方的评测和监督。评测的结果直接影响建设企业的资信评定。

⑥ 除了建设企业的资信评定，还要对企业的主要管理者建立资信评测制度，建立"责任人黑名单""责任人不良记录"。

所以，我们必须对进入水利水电工程建设的建筑企业和达成相关合作的、协议的企业建立资信审核、评测制度。

二、关于进度的合同条件规定

合同是指平等主体的双方或多方当事人（自然人或法人）关于建立、变更、消灭民事法律关系的协议。此类合同是产生债的一种最为普遍和重要的根据，又称债权合同。《中华人民共和国合同法》所规定的经济合同，属于债权合同的范围。合同有时也泛指发生一定权利、义务的协议，又称契约。

合同是双方的法律行为。即需要两个或两个以上的当事人互为意思表示（将能够发生民事法律效果的意思表现于外部的行为）。双方当事人意思表示须达成协议，即意思表示要一致。合同是以发生、变更、终止民事法律关系为目的。合同是当事人在符合法律规范要求条件下而达成的协议，故应为合法行为。合同一经成立即具有法律效力，在双方当事人之间就发生了权利、义务关系；或者使原有的民事法律关系发生变更或消灭。当事人一方或双方未按合同履行义务，就要依照合同或法律承担违约责任。

（一）合同进度计划

通用条款约定（专用条款：执行通用条款）：承包人应按本合同《技术条款》规定的内容和期限以及监理人指示，编制施工总进度计划报送监理人审批。监理人应在本合同《技术条款》规定的期限内批复承包人。经监理人批准的施工总进度计划（合同进度计划），作为控制本工程合同工程进度的依据，并据此编制年、季和月进度计划报送监理人审批。在施工总进度计划批准前，应按签订协议书时商定的进度计划和监理人的指示控制工程进展。

（二）修订进度计划

1.通用条款

无论何种原因发生工程的实际进度与条款所述的合同进度不符时，承包人应按监理人的指示在28天内提交一份修订进度计划报送监理人审批，监理人应在收到该计划后的28天内批复承包商。批准后的修订进度计划作为合同进度计划的补充文件。

无论何种原因造成施工进度计划拖后，承包人均应按监理人的指示，采取有效的措施赶上进度。承包人应在向监理人报送修订进度计划的同时，编制一份赶工措施报告报送监理人审批，赶工措施应以保证工程按期完工为前提调整和修改进度计划。

2.专用条款

修订后，无论何种原因发生工程的实际进度与条款所述的合同进度不符时，承包人应按监理人的指示在7天内提交一份修订进度计划报送监理人审批，监理人应在收到该计划后的7天内批复承包商。批准后的修订进度计划作为合同进度计划的补充文件。

专用条款对通用条款进行修订，主要是对承包商上报时间和监理人批复时间的修订，即28天改为1天，这种修订更加强调工期的重要性和紧迫性。

3. 工期延误

发包人工期延误（通用条款）：

在施工过程中发生下列情况之一使关键项目的施工进度计划拖后而造成工期延误时，承包人可要求发包人延长合同规定的工期。

① 增加合同中任何一项的工作内容。

② 增加合同中关键项目的工程量超过15%。

③ 增加额外的工程项目。

④ 改变合同中任何一项工作的标准或特性。

⑤ 合同中涉及的由发包人引起的工期延误。

⑥ 非承包商原因造成的任何干扰或阻碍。

三、监理人在施工合同中的条款

（一）监理人和监理工程师

工程项目建设监理是监理单位受项目法人委托，依据国家批准的工程项目建设文件、有关工程建设法律、法规和工程建设监理合同及其他工程建设合同，对工程建设实施及监督管理；总监理工程师受监理单位委托，代表监理单位对工程项目监理的实施和管理全面负责，行使合同赋予监理单位的权限，对工程项目监理的综合质量全面负责的项目负责人；并授权监理工程师负责子项目监理工作。

（二）国内工程建设项目施工合同中对监理人责任和权限的专用条款

在这些权限中我们把众多的权限名称（审核权、评审权、核查权、审查权）共同用"评审权"予以替代，共同的表述为：调查核实并评定正确与否。以便于合同各方更加完整地理解和解释监理人的权限定义。

1. 在施工合同实施中，业主赋予监理人以下权限

① 对业主选择施工单位、供货单位、项目经理、总工程师的建议权。

② 工程实施的设计文件（包括由设计单位和承包人提供的设计）的评审权，只有经过监理人加盖公章的图纸及设计文件才能成为承包商有效的施工依据。

③ 对施工分包人资质和能力的评审权。

④ 就施工中有关事宜向业主提出优化的建议权。

⑤ 对承包人递交的施工组织设计、施工措施、计划和技术方案的评审权。

⑥ 对施工承包人的现场协调权。

⑦ 按合同规定发布开工令、停工令、返工令和复工令。

⑧ 工程中使用的主要工艺、材料、设备和施工质量的检验权和确认权、质量否决权。

⑨ 对承包人安全生产与施工环境保护的检查、监督权。

⑩ 对承包人施工进度的检查、监督权。

⑪ 根据施工合同的约定，行使工程量计量和工程价款支付凭证的评审和签证权。

⑫ 根据合同约定，对承包人实际投入的施工设备有审核和监督权。

⑬ 根据施工合同约定，对承包人实际投入的各类人员（项目经理、项目总工、主要技术和管理人员、检测、监测、施工安全监督及质检人员等）的执业能力有评审权。

⑭ 危及安全的紧急处置权。

⑮ 对竣工文件、资料、图纸的评审权。

⑯ 对影响设计及工程质量、进度中的技术问题，有权向设计单位提出建议，并向业主作出书面报告。

⑰ 监理人收到业主或承包人的任何意见和要求（包括索赔），应及时核实并评价，再与双方协商。当业主和承包人发生争议时，监理人应根据自己的职能，以独立的身份判断，公正地进行调解，并在规定的期限内提出书面评审建议。当双方的争议由合同规定的调解或仲裁机关仲裁时，应当提供所需的事实材料。

2. 监理人在行使下列权利时，必须得到业主的书面批准或认可

① 未经业主同意，承包人不得将其承包的工程以任何形式分包出去。对于合同工程中专业性强的工作，承包人可以选择有相应资质的专业承包人承担。无论在投标时或在合同实施过程中，承包人确定要进行专业分包的，必须经监理人和业主同意，并应将承担分包工作分包人的资质、将完成的类似工程业绩等资料（投标时应随同资格审核资料一起）提交监理人和业主评审。经监理人和业主同意的分包，承包人应对其分包出去的工程以及分包人的任何工作和行为负全部责任。分包人应就其完成的工作成果向业主承担连带责任。承包人应向监理人和业主提交合同副本。

承担压力钢管制造的分包人应具有政府主管部门核发的大型压力钢管生产许可证。除合同另有规定外，承包人采购符合合同规定标准的材料不要求承包人征得监

理和业主同意。承包人应将所有劳务分包合同的副本提交监理人和业主备案。对于专业性很强的工作，必要时业主有权要求承包人选择专业分包人。因实施该专业分包工作引起的费用变化和风险由承包人承担。

②发生"工期延误"条款规定的情况，需要确定延长完工期限。

③发生"工程变更"条款规定的情况，需要作出工程变更决定。

④发生"备用金"条款规定的情况，需要办理备用金支付签证。

⑤作出影响工期、质量、合同价格等其他重大决定。

在现场监理过程中，如果监理人发现危及生命、工程或毗邻的财产等安全的紧急事件时，在不免除合同规定的承包人责任的情况下，监理人应立即指示承包人实施消除或减少这种危险所必须进行的工作，即使没有业主的事先批准，承包人也应立即遵照执行。实施上述工作涉及工程变更的应按合同有关"变更"的规定办理。监理人无权免除或变更合同中规定的业主或承包人的义务、责任和权利。

第三节 水利水电工程建设诚信体系管理

企业诚信建设是一项长期的、复杂的社会工程。随着我国更多的企业参与国际竞争，企业诚信建设已经成为影响我国的国际形象、影响对外开放进程的重要而紧迫的课题，需要社会各方面的共同努力来解决。当务之急，应从以下几个方面推进我国企业诚信建设，具体建议的对策如下：

一、加强社会信用体系建设，完善相关立法

社会信用体系是市场经济体制中的重要制度安排。应加快建立与我国经济社会发展水平相适应的社会信用体系基本框架和运行机制。应参照其他国家有关信用立法的经验，结合我国信用立法的现实情况，一是修改或完善现行的相关法律法规；二是尽快起草企业诚信分类管理、数据征集及处理等相关法规。

二、推动政府诚信建设，加强政府管理和引导职能

要深化经济体制和行政管理体制改革，切实转变政府职能，加强政府自身的诚信建设，使政府成为全社会诚信的表率；要建立和完善社会诚信制度，协助建立失信约束和惩罚机制并监督行业规范发展；要加强全社会的诚信教育，形成社会共识和社会内聚力，形成社会成员诚信行为的良性预期和恪守诚信的社会氛围。

三、充分发挥商会和协会的作用，构建企业诚信建设指导和服务体系

行业信用建设是社会信用体系建设的重要组成部分，应充分发挥商会、协会的作用，促进行业信用建设和行业守信自律。随着我国经济体制改革的深化和政府职能的转变，商会协会作为联系政府和企业自律性服务组织，在经济和社会生活中的作用越来越重要。与此同时，开展行业信用建设也是商会协会履行自身职责的客观要求，有利于加强行业管理，提高行业自律水平，规范行业竞争秩序，维护行业利益和促进行业发展。近年来，全国整规办、国务院国资委开展的商会、协会行业信用评价试点工作就是一项开创性的积极探索。

四、全面推进现代企业诚信管理体系建设

作为市场经济的主体，企业是诚信经营的实践者。市场经济中，保持企业的健康和谐发展，一方面，企业的经营要有法律和制度的约束；另一方面，企业要加强自律，建立诚信文化，要将诚信作为自己的价值观，指导企业的管理实践，要考虑追求利益的行为方式，取信于自己的股东和员工，取信于外部利益群体，如顾客、商业合作伙伴、相关政府部门等。

(一) 树立现代市场经济体制的诚信观

1. 从构建社会主义和谐社会的高度认识企业诚信建设

加强诚信建设是企业实践科学发展观的出发点，是企业增强自主创新能力的增长点，是企业加快建设社会信用体系的支撑点。

2. 继承和发展优秀传统诚信思想

我国传统诚信思想与商业信用之间既有相似共同的特点，又有符合现代市场规律的一面。要继承和发展优秀的传统诚信思想，服务于企业诚信建设。

3. 不断深化对诚信理念的认识

在经济全球化背景下，新经济伦理运动、企业社会责任运动对企业诚信建设产生了积极影响，企业诚信管理理念也形成了三个递进的层面，包括生产经营、生产要素、社会和环境。因此，在推动企业诚信建设过程中，应兼顾信用管理、职业道德管理和社会责任履行。

(二) 建立现代企业的诚信管理制度

紧密结合建立社会信用体系的需要，从管理入手，管理要诚信。

1. 按照现代企业制度要求，实施信用管理

积极推进各项信用管理制度建设。主要包括：建立客户资信管理制度；建立内部授信制度；建立债权保障制度；建立应收账款管理制度，实施有效商账追收；建立合约管理制度，提高合同履约率等。

2. 建设新经济伦理，推进职业道德管理

经济伦理指的是直接调节和规范人们从事经济活动的一系列伦理原则和道德规范，是和人们的经济活动紧密地结合在一起并内在于人们经济活动中的伦理道德规范。新经济伦理就是在新的全球化市场经济条件下的行为规范、伦理原则和道德规范。倡导制定职业道德行为准则；建立有效的利益冲突处理机制和道德问题解决机制；进行持久、全面的职业道德教育。明确对企业利益相关各方的责任和职责，包括：为顾客和用户提供优质的产品和服务；对员工尽到应有的责任；与股东、投资人进行客观严谨的信息沟通；对行业及业务伙伴保持平等、正当的竞争行为；不断推进企业内部反商业贿赂制度建设。

3. 适应全球企业发展趋势，履行企业社会责任

倡导企业发布社会责任报告，注重履行社会责任的内容和影响，力争达到表里如一。社会责任内容应包括改善维护职工权益、保护资源环境、促进社区发展、消除贫困以及其他公益事业等。

（三）进一步完善市场竞争机制

通过行业的市场竞争，逐渐淘汰无诚信企业。但是要形成良好的竞争氛围，就必须建立一个完善的竞争市场。国内水利水电建设在大中型项目上基本上处于垄断经营或流域垄断经营，几家大的开发公司已经把流域开发范围划定，要想在大的流域开发上再形成竞争市场已经不太可能。但小水电的开发还远远没有完成，小型水电开发的投资、设计、施工的市场前景仍然非常广阔，希望能在这一领域进一步完善投资、设计、施工的竞争机制，创造良好的竞争市场。

全面推进企业诚信建设就是要让企业做到"五信"，即想诚信、会诚信、用诚信、促诚信、不失信。围绕现代市场经济体系，结合我国诚信文化传统，汲取国际先进经验，不断推进企业诚信管理实践创新，弘扬诚实守信的良好风尚，促进我国经济和社会的和谐发展。

五、法治为基础、进一步创建诚信社会

我国将以统一完善的法规政策为基础，以体制改革和制度创新为动力，以开展工程建设领域突出问题专项治理为契机，深入贯彻《招标投标法》，努力构建统一开

放、竞争有序的招投标市场。我国招投标制度在国民经济和社会发展各个领域得到广泛应用，对发挥市场配置资源基础性作用，深化投资体制改革等方面起到了不可替代的重要作用。在招投标过程中也存在许多问题亟待解决，这些问题包括：市场主体不规范，围标串标、弄虚作假、转包和违法分包；部分招标代理机构恶性竞争，与招标人或业主串通；少数评标专家不独立、不公正履行职责；违法违纪案件时有发生。

但问题的原因是多方面的。既有体制不健全，国有投资主体缺位，利益约束机制不健全的问题，也有市场发育不够成熟，信用体系有待完善的问题，以及法制不尽完备，执法力度不够的问题。

政府是企业搞工程建设的依靠，国家和地方政府在法制和诚信建设上要下大力气，集中开展工程建设领域突出问题专项治理工作，从推进体制改革、健全法规制度、构筑公共平台、加强监督执法4个方面入手，构建统一开放、竞争有序的招投标市场。

六、稳定提升国企管理水平、严格建筑市场的民营企业管理

国有企业一直是我国国民经济发展的主体，肩负着经济快速稳定发展的重任，改革开放成果已经证明了国有企业的实力和作用。在国内，大中型水利水电工程建设的参建各方均是一级资质或特一级资质的国企，这些具有国际水准的国企技术力量雄厚、水利水电建设经验丰富、经济基础坚实、管理水平较高，是中国水利水电建设的中流砥柱。

但是，在市场竞争日益激烈的水利水电建设市场中，盈利早已成为企业生存和发展的头等大事，降低管理成本是盈利的最直接的办法，这些国企在考虑企业经济效益的基础上，大大缩减了产业工人的后续培养工作，更多的一级或特级企业需要社会资源的补充，使水利水电建设市场出现大量合作的民营企业，或工序分包、工程转包、工程分包、中介回扣等；这些民营企业鱼目混珠，管理混乱。简单地说，利益的驱动是根本原因，混乱的合作扰乱了水利水电工程建设市场，也使工程建设的进度管理和控制更加困难。所以，在水利水电工程建设的市场管理中，稳定提升国企管理水平、严格建筑市场的民营企业管理工作迫在眉睫，必须进行强有力的管理和规范。

第七章　生态环境分析与保护

第一节　环境与健康

一、人与环境

（一）人与环境的辩证关系

1. 人体和环境的物质统一性

物质的基本单元是化学元素，化学家们分析了空气、海水、河水、岩石、土壤、蔬菜、肉类和人体的血液、肌肉及各器官的化学元素含量，发现与地壳岩石中化学元素的含量具有相关性。例如，人体血液中 60 多种化学元素的平均含量与地壳岩石中化学元素的平均含量非常近似。由此得出，化学元素是把人体与环境联系起来的基础。这种人体化学元素组成与环境化学元素组成高度统一的现象充分证明了人体与环境的统一。

2. 人体与环境的动态平衡

人体通过新陈代谢作用与周围环境进行能量传递和物质交换。人体吸入氧气，呼出二氧化碳；摄入水和营养物质，如蛋白质、脂肪、糖、无机盐和维生素等，排出汗、尿和粪便，从而维持人体的生长和发育。

人类赖以生存的自然环境是经过亿万年演变而形成的，而人类是自然环境的产物。在正常情况下，人体与环境之间保持一种动态平衡的关系。一旦人体内某些微量元素含量偏高或偏低，打破了人体与自然环境的动态平衡，人体就会生病。例如，研究人员发现，脾虚患者血液中铜含量显著升高；肾虚患者血液中铁含量显著降低；氟含量过少会发生龋齿病，过多又会发生氟斑牙。所谓人体与环境之间处于一种动态平衡，主要是指这些微量元素必须排出体外和补充到体内达到一种平衡状态。一般情况下，各种食物如肉类、鱼类、蔬菜和粮食等都含有一定量的微量元素，只要不偏食，注意饮食科学化，人体内是不会缺乏微量元素的。

环境如果遭受污染，致使环境中某些化学元素或物质增多。如汞、镉等重金属或难降解的有机污染物污染了空气或水体，继而污染土壤和生物，再通过食物链或食物网侵入人体，在人体内积累达到一定量时，就会破坏体内原有的平衡状态，引起疾病，甚至贻害子孙后代。为此，保护环境，防止有害、有毒的化学元素进入人体，是预防疾病、保障人体健康的关键。

通过对人体与环境在组成上的相关性，以及人体与环境相互依存关系的分析说明，人体与环境是不可分割的辩证统一体，在地球历史发展进程中，形成了一种相互制约、相互作用的统一关系。

（二）环境致病因素

1. 环境因素

人类生存环境的任何异常变化，都会在不同程度上影响人体的正常生理功能。但是，人类又具有调节自己的生理功能来适应环境变化的能力，这种适应能力是生物在进化过程中逐步获得的，医学上称为"免疫反应"。而人体的适应能力是有一定限度的，如果环境的异常变化不超过这个限度，人体是可以适应的。例如，人体通过体温调节来适应环境中气象条件的变化，天气很热时人体会出汗。但是，如果环境的异常变化超出人体正常生理调节的限度，则可能引起人体某些功能和结构发生异常，甚至造成病理性的变化，这种能使人体发生病理变化的环境因素称环境致病因素。人类生存环境中很多化学、物理和生物因素常常会影响机体的正常调节功能，使人体发生病理变化。因此，各种环境污染物，只要当它的量达到一定的程度，都可以成为致病因素。

2. 环境致病因素对人体的主要作用及特征

（1）主要作用

急性作用：污染物一次大量或24h内多次接触机体后，在短时间内使机体发生急剧的毒性损害。

慢性作用：污染物浓度较低，长期反复对机体作用时所产生的危害

致突变作用：突变指机体的遗传物质在一定条件下发生突然的变异。突变类型包括基因突变——DNA分子上一个或几个碱基对发生变异；染色体畸变——染色体数目、结构异常；染色体分离异常。其中生殖细胞突变会导致不孕、早产、死胎、畸形；体细胞突变则可能致癌；胚胎体细胞突变可能导致畸胎。

致畸作用：很多环境因素都具有致畸作用，如X射线、γ射线、高频电磁辐射、超声波；抗生素类、抗凝药物、激素类药物、反应停等药物；甲基汞等重金属化合物。此外，部分病毒也具有致畸作用，如风疹病毒可导致胎儿"兔唇"。

（2）疾病的发生发展过程

疾病是机体在致病因素作用下，功能、代谢及形态上发生病理变化的一个过程。

这些变化达到一定程度会表现出疾病的特殊临床症状和体征。人体对致病因素引起的功能损害有一定的代偿能力。在疾病发展过程中，有些变化是属于代偿性的，有些变化则属于损伤性，两者同时存在。当代偿过程相对较强时，机体还可以保持相对的稳定，暂不出现疾病的临床症状，这时如果致病因素停止作用，机体便向恢复健康的方向发展。由于代偿能力是有限度的，如果致病因素继续作用，代偿功能逐渐发生障碍，机体就会以病理变化的形式表现出各种疾病特有的临床症状和体征。

医学上对"健康"的人有特定的看法。疾病的发生发展一般可分为潜伏期（无临床表现）、有轻微的不适、临床症状明显期（出现疾病的典型症状）、转归期（恢复健康或恶化死亡）。在急性中毒的情况下，前两期可以很短，很快会出现明显的临床症状和体征。在致病因素（如某些化学物质）的微最长期作用下，疾病的前两期可以相当长，病人没有明显的症状和体征，看上去是健康的，但是，在致病因素继续作用下终将出现明显的临床症状和体征，而且这时候病人对其他致病因素（如细菌、病毒）的抵抗能力也有所减弱。对处于潜伏期或处于代偿状态的人来说，即使暂时未出现临床症状，也应被认为是受到某种程度损伤的"病人"，而不能认为是"健康"的人。医学上认为，这应属于疾病的早期，即临床前期或亚临床状态。因此，从预防医学的观点来看，不能以人体是否出现疾病的临床症状和体征来评价有无环境污染及其污染程度，而应当观察多种环境因子对人体正常生理及生化功能的作用，及早发现临床前期的变化。尤其需要通过定期体检，及早发现潜伏期、前驱期的"病人"，以便及时治疗。

（3）环境致病作用的特征

影响范围广，环境污染涉及的地区广、人口多。接触污染的对象，除从事工矿企业的青壮年外，也包括老、弱、病、幼，甚至胎儿。作用时间长，接触者长时间不断地暴露在被污染的环境中，每天可达 24 h。污染物浓度变化大，作用复杂，往往是多种毒物同时存在，联合作用于人体，污染物进入环境后，受到大气、水体等的稀释，一般浓度很低。虽然污染物浓度低，但由于环境中存在的污染物种类繁多，它们不仅通过生物或理化作用发生转化、代谢、降解和富集，改变其原有的性状和浓度，产生不同的危害作用，而且多种污染物可同时作用于人体，产生复杂的联合作用。有的是相加作用，即两种污染物的毒性作用近似，作用于同一受体，而且其中一种污染物可按一定比例为另一种污染物质所代替；有的是独立作用，即混合污染物中每一污染物对机体作用的途径、方式和部位均有不同，各自产生的生物学效应也互不相关，混合污染物的总效应不是各污染物的毒性相加，而仅是各污染物单独效应的累积；也有的是拮抗作用或协同作用，即两种污染物联合作用时，一种污染物能减弱或加强另一种污染物的毒性。

此外，污染因素的作用受到很多因素的影响，尤其是机体状况，如个体的饮食营养状况、年龄、性别等。蛋白质营养较差时，对于经生物转化可达到解毒或降低毒性作用的大多数外源化学物质转化速度减慢，对机体的毒性增强；膳食中多不饱和脂肪酸不足或过多，均可引起肝细胞色素 P450 单加氧酶活力下降；维生素缺乏一般会使生物转化速度减慢，但具体情况有所不同；无机盐营养成分（如钙、镁、铜、铁、锌等）的缺乏均可影响到细胞色素 P450 单加氧酶的活力。随着年龄的增加，人体某些代谢酶的活力会发生变化。雌雄生物在生物转化上的差异主要是由雌、雄激素决定的。大多数情况下，雄性动物在代谢转化能力和代谢酶活力上均高于雌性，故一般外源化学物质对雄性毒性作用较低。

二、生活与健康

（一）食品污染

1. 生物性食品污染

生物性食品污染包括：微生物污染——主要指细菌及其毒素、真菌及其毒素等，细菌包括致病菌与只能引起食品腐败变质的非致病菌；寄生虫和虫卵的污染——通过肉类、水产食品和蔬菜传播寄生虫及虫卵造成；昆虫污染——主要为粮仓害虫，会造成疾病的传播，并能降低食品的营养价值。

黄曲霉毒素是典型的微生物毒素污染之一。黄曲霉毒素是由黄曲霉和寄生曲霉产生的一类代谢产物，具有极强的毒性和致癌性，主要污染粮油及其制品。黄曲霉毒素对健康的损害中暴发性黄曲霉毒素中毒性肝炎最为严重，症状是发烧、呕吐、厌食、黄疸，之后出现腹水、下肢浮肿，甚至死亡；慢性毒性主要表现为生长障碍，肝脏出现亚急性或慢性损伤。黄曲霉毒素与人类肝癌发生有密切联系。

防霉去毒措施：防霉，霉菌的生长繁殖需要一定的气温、粮食、含水量及氧气，如能有效地控制其中之一，即可达到防霉目的。去毒，挑除霉粒，碾轧加工、加碱去毒及加水搓洗；破坏食品中的黄曲霉毒素需加热至280℃；加强食品卫生监测，限制各种食品中黄曲霉毒素的含量。

2. 化学性污染

① 生产、生活和环境中的污染物及其残留。如农药、有害金属及非金属、多环芳烃和亚硝基化合物。氨基甲酸酯类农药可形成亚硝基化合物而呈现诱变性和致癌性，长期摄入有机磷农药可致慢性磷中毒。用作除草剂及植物生长剂刺激剂的苯氧羧酸类农药有明显的致畸和致突变作用，并引起人类的流产和死胎。食品中的亚硝基化合物可诱发多种动物的不同组织器官发生肿瘤，以肝癌、食道癌、胃癌、肠癌

较多见。铅是脑细胞的一大"杀手"。当血铅浓度达到 $5 \sim 15 \mu g/100 \ mL$ 时就会引起儿童发育迟缓和智力减退，年龄越小，神经系统受损程度越大。因此，应注意减少含铅食品的摄入，含铅高的食品有爆米花、皮蛋、罐装食品、软饮料等。铝对脑细胞有很强的破坏力，食入过多含铝食品会造成智力减低。油条、粉丝、凉粉等都会增加铝的摄入。多环芳烃（PAHs）具有遗传毒性及致癌性，食源性污染主要的暴露途径是消费受多环芳烃污染的食物、工业性加工食品及某些家庭烹饪食物（如烧烤）。

②食品盛器如含铅、含铝餐具、器皿的使用会导致铅、铝的摄入，塑料器皿不合理使用导致内分泌干扰物以及其他有机有害物的摄入等。

③食品添加剂。食品添加剂的问题，是出在"人工合成的化学品"上，如着色剂、防腐剂等。正是由于人工化学合成食品添加剂在食品中的大量应用，甚至是滥用，人们发现不少食品添加剂对人体有害，还发现有的甚至可以使动物致畸、致癌。

（二）生活用品的污染

1. 化妆品

化妆品是由遮盖、吸收、黏附、怡爽、抑汗和散香等各种不同作用的原料，经过配方加工复制而成的。国内广泛使用的粉类、霜类、膏类和染发剂等化妆品中，所用的色素、防腐剂、增白剂、染料和香料等都不同程度地含有各种有害物质。

2. 铝和铝制品

早期人们认为铝不被人体吸收，没有毒性，被列为无害微量元素，后来随着铝制品的广泛使用，人体摄入过多的铝，特别是有机铝的吸收率比无机铝高数十倍。人体摄入的铝来自食品、饮水和饮料，例如，铝制食品罐头、铝箔包装的食品、铝制炊具和食品添加剂等。铝对人体组织中三磷酸腺苷活性有抑制作用，对胆碱转移的蛋白酶类，特别是乙酰胆碱酶抑制作用明显。长期过量摄入铝，可抑制胃液和胃酸分泌，使蛋白酶活性明显下降，还可导致继发性甲状旁腺机能亢进、干扰钙磷代谢等。在帕金森病患者、老年性痴呆症患者的神经元中，铝的含量比健康人多 $2 \sim 3$ 倍。铝在体内积蓄量超过正常值 5 倍以上时，胃蛋白酶活性受破坏，从而引起人体消化功能紊乱，因此，认为铝对人体是有害的，是人体非必需元素。

3. 其他日用品

家庭常用的生活用品，如洗衣粉、洗发剂和餐具洗涤剂等，主要是各类表面活性剂的污染。表面活性剂有较强的去污能力，如果漂洗不干净，进入人体会抑制人体内的多种酶，降低对疾病的抵抗能力，残留在衣服上可引起皮肤过敏；不小心进入眼睛会造成不同程度的损害。

化纤织物中残留的增塑剂、树脂整理剂等，在高温高湿条件下会释放出游离的甲醛，商店里针织品柜台的甲醛含量也比较高。人们常用的漆筷、塑料筷在使用过程中也可能造成污染，漆筷上的漆容易剥落误吞入肚里。有的塑料筷以酚醛树脂为原料制作，往往释放出甲醛，对使用者造成危害。此外，各种塑料制品、涂料和杀虫剂等均可能对人体造成不同程度的危害。

第二节 生态环境分析

一、生态环境的概念和含义

生态学中的生态这个词的含义是指生物与其生存环境的关系及二者共同组成的有机整体。但在环境保护的实际工作中，又常常应用生态环境这个词。环境区分为生活环境与生态环境两部分。在环境保护的实际工作的其他方面，也常常应用生态环境这个词。

生态环境是指除环境污染之外的人类生存的环境。生态环境主要包括自然生态环境、农业环境、城市生态环境三部分。其中自然生态环境是基础，是主要部分；农业环境是半人工生态环境，是在自然环境的基础上经人类改造发展起来的；城市生态环境则主要是人类建设的产物。

生态保护工作的关键是保护自然生态环境，其次是农业环境的保护，城市的生态环境的保护也应包括在内。

二、自然生态环境的组成和结构

(一) 组成

1. 物质与能量组成

自然生态环境是地球长期演化形成的，包括非生物因子和生物因子两类组成部分。非生物因子包括阳光、空气、岩石、矿物、土壤、河流、湖泊、湿地、地下水、海洋等；生物因子包括植物、动物和微生物。非生物因子组成岩石圈、大气圈和水圈，而生物因子组成生物圈。

2. 化学组成

地球表层生态环境的化学组成中，氧、硅、铝、铁、钙、钠、钾、镁、氢、钛十种元素占99%以上，其余80余种元素总计只占不到1%，而且这种比例与人体的化学元素组成比例有明显的相关性。

（二）结构

1. 岩石圈

岩石圈是指地壳及上地幔部分。地壳的平均厚度为 17 km，其中又可分为花岗岩层、玄武岩层、橄榄岩层。岩石圈由各种岩石组成，其中包括岩浆岩、沉积岩和变质岩。岩石圈表面岩石经日晒、风吹、雨淋、水冲、冰冻等物理和化学作用风化破碎分解，再经生物作用形成土壤覆盖层。

2. 大气圈

大气圈是包围地球表面的气体圈层，其厚度达数千公里。大气圈分为对流层、平流层、中间层和逸散层。平流层下部还存在薄薄的一层臭氧层。臭氧层的存在对地球上的生物免遭太阳光中的紫外线的照射及破坏起到了保护作用，被称为"生命之伞"。大气圈主要由氮气和氧气组成，还含有少量的二氧化碳和不同含量的水蒸气。大气圈中的二氧化碳含量虽小，但作用很大，它可以阻止地球表面长波辐射的散失，对地球表层有增温作用。大气圈中的水蒸气含量不定，但却可形成雾、云、降水，对地球表层环境的水的循环和能量的交换起到了重要的作用。大气圈的形成和演化经历了漫长而复杂的过程，受到岩石圈、水圈、生物圈的深刻影响，又给岩石圈、水圈、生物圈带来巨大的作用。

3. 水圈

将地球表层各种形态的水的总和称为水圈。水圈总量达 14 亿 km³，覆盖地球表面 72% 的面积，仅海洋就占地球表面 71% 的面积。水圈中海洋占 97% 的质量，陆地水仅占 3% 的质量，其绝大部分是两极的冰盖。水圈的存在对自然生态环境影响巨大，特别是水在自然生态环境中的运动与循环，对自然生态环境中的物质与能量的运动与交换，对塑造地球表层的自然生态环境起到了重要作用，对生物形成与发展也起到了至关重要的作用。

4. 生物圈

生物圈是地球表层全部有机体和与之相互作用的生存环境的整体。生物圈是岩石圈、大气圈、水圈长期演化并相互作用的产物，同时生物圈中的植物、动物、微生物给岩石圈（主要是土壤），以及大气圈、水圈的组成和演化带来广泛而深刻的影响与作用。生物圈是整个地球表层生态环境中最活跃、最敏感、最脆弱的部分。生态环境的破坏通常最先表现在生物圈，而生物圈的破坏又往往带来整个生态环境的破坏。可以说生物圈是生态环境的"晴雨表"。

三、自然生态环境的特点

(一) 整体性

自然生态环境的组成是复杂多样的，但其所有组成部分又形成一个统一的有机整体，既互为依存，又互为制约，往往是牵一发而动全身。

从自然生态环境演化过程来看，某些组成部分孕育了其他组成部分，如岩石圈的形成和演化产生了地球原始的大气圈；岩石圈和原始大气圈的相互作用产生了最早的水圈；岩石圈、大气圈、水圈的长期相互作用产生了生物圈。

自然生态环境组成部分之间互相影响和作用，如生物圈的形成和演化极大地改变了大气圈、水圈的面貌；水圈又对大气圈、岩石圈产生了深刻的影响；至于大气圈对岩石圈的影响和作用也是显而易见的。

自然生态环境各组成部分之间有物质流能量流相沟通、相联系，彼此渗透，彼此融合。岩石圈中有空气、水、生物；大气圈中有矿物质、水汽、生物；水圈中含矿物质、空气、生物；生物圈更离不开岩石圈、大气圈和水圈；土壤则是岩石圈、大气圈、水圈、生物圈长期相互作用、渗透、融合的产物。

(二) 区域性

因为地球是围绕太阳旋转的球体，因此地球表层的自然生态环境由于所处纬度位置、海陆位置、地形地貌和地质条件各不相同，带来生态条件各不相同，进而产生了生态环境区域分异。这就是自然生态环境的区域性。

由于纬度位置不同主要产生光热的差异，形成了热带、亚热带、暖温带、温带、寒带的区域分异。

由于大气环流和海陆位置的不同产生的是水分的分异，带来了不同降水量和蒸发量，形成了湿润区、半湿润区、半干旱区、干旱区的区域分异。

由于地形地貌的不同，光热水分都有分异，产生了山地垂直地带性区域分异、山地阳坡与阴坡、迎风坡与背风坡等区域分异。

由于地质条件不同，造成了某些区域分异，如由于岩石性质不同，形成了不同的地貌景观和土壤，带来了不同旅游风光和不同植被作物；由于地质构造的原因，也会形成某些区域分异，如火山、温泉、地下热水。

(三) 开放性

地球表层的自然生态环境是开放系统。它与宇宙空间和地球内部都有物质和能量的流动与交换。宇宙空间有大量的太阳光能和宇宙射线进入地球表层自然生态环境。陨石由宇宙空间不断地进入地球大气圈，少量直接到达地球表面。地球内部通过地震等形式向地球表面释放大量能量，还通过火山喷发向地球表面喷出大量火山物质，包括火山气体、火山灰、火山熔岩等。

非常难得的是，地球自然生态环境的开放性带有宝贵的自我调节、自我保护功能。厚厚的大气层将绝大部分陨石燃烧掉，使地表免遭陨石过多的破坏。大气圈中的臭氧层又将太阳光中对生物细胞有杀伤破坏作用的紫外线大部分过滤掉，只有少量对生物有益无害的紫外线到达地球表面。地球表面又有一层又薄又硬又凉的地壳，将地幔火热的岩浆与地表自然生态环境隔开，保护了整个自然生态环境和生物界。

四、自然生态环境的演化

地球表层的自然生态环境是在不断演化的，由简单到复杂、由低级向高级发展；自然生态环境的演化，在地球产生的初期，以地球内能为主，但后来逐步演化到外能，即以太阳能为主。由于太阳能在地球表面有地带性和周期性，因此自然生态环境的演化也具有地带性和周期性。目前地球的内能对自然生态环境也有一定的影响，它的活动也有一定的规律性。总之，自然生态环境不断地发展变化，既生机勃勃，又有一定的规律性。

（一）自然生态环境的演化过程

地球表层的自然生态环境经历了十分漫长而又复杂的演化过程。地球大约产生于距今47亿年前，由于地球产生初期的历史因无岩石可供研究，情况不清。而大约距今38亿年前形成的岩石可供人类研究，因此地球表层的自然生态环境的历史从距今38亿年开始。

（二）自然生态环境演化的原因

自然生态环境的演化有自然原因和人为原因两种。在地球演化历史的绝大部分时期，自然生态环境的演化是自然原因造成的。只是在人类产生以后，自然生态环境演化的原因中人为因素才逐步加大。

1. 自然原因

（1）地质构造运动的影响

地球表层的地壳由板块组成。板块中最大的分为六块，即欧亚板块、太平洋板块、美洲板块、非洲板块、印度洋板块、南极洲板块。在这六大板块中，又划分出不同级别的若干小板块。这些板块相互运动和影响，对地球表层的自然生态环境产生了巨大的影响。例如，大约6000万年前，印度洋板块向北运动，与亚欧板块相撞，地壳隆起，形成喜马拉雅等山脉和青藏高原，对整个地球的自然生态环境产生了复杂而深刻的影响。

火山喷发的影响和作用，也不可低估。在地球发展史上，曾有过几次火山活跃及喷发期。火山大规模的喷发，不仅形成了一些岩石和矿物，还形成了肥沃的火山土壤，更重要的是向大气圈喷发了大量的火山灰和火山气体，改变了大气圈的组成和性能，减少太阳辐射，改变了地球的气候，进而影响水圈和生物圈。有一些科学家认为，地球史上的几次生物大灭绝都与火山大规模喷发改变地球气候直接有关。

（2）天文因素的影响

有些科学家认为，地球与太阳系的运动有一定的周期性。太阳黑子活动就有11年半和60年的周期，而太阳系围绕银河的运动也改变太阳辐射，因而对地球表层的自然生态环境产生影响。

还有一些科学家认为，星际物质与地球相撞，会显著地改变地球表层的自然生态环境。一些科学家近年来主张6500万年前有一颗小行星与地球相撞，造成火山喷发，太阳辐射明显减弱，绿色植物光合作用停止，森林大面积死亡，导致恐龙在全球几乎同时灭绝。

2. 人为原因

人类产生之后，通过捕猎等活动影响了生物界；通过农耕放牧活动影响了土地、森林、草原；通过工业活动影响了大气和水。这些活动的积累和叠加，产生了全球环境问题，影响了整个地球表层的自然生态环境，例如全球气候变暖、臭氧层破坏、酸雨等。当然人类对自然生态环境也有改善作用，不过目前这种作用还仅仅局限于部分地区。

五、生态系统服务与生态力

（一）生态系统服务与全球生态系统服务价值

生态系统服务的分类与传统经济学意义上的服务不同，生态系统服务只有一小部分能够进入市场进行买卖，大多数无法进入市场甚至在市场交易中很难发现对应的补偿措施。按照进入市场或采取补偿措施的难易程度，生态系统服务可以划分为生态系统产品和生态支持系统两部分。

1. 生态系统产品

生态系统产品是指自然生态系统所生产的，能为人类带来直接利益的因子，包括食品、医用药品、加工原料、动力工具、自然景观、娱乐材料等，它们有的本来就是现实市场交易的对象，其他的则比较容易通过市场手段来获得对应地补偿。

2. 生态支持系统

生态支持系统功能主要包括固定二氧化碳、稳定大气、调节气候、对干扰的缓冲、水文调节、水资源供应、水土保持、土壤熟化、营养元素循环、废弃物处理、传授花粉、生物控制、提供生境、新食物来源、新原材料供应、遗传资源库、休闲娱乐场所、科研、教育、美学、艺术等。

生态支持系统功能有以下4个特点：外部经济效益；属于公共商品；不属于市场行为；属于社会资本。

(二) 生态力概念

生态力是指生态系统服务的能力，即生态系统为人类提供服务的能力。

1. 生态力评价及其意义

应用生态经济学的理论和方法对自然环境的生态力进行定量定性的评价叫生态力评价。

生态力评价的意义：有助于增强生态意识；促使商品观念的转变；有利于制定合理的生态资源价格；推动将生态环境纳入国民经济核算体系的进程；促进环保措施的生态评价；为生态环境功能区划和生态建设规划奠定基础；促进区域国家及全球可持续发展。

2. 生态力的定量评价方法

生态力的定量评价方法主要有三类：能值分析法、物质量评价法和价值量评价法。能值分析法是指用太阳能值计量生态系统为人类提供的服务或产品，也就是用生态系统的产品或服务在形成过程中直接或间接消耗的太阳能总量表示；物质量评价法是指从物质量的角度对生态系统提供的各项服务进行定量评价；价值量评价法是指从货币价值量的角度对生态系统提供的服务进行定量评价。其中，价值量评价方法包括市场价值法、机会成本法、影子价格法、影子工程法、费用分析法、人力资费法、资产价值法、旅行费用法和条件价值法。

(三) 生态力与可持续发展综合国力

1. 综合国力

综合国力是指一个主权国家赖以生存与发展的全部实力与国际影响力的合力，其内涵非常丰富，是一个国家政治、经济、科技、教育、文化、国防、外交、资源、民族意志、国家凝聚力等要素有机关联和相互作用的综合性整体。

2. 可持续发展综合国力及其意义

可持续发展综合国力是指一个国家在可持续发展理论下具有可持续性的综合国力。可持续发展综合国力是一个国家的经济能力、科技创新能力、社会发展能力、政府调控能力、生态系统服务能力等各方面的综合体现；从可持续发展意义上考察一个国家的综合国力，不仅需要分析当前该国所拥有的政治、经济、社会方面的能力，而且需要研究支撑该国经济社会发展的生态系统服务能力的变化趋势。

关于可持续发展综合国力的研究，是以可持续发展战略理念、条件、机制和准则为据，全方位考察和分析可持续发展综合国力各构成要素在国家间的对比关系及其各要素对综合国力的影响，系统分析和评价综合国力及各分力水平；对比分析并找出不足，同时提出相应对策和实施方案，以期不断提升综合国力，达到国家可持续发展的总体战略目标。

站在可持续发展的高度，用可持续发展的理论去衡量综合国力，使综合国力竞争统一于可持续发展的宏观框架内，从而适应社会、经济、自然协同发展的需要，就必须从观念、作用、评价标准等方面对综合国力进行全面的再认识。可持续发展综合国力的价值准则是国家在保持其生态系统可持续性的基础上，推动包括社会效益和生态效益的不断增长，实现国家可持续发展的过程。显然，可持续发展综合国力的内涵决定了在提升可持续发展综合国力的过程中，科技创新是关键手段，生态系统的可持续性是基础，经济系统的健康发展是条件，社会系统的持续进步是保障。

当代生态环境问题日益突出，向人类提出了严峻的挑战。这些问题既对科技、经济、社会发展提出了更高目标，也使日益受到人们重视的综合国力研究达到前所未有的难度。在目前情况下，任何一个国家要增强本国的综合国力，都无法回避科技、经济、资源、生态环境同社会的协调与整合。因而详细考察这些要素在综合国力系统中的功能行为及相互适应机制，进而为国家制定和实施可持续发展战略决策提供理论支撑，就显得尤为迫切和重要。

随着社会知识化、科技信息化和经济全球化的不断推进，人类世界将进入可持续发展综合国力激烈竞争的时代。谁在可持续发展综合国力上占据优势，谁便能为自身的生存与发展奠定更为牢靠的基础与保障，创造更大的时空与机遇。可持续发展综合国力将成为争取未来国际地位的重要基础和为人类发展做出重要贡献的主要标志之一。在这样重要的历史时刻，我们需要把握决定可持续发展综合国力竞争的关键，需要清楚自身的地位和处境、优势和不足，需要制定新的竞争和发展战略，以实现可持续发展综合国力迅速提升的总体战略目标。

3. 可持续发展综合国力的组成

可持续发展综合国力由经济力、科技力、军事力、社会发展程度、生态力、政府调控力、外交力共 7 个领域的能力组成。

4. 生态力在可持续发展综合国力中的地位和作用

生态力在可持续发展综合国力中占有重要地位，有十分重要的作用，而且其地位和作用是不可替代的。

第三节　生态破坏与生态保护

一、生态承载力与生态占用

(一) 生态承载力

生态承载力也叫环境承载力，是指在特定的时间与条件下，区域环境所能承受人类活动的阈值。人类活动的方向、规模、强度都会对环境产生影响。这种影响既有对环境不利的类型，也有对环境有利的类型，但目前从整体上分析，人类活动对环境的影响还是副作用更大一些。如果人类活动产生的影响超过了环境承载力，就会产生环境问题。例如，环境污染与生态破坏。

(二) 生态占用

1. 概念

生态占用就是能够持续地提供资源或消纳废物的、具有生物生产力的地域空间。针对不同的研究层次，生态占用可以是个人的、区域的、国家的甚至全球的，其含义就是要维持一个人、地区、国家或者全球的生态所需要的，或者能够吸纳人类所排放的废物的、具有生物生产力的地域面积。

生态占用将每个人消耗的资源折合成为全球统一的、具有生态生产力的地域面积，这种面积是有区域特性的，可以很容易地进行比较。如果区域的实际生态占用超过了区域所能提供的生态占用，就表现为生态赤字；如果小于区域所能提供的生态占用，则表现为生态盈余。区域生态占用总供给与总需求之间的差值——生态赤字或生态盈余，准确地反映了不同区域对于全球生态环境现状的贡献。

2. 基本理论与方法

生态占用分析基于两个基本的事实，能够追踪我们所消耗的资源和所排放的废物，找到其生产区和消纳区。由于全球化和贸易的发展，追踪其具体的区位还需要大量的科学研究。大多数资源流量和废物流量能够被转化为提供或消纳这些流量的、具有生物生产力的陆地或水域面积。

（1）追踪资源消耗和废物消纳

追踪资源消耗和废物消纳是指将消费分门别类地折算成资源消耗量；将资源消耗量和人类活动所排放的废物按照区域的生态生产能力和废物消纳能力分别折算成具有生态生产力的耕地、草地、化石能源用地、森林、建筑用地和海洋等六类主要的陆地和水域生态系统的面积。

（2）产量调整因子

不同的国家或者地区，有不同的资源禀赋，或者不同的生态生产力。因此，要进行区域之间的比较，就需要进行适当的调整，方法是将其生物生产力乘以产量调整因子。产量调整因子是所核算区域单位面积生物生产力与全球平均生物生产力相比较而得到的。

（3）等量化处理

生态系统的生产力是不同的，为了将不同生态系统类型的空间汇总为区域的生物生产力和生态占用，各种类型的生态系统面积需要乘以一个等量化因子，这个等量化因子是在比较不同类型生态系统的生物生产量的基础上得到的。也就是说，这些等量化因子将每一个类型的主要生物资源的生产潜力进行了等量化处理，每一种生态系统类型的等量化因子依据其单位空间面积的相对生物量产量而定。

二、生态安全与生态保护

（一）生态安全的概念与内涵

生态安全的概念分为狭义和广义两大类。狭义理解认为，生态安全指自然和半自然生态系统自身的安全，反映的是生态系统的完整程度和健康水平；广义理解认为，生态安全指人类的生活、健康、安乐、基本权利、生活保障来源、必要资源、社会秩序以及环境变化适应能力等方面不受威胁的状态，包括自然生态安全、经济生态安全和社会生态安全三个方面。

可以看出，狭义概念是基于生态系统自身特性提出的；广义概念则是从人类生存与发展的角度出发提出的，将生态安全看作社会、经济和环境三者耦合的结果。在生态环境规划管理中，需要实现社会发展与环境保护的统筹兼顾，因此学术界对广义概念的接受程度更高。生态安全涉及多个因素的交互作用，具有以下内涵：

1. 综合性

生态安全是一个高度综合的概念，涵盖社会、经济、生态等多个方面，单就生态方面而言又包含山水林田湖草等多个要素。维护生态安全需要统筹陆域和海域、开发与保护、政策制定者与利益相关方等复杂的关系。

2. 以人为本

生态安全是基于人类视角所提出的概念。保障生态安全并不是以社会经济发展的停滞为代价，而是以生态系统满足人类生存发展的基本资源需求为前提。

（二）生态保护及其与环境保护的关系

1. 生态保护

生态保护是指人类对生态环境所进行的有意识的保护。生态保护是以生态科学为指导，遵循生态规律对生态环境保护的对策及措施。生态保护的关键在于应用生态学的理论和方法，研究并解决人与生态环境相互影响的问题，协调人类与生物圈之间的相互关系。

生态保护工作的对象包括：生物多样性的保护、自然生态系统的保护、自然资源的保护、自然保护区的建设与管理、农村生态保护、生态环境管理等。总之，生态保护的对象非常广泛，几乎可以涵盖整个自然界；还包括了人类在自然生态环境基础上发展起来的农村生态环境；甚至还包括城市生态保护的部分内容。生态保护工作包括应用法律、经济、科学技术、工程、行政管理和宣传教育等许多手段；生态保护既包括保护具体的对象，也包括保护整个地球表层的生态环境，保护整个生物圈及其组成部分。

2. 生态保护与污染防治的关系

生态保护与污染防治既有明显的区别，又有密切的联系。污染防治解决环境污染问题。环境污染是人类活动排入环境中的物质或能量给环境带来的不良影响和作用。人类活动向周围环境排入物质，给周围环境带来不良影响，可造成大气污染、水污染等，还可带来噪声、热干扰、电磁波干扰等。

生态保护解决生态破坏问题。生态破坏是人类活动直接给生态环境带来不良影响，例如森林破坏、开垦草原、过度捕捞、水土流失、地下水枯竭、生物灭绝等。

综上所述，生态保护与污染防治的区别是明显的，但它们之间的联系也是比较密切的。生态破坏不利于污染防治。生态保护可以提高生态环境的自净能力，可以减少环境污染的危害。环境污染有时也直接或间接地破坏生态环境，因此污染防治也可以减少生态破坏，减轻环境污染给生态环境带来的危害和损失。正因如此，我国一直坚持城市和区域的环境保护要综合整治，即污染防治与生态保护相结合。

3. 生态保护在环境保护中的地位

生态保护与污染防治是环境保护工作的两个主要领域，这两个主要领域，可以说是左膀右臂。其原因主要有以下三点：污染防治主要是解决城市和工矿业的环境问题，而生态保护主要是解决自然界和农村的环境问题，环境保护既要保护城市市民，也要保护农村的村民；我国环境保护必须与世界接轨，世界各国及联合国的环境保护工作，都是既包括污染防治，又包括生态保护；污染防治主要保护了生产力三要素中的劳动者，而生态保护主要保护生产力三要素中的劳动对象即自然资源，二者都很重要，都保护了生产力。

4. 生态保护的意义和作用

（1）生态保护了生产力，是物质文明建设的重要基础

生态保护是环境保护的主要组成部分，因此也可以说"生态保护的实质就是保护生产力"。首先，生态保护工作的重点是保护自然资源，也就是保护生产力的第三个要素，即劳动对象；其次，保护好生态环境也有利于保护生产力的第一要素，即劳动者；另外，保护好生态环境也有利于保护生产力的第二要素，即生产工具、设备、设施等。总之，生态保护从生产力的三个要素全面地保护了生产力，也就是保护了物质文明建设的基础。

（2）生态保护是精神文明建设的重要组成部分

生态保护既保护了宝贵的自然资源，也保护了祖国优越的生态环境和壮丽的河山。应当说生态保护是进行爱国主义教育的重要途径。爱国主义教育不是空洞的说教，它具有非常丰富的实际内容，其中包括热爱、保护、建设祖国生态环境和壮丽河山的活动。

（3）生态保护是可持续发展的前提

可持续发展战略要求人类的发展必须与生态环境相协调。只有保护好生态环境和自然资源，可持续发展才有可能。可持续发展战略的目标就是实现经济发展与生态环境都走上良性循环的轨道。可持续发展战略的指标体系中，既有经济、技术、社会发展的指标，也有人口、资源、生态方面的指标。联合国已经修改了衡量各个国家发展水平和富裕程度的办法，其中主要是增加了自然资源与生态环境的内容，自然资源与生态环境也被计算到一个国家的财富总和之中。这种计算方法，有助于实现可持续发展的战略目标，目前许多国家已认识到生态保护是实现可持续发展的关键要素之一，并采取各种对策措施加强生态保护工作。

（4）生态保护有利于开展国际合作与交流

人类热爱自然生态环境是有共同性的，许多自然资源，特别是生物资源是全人类的共同财富。联合国和其他一些国际组织在生态保护方面开展许多工作，我国积极参与国际社会保护生态的行动，签署了有关生态保护的国际公约和协定。我国还参加了联合国人与生物圈自然保护区系统，目前我国已有十几个自然保护区参加了这一系统。我国还与一些有关国家签署了大熊猫的科学研究协议。

三、水生态修复施工关键技术

（一）水源涵养

国内外研究普遍认同的水源涵养功能主要表现在以下几个方面：

1. 滞洪和储洪功能

在降雨时，森林植被的林冠、枯枝落叶层、土壤均能截留缓冲一部分雨水洪水，把多余的水资源暂时储存下来。目前，学者在森林植被拦蓄洪水的定型研究上有统一的结果，但是在森林植被滞洪蓄洪的定量分析上仍存在争议，普遍认为蓄水量受植被类型、土壤质地、地质地貌类型等方面的影响，不能一概而论。

2. 枯水期的水源补偿功能

多国学者开展的长期观测和研究表明，降雨时植被涵养的水源入渗后变为地下径流，在枯水期补给河流，增加了干旱时节江河的径流量。

3. 改善和净化水质的功能

酸雨的严重破坏作用促使学者开展对水质的研究，后来欧美学者开始深入研究。普遍认为，植被本身可以吸收和过滤降雨中的化学物质，降雨经过植被林冠、土壤后，水中的化学成分已经发生了变化。有专家认为，森林植被的存在还可以改变河流的水质。

4. 水土保持功能

由于植被对降雨的吸收和缓冲，直接减少了雨水对土壤的冲刷，土壤保持是地貌学的问题，同时美国农学家对此也十分关注，共同研究表面生物量的积累可以有效地控制土壤的侵蚀。

（二）水质净化

1. 饮用水水源地水质净化与水生态修复

我国饮用水水源以大的河流湖泊为主，然而，据水利部门统计，全国七成以上的河流湖泊遭受了不同程度污染。在我国长江、黄河、淮河、海河和珠江等七大水系中，已不适合做饮用水源的河段接近40%；城市水域中78%的河段不适合做饮用水水源。

随着水源水体的富营养化现象不断加重，水体中有机物种类和数量激增以及藻类的大量繁殖，现有常规处理工艺不能有效去除水源水中的有机物、氨氮等污染物，同时液氯很容易与原水中的腐殖质结合产生消毒副产物（DBPs），直接威胁饮用者的身体健康，无法满足人们对饮用水安全性的需要。同时随着生活饮用水水质标准的日益严格，水源水处理不断出现新的问题。另外，时有发生的突发性水质污染事件，对城市供水系统的安全构成了严重威胁，对城市的影响往往是灾难性的；如何围绕原水水质不同、出水水质要求各异以及技术经济条件局限等特点，寻求饮用水水源处理对策和适宜处理技术是目前研究和实践的重点。

按照处理工艺的流程和特点，微污染水源污染控制和水处理可以分为前期面源控制（前置库）、提高水体自净能力，取水口预处理、常规处理、深度处理。

随着点源污染逐渐得到控制，农村与农业面源污染问题凸显，已成为水体富营养化最主要的污染源。目前，面源污染治理的主要技术有两类：其一为源头控制技术；其二是向受纳水体过程中的削减技术，包括生态过滤技术、前置库技术等。而前置库技术具有投资小、运营管理简单的特点，已有很多成功的案例，是值得推广的生态工程技术。

前置库是利用水库存在的从上游到下游的水质浓度变化梯度特点，根据水库形态，将水库分为一个或者若干个子库与主库相连，通过延长水力停留时间，促进水中泥沙及营养盐的沉降，同时利用子库中的净化措施降低水中的营养盐含量，抑制主库中藻类过度繁殖，减缓富营养化进程，从而改善水质。前置库净化面源污染的原理包括沉淀理论、自然降解、微生物降解和水生植物吸收等，其中微生物降解是必不可少且极其重要的环节。通过前置库中存活着的微生物群对水体中的污染物进行分解、吸收和利用。因此，微生物种群的结构和数量特征决定了前置库的处理效率。

传统的沉降系统仅是通过泥沙及污染物颗粒的自然沉淀至底，存在沉降效率较低（25%～30%）、水力停留时间长（2d～20d）、污染物聚集底部无法降解进而影响水力停留时间等缺陷。新型的碳素纤维沉降系统能够充分发挥材料高效的截留、吸附颗粒性污染物的优势，将沉降系统的处理效率提高30%～50%。同时依靠生态草表面的高活性生物膜对沉降的污染物进行降解和转化，减少底部沉积物的堆积，延缓沉降系统的排泥。

传统的强化净化系统采用砾石床过滤、植物滤床净化、滤食性水生动物净化等措施，存在系统堵塞、有二次污染、系统受气候影响较大等缺陷，设置碳素纤维生态草的强化净化系统能够有效弥补系统在上述情况中出现的处理效率下降的问题。

由于碳素纤维具有优良的机械性能和碳素性质的多种特点，因此在水处理方面也具有良好的性能。碳素纤维放进污染水体后，其超强的污染物捕捉能力和生物亲和力，能使附着的微生物短期内形成生物膜，通过在水中不断地摇摆捕捉污染物并进行分解处理。另外，碳素纤维发出的音波，能吸引微生物以及捕食微生物的后生动物，甚至会成为高等水生生物的繁殖环境。碳素纤维用于水处理是以水质净化和生态修复为主要目的。

碳素纤维生态草是用于净化受污染水域，修复水环境生态的优良选择，目前已成功应用于世界各地的水体生态环境修复和水污染防治领域。用于水源地水质保障工程时，其实现了对环境的零负荷与可靠的生物安全，更为重要的是，它有效解决了目前水源地水质保障工程存在的难点问题，切实改善了水源地水质，具有广泛的应用前景。

2. 湖泊富营养化水质净化与水生态修复

全国有 50% 的饮用水来自湖泊和水库。所以，湖泊、水库对我国国民经济的发展起着至关重要的作用。但是由于社会经济的快速发展、人口增加的压力以及农业面源污染的加剧等，我国城市湖泊都已处于重营养或异常营养状态，而绝大部分大中型湖泊均已具备发生富营养化的条件或者已经处于富营养化状态，使我国成为世界上湖泊富营养化最严重的国家之一。库周的生产、生活污染物以及面源污染物排入水库中，致使库水中的营养物质含量较高，为局部水华的发生提供了足够的营养源，在合适的水温、阳光和水文条件下，优势藻快速繁殖产生水华，严重影响了库区水环境。湖泊、水库的富营养化造成了水生态系统破坏、蓝藻水华频发、湖泊产生内负荷、湖泊水氧系统紊乱以及底泥中释磷量大幅升高，这些问题严重制约着人类的生存及区域经济与社会发展。

我国湖泊、水库富营养化是由于人类不合理活动及过量排污使得水体中氮磷含量增加，造成水化学失调、水生态退化，使得湖泊生境藻型化，从而出现水华爆发，并进一步导致水质恶化与功能下降。生境的改变是导致湖泊、水库生态系统和生物群落发生变化的根本原因。所以要解决湖泊、水库的富营养化，最重要的就是通过各种途径改善湖泊、水库的生境，使它不再是适合藻类生存的藻型生境。

在具体的治理方案中控源是根本，但同时控源要与生态修复相结合、治理要与管理相结合，把握好富营养化控制的理念。湖泊、水库的富营养化控制理念包括湖泊富营养化防治理念、湖泊生态修复理念、湖泊外源控制的新思路以及社会经济影响规则。其中很重要的一点是要从流域出发保护湖泊，控源与生态修复相结合。

控源工程是使各污染源的水体通过污水厂处理后各指标达标，它涉及点源的收集，面源的治理等；生态工程则是利用生物接触氧化及生态修复调整池技术、人工湿地技术等。把处理过的水体进行再处理，进一步改善水质；湖泊、水库净化是通过湖滨带生态修复以后，利用湖滨带进行水体的净化。通过这三重处理以后，进入湖泊、水库的外源就得到了有效的控制。而湖泊、水库富营养化的社会经济影响是通过计算一个湖泊面积的人口密度来判断湖泊发生富营养化的可能性。

生态修复工程是使受损的生态系统得到从退化趋势向良性趋势转化并稳定化的

过程。目前湖泊自我生态系统已经呈现"沙漠化"的状态，必须通过生态恢复工程，进行人工的良性干预，实现湖泊、水库生境的逐步根本性的改善。利用碳素纤维生物净化材料，提供生物修复的重要媒介平台，激活水体的自我修复能力。利用太阳能动水除藻机，增强水体的循环增氧，打破水体温度层，为生物修复创造条件。随着水质的提高，透明度的增加，环境的逐步改善，湖泊、水库的自我健康生态系统能得到根本修复。

总体来说，湖泊、水库富营养化的控制方案包括三大块：

① 湖泊、水库及流域管理技术；

② 控源技术——控制点源、面源和湖泊内污染源；

③ 生态修复技术——湖滨带生态修复技术、"水下森林"构建技术。同时在水库的控制工作中，还要更加注重选用节能型机械装置，改变水体动力条件的技术。通过上述技术，从根本上改变湖泊、水库的生境，生境的改变能使湖泊、水库最终恢复为健康的自然的系统。

3. 城市景观水体

(1) 城市景观水体范围

① 污水厂出水城市景观再利用；

② 城市河道、环城水系；

③ 园林公园水景；

④ 住宅水景；

⑤ 高尔夫球场水景。

(2) 城市景观水体特点

① 人工挖凿、自然生态系统缺失。城市景观水体的设计，大多只考虑景观手法和文化上的表现，而很少考虑水质治理问题。因此，设计与治理缺少同步考虑：防渗处理设计成硬质，如钢筋混凝土等，这种设计最大的问题在于破坏了底质系统，使水质受到严重影响；驳坎破坏了沿岸带的生态功能，也不能亲水；硬质的底质、硬质的驳坎等，造成了水生动植物系统的脆弱与失调，生动自然美丽的湿地景观似乎离我们越来越远。

② 水体营养源过高。因为水资源的短缺，污水厂出水成为重要的城市景观水水源补给，但是因为大多数污水处理厂处理效率不高，水质较差。而且污水处理厂出水的排放标准与地表水的水质标准之间存在较大差距，这一区别使污水处理厂的出水成为地表水直接的持续的污染源。

③ 水动力不足。俗话说流水不腐，那是因为流水有循环与自净的功能。在城市景观水体中，大部分的公园、住宅等景观水体都因为客观场地条件的限制而缺乏流

动，成为死水一潭；城市的河网近些年由于防洪抗汛、保持水位等的需要，水体的流动都依靠泵阀管道的人为控制，阻断了天然的水体流动交换。缺乏流动，水体溶解氧不足，污染物质难以分解，导致水体恶化。

④城市生活污染。由于城市及城郊的废气污染较其他地区要高，空气沉降、酸雨等带来的污染物成为城市景观水体的一个主要污染源。同时在景观区，游客投掷的垃圾及喂养鱼类的饵料也是景观水体主要有机污染物的来源之一，在南方等城市内河与社区紧密相连，由于城市管网的不完善以及居民的不良生活习惯，生活废水、生活垃圾也成为困扰城市环城水系、河道的重要难题。

⑤景观性。城市景观水体的景观要求较高，因此很多设计人员过多地考虑景观的特点而忽略了水质。在针对景观水处理的设计中，我们要既注重水质又要考虑到其景观的美学特点。

（3）城市景观水体净化与修复

城市景观水体净化与修复处理方法有多种：

①机械过滤，设计隐蔽，景观园林采用得较多，但处理效果非常有限，且耗能。

②疏浚底泥，在一定时间内转移大量污染物，提高水体透明度，是目前城市河流采取的基本方法。但该法工程费用较高，且破坏了原本存在水泥中间层的微生物污染控制系统，不利于水体的生态恢复。

③引水换水，浪费水资源。且因"冲淡效应"，修复速度可能还远远没有藻类的繁殖速度快。

④化学灭藻，短时间灭藻效果迅速，但易出现耐药藻类，使效率下降，且存在新的环境污染，影响水生生物的正常生长，易富集累积。长期投放会对水系周边土壤造成严重污染破坏。

⑤微生物投加，短时间起到迅速的净水效果，无景观问题的考虑。但是存在周期问题，需按期多次投加、维护，综合成本较高。

⑥人工湿地，具有较好的景观效果，建设运营费用低，适用于微污染水体。但占地较大，城市占地费用较高。维护管理要求较高，北方的冬季湿地过冬是个难题。

⑦放养鱼类，比例的控制较复杂，且如果水环境未达到健康状态，鱼类存活难以保障，容易引发外来物种的侵害。

⑧植物浮岛，景观效果较好，但处理效果有很大局限性，处理效率低。

⑨曝气复氧，水体增氧，抑制黑臭的必需方式。关键在于设备的选择是否节能，保证降低能耗，提高效率。

⑩生态载体法，采用结合碳素纤维生物净化材料的生物净化槽工艺，搭建生态

链，激活水体自身修复系统的根本解决办法，且维护费用较低，无二次污染，无物种侵害。此法的关键在于生物载体的选择。载体（填料）的挂膜质量、生物处理效率、生物空间效果、材料的耐久性、生物卵床的效果等。因依靠水体自我生态系统的搭建与恢复，处理见效时间较慢。

综上，上述各种方法都各有利弊。在具体施工过程中应综合考虑到场地的情况及项目地的功能，进行因地制宜的设计与治理，加强维护与管理。

（三）水生态补偿机制

1. 我国水生态补偿机制问题与对策

（1）我国建设水生态补偿制度的意义

建设我国水生态补偿制度是社会主义文明的重要内容。随着我国现代化工业的高速发展，我国面临环境污染、资源耗尽、植物减少等不断加剧的问题，但水在生态环境中核心性与基础性的地位尤为突出，所以加快水生态改善，解决水质问题，是我国生态文明的重要保障。建设水生态补偿制度是必要工作。要加大资本投入，提高标准，落实中央决策。完善水生态补偿制度是生态环境的内在需求。水是战略性资源也是基础性资源，是生态的控制性因素。尽快扭转水生态环境恶化的趋势，健全和水有关的生态补偿制度，合理利用资源，逐步实现对水的消费约束与生态保护的奖励，以改善用水环境。

（2）我国水生态补偿所面临的突出问题

虽然我国生态补偿中与水相关的补偿涉及量大，但我国大部分学者在进行了针对性研究后，发现水资源面临的问题和生态补偿政策之间存在着很大距离。第一，补偿的对象与范围没有明确。合理规划水生态补偿范围是补偿制度的重要条件。我国补偿可分为：对水资源保护与获得的补偿即"谁保护谁受益"和对资源开发者造成的水资源伤害的补偿即"污染者买单"两大部分。第二，水资源补偿金的来源方式单一。充足的资金投入是保证生态补偿和保护生态补偿的重要保障。从现在的资金来源看，中央财政支付是主要补偿来源。但在地方政府和企业单位与社会方面的投入相对明显不足，都是以拨款的形式发放，直接发放到造成损失的个人和地区手中，缺点就是监管不足，不能有效地利用资金来保护生态环境。第三，水生态补偿责任制并没有完全建立。我国的水生态补偿存在主体不明、履行不到位等问题，使补偿难以展开。第四，生态补偿政策不完善。目前我国对水生态环境的补偿没有明确，没有一个法律规定加以保障，没有一个权威性和约束性，补偿难以顺利实行。

（3）完善我国水生态补偿制度

为了让我国的水生态的补偿制度顺利执行下去，应该明确水生态的补偿范围，加强丰富水生态补偿实践工作，增加重点区域补偿工作的延伸性；应该加强水生态补偿的责任机制，明确和强化主体责任；应该强化水生态补偿政策的法律体系。以"谁开发谁保护、谁保护谁受益"的原则来实施保护水生态环境措施。

2. 水源地生态补偿机制

（1）水源地生态补偿机制的定义

机制原指机器的内部构造和工作原理，后引入社会领域，称为社会机制，简称机制。其内涵可以表述为：弄清楚事物的各组成部分，并协调各组成部分之间的关系，以更好地发挥作用的具体运行方式。生态补偿机制是由生态补偿要素及其关系协调组成的，建立生态补偿机制的目的是促使生态补偿制度能稳定运行，是环境保护的内在要求。生态补偿机制的内涵至少应反映4个核心要素：定位问题、基本性质问题、外延问题、补偿依据和标准问题。生态补偿概念的发展相伴相随并引领生态补偿的研究方向。具体到水源地生态补偿机制是指以保护水源地生态环境健康、实现水资源可持续利用为目的，根据水生态系统服务价值、水生态保护成本、发展机会成本，综合运用行政和市场手段，调整水生态环境保护和建设相关各方之间利益关系的一种制度安排。

（2）水源地生态补偿机制的内涵

水源地生态补偿的实施过程是定向的利益输送过程，但经济相对发达的下游地区给予相对贫困的地区的补偿并不是单纯意义上的扶贫，而是一种社会分工和优势互补。在这个利益输送和激励过程中，利益的载体是什么？定向输送的生态补偿利益中针对水生态补偿的占比是多少？利益输送的定向是否精准？项目实施的实际效果如何？如何对补偿绩效进行定量考核？这一系列问题都与水生态补偿项目的政策导向、绩效评估、公众生态环境意识密切相关，决定着水源地生态补偿项目的落地示范效应。

水源地生态补偿具有特殊性。水既是资源也是环境。水环境具有易破坏、易污染的特点，特别容易受到人类不当活动的影响，这种污染与破坏会随着水的流动而向外迁移、扩散。因此，水源地生态环境保护的特殊性要求水源地生态补偿工作不允许存在反复和短板；且特别需要考虑当地居民的可持续生计，需要把人类活动对水源地的影响控制到最低程度。

研究表明，以农业生产为主和以非农经营为主的生计策略是不同的，前者更倾向于选择物质补偿和技术补偿两种生态补偿方式，后者则倾向于政策补偿和资金补偿两种补偿方式，并且以农业生产为主的生计策略更偏好多种生态补偿方式的组合。

（3）我国水源地生态补偿机制中存在的主要问题

近年来，党中央、国务院颁布了一系列规章和制度，鼓励开展生态补偿试点，改进和完善生态补偿机制，并将其作为加强环境保护的重要内容，环境保护工作从以行政手段为主逐渐向综合运用经济、法律、技术和行政手段转变。经过十几年的探索和实践，我国水源地生态补偿机制已经初步建立，但在付诸实施中还面临不少问题，就连取得了较大成绩的退耕还林工作，"给予农民的补偿不到位"和"生态目标执行不到位"这样的问题在操作过程中也常常出现。我国水源地生态补偿机制中存在的主要问题有：

一是水源地生态补偿涉及公共管理的许多层面和领域，关系复杂，头绪繁多，这使得水源地生态补偿机制的具体内容和建立的基本环节还需要进一步厘清。

二是水源地生态补偿的定量分析尚未完成。例如，如何科学地评估水源地的生态服务功能价值目前并无定论，制定合理、双方均能接受的水源地生态保护标准还比较困难。

三是涉及水源地生态补偿法规的立法速度滞后于水源地生态补偿中新问题出现的速度。如新的效果更好的生态补偿模式出现后较长时期，相关的法律法规的情况还未提上议事日程，而没有相对应的法律法规条款保驾护航，新的管理和补偿模式在实施的过程中缺乏底气，达不到应有的顺畅。

四是水源地生态环境保护的公共财政体制并未理顺，水源地生态建设资金渠道单一，资金供给不足的问题不能有效解决。

经过细致考察发现，生态补偿机制的建立和完善是远比想象中更难，不仅需要智慧，还需要勇气。

(4) 建立水源地生态补偿机制的基本原则

生态补偿原则毫无疑问极其重要，因为它引领着"怎么补"的行动指南和价值取向。水源地生态补偿机制的构建、具体实施和修正与完善都需要在具体原则的指导下进行。

根据已颁布的与水源地保护相关的法规，结合水源地与其他生态功能区的区别，这里认为，在建立水源地生态补偿机制的过程中应遵循的基本原则包括公平合理原则、污染者付费原则、受益者付费原则、保护者受益原则、政府主导与市场相结合原则、可操作性原则。

① 公平合理原则。水资源是大自然赐予人类的共有财富，属于公共物品，所有人都拥有享受水资源的权利。制定水源地生态补偿的标准应体现出公平性和合理性，公平合理应是补偿标准核算需要遵循的最基本原则。在利用环境资源方面，公平性主要包括两方面内容：一是针对同一代人之间的代内公平，即追求同代人在环境资源利用方面的人人公平；二是针对当代人与后代人之间的代际公平，即当代人在利用环境资源时应给后代人留下足够的资源以保证后代人的利用，不能竭泽而渔，通

过过度开发环境资源而增加当代人的福利。公平合理地确定与生态补偿有关联的相关利益者之间的利益关系一直以来都是水源地生态补偿的关键问题，水资源环境可持续发展的实现高度依赖于补偿手段、补偿依据和补偿标准的合理确定。

②污染者付费原则。国际上，污染者付费原则被经济合作与发展组织（DECD）理事会视为环境政策的基本准则。其认为污染环境的任何组织和个人（生态破坏者）都应该为自己的污染行为接受惩罚。污染者付费能带来两个变化，一是因为污染环境行为将受到处罚，生态破坏者将不得不主动采取措施控制污染排放；二是污染环境的组织和个人缴纳的费用可以用来聘请第三方污染治理机构实施治理环境污染。这一原则通过污染行为必须付费，从而实现生态环境破坏这一具有负外部经济性的行为内部化，在社会成本投入较少的前提下做到污染环境的最小化。该原则也广泛运用于其他污染物排放的控制中。就水源地保护而言，任何对库区水质造成破坏的行为主体都应该受到处罚，以惩罚污染者减少对水源地的破坏，以起到约束环境破坏行为的作用；同时，也能为库区的生态建设提供必要的资金，为治理水源地环境污染和环保项目建设提供财力支持。

③受益者付费原则。除了污染环境的行为应该为生态保护付费外，因环境改善而受益者也应该为此支付一定费用。

所谓受益者付费原则是指在水资源开发、利用和保护过程中，因流域水环境改善而从中受益的人为此而支付一定的补偿费用。因为具有明显的外部性，水源地生态环境的改善会使整个流域的居民受益；反之，水源地受到污染则会损害整个流域居民的利益。受益者付费原则是对污染者付费原则的一种延伸，根据公平合理原则，生态环境改善的受益者自然有责任有义务为环境保护和治理者提供适当的补偿。大致而言，水源地上游和库区周边的组织和个人是生态环境的治理者和保护者的主体，中下游则是水源地生态环境改善受益者的主体。在水源地集水区，受益者比较容易确定，即水源的使用者；但在有些水源地及其流域，受益者则比较模糊，界定的难度较大，这种情况下一般由该区域的政府财政负责支付一定费用。

④保护者受益原则。水源地区域的居民和所在地政府在被要求对水源地实施保护和治理措施的同时，也被要求放弃引进或建设以发展当地经济的污染型项目，使得原本具有的经济发展权受到制约。凡是江河源头区域在国土功能区规划中均被划定为禁止开发区，工业项目尤其是污染型工业项目一律不准上马，如果不对水源地实施补偿，则毫无疑问地会造成良好生态环境与贫困同时出现的局面；而在贫困状态下环保是不可持续的，也不符合科学发展观的要求。尤其在调水工程中，水源地的保护者作为受损者更应该得到补偿，以激励水源地区域居民持续保护并改善水环境的行为。否则水源地保护者和生态环境建设者将缺乏保护和建设的动力，不利于

水源地生态补偿机制的良好运行。

⑤ 政府主导与市场相结合原则。水源地生态补偿涉及的主体众多，利益主体之间的关系错综复杂，没有放之四海而皆准的补偿标准和方法，不同水源地和流域所实施的生态补偿方法也各不相同，各有特色。水资源作为一种公共产品，其生态环境保护属于公共事业的范畴。在目前生态市场发育不成熟，水资源的市场配置存在缺陷的背景下，以政府手段为主导实施生态补偿具有现实性和合理性。所以，当前我国的水源地生态补偿由政府主导，各级政府通过财政转移支付的方式向水源地保护者和建设者支付一定的费用作为补偿金。但是，应将市场手段和机制引入水源地生态补偿，例如通过水资源交易进行生态补偿。政府发挥主导和推动作用，同时充分发挥市场机制的优势，采取政府行政参与和市场交易相结合的方式实施生态补偿。此外，各水源地的经济发展状况不尽相同，应该根据自身特点，制定符合实际要求的生态补偿政策，因地制宜地实施生态补偿。

⑥ 可操作性原则。水源地生态补偿的效果还取决于生态补偿的具体措施具有良好的可操作性。水源地生态补偿落实的程度直接取决于补偿措施的可操作性。对于水源地生态补偿主客体的界定在理论上并不难，但在实际的界定中则可能并不清晰。例如，水源地环境的改善和水质的提高不仅对下游用水区域有益，也有益于水源地居民和整个区域甚至是国家和民族。这种情况下，如何准确分辨出既是受益者也是保护者双重身份者的受益和受损的程度，进而制定精准、合理的补偿和收费标准，则显得尤为重要。如果界限或标准模糊，则会导致生态补偿的可操作性较差，或者虽然界了却无法实施补偿。因此，水源地生态补偿须综合考虑各种因素，如经济发达程度、当地居民的支付能力与支付意愿、公众的认知水平等，以提高补偿的可操作性。

⑦ 透明性原则。水源地生态保护是与民生有很大联系的社会性问题，需要发展受限地区及受益地区公众的共同参与和共同监督。因此，水源地生态补偿标准、主客体和措施等的确立，应及时向社会公众公布，充分体现公开、透明原则，接受公众的质疑和建议，鼓励社会公众参与生态补偿的全过程管理，以加大社会公众对水源地生态补偿的支持力度。制定水源地生态补偿措施时，水源地政府部门应制定考核细则定期进行考核，开通生态补偿管理网上平台，使补偿资金筹集和使用情况公开化、透明化，接受公众监督，保证水源地把补偿资金重点用在水源地生态建设上。

3. 流域水生态补偿机制

流域水循环系统的整体性、河流水系的连续性和流动性，以及行政区域和经济社会各部门之间的相互分割性，导致水资源开发利用过程中出现了成本与效益的不对称现象。实施流域水生态补偿正是解决这一问题的有效手段。流域水生态补偿需要协调处于同一流域的各个区域的生态、经济利益。水作为流域水生态的主要制约因素，具有流动性。因此，对特定区域内流域水质的保护能够使受益成果辐射到区域以外，而特定区域使用流域水资源的质量取决于其上游对水质的保护程度。

环境补偿机制正越来越多地应用于世界各地，用以平衡一个地区因发展对环境造成的破坏与另一个地区希望改善环境之间的矛盾。环境补偿的目的是确定一个合适的环境补偿金额，以确保整体生态状况不会受到损害。生态补偿作为环境补偿的一部分，在国际上又被称为"生态服务付费（CPES）""生态效益付费（PEB）"，体现了生态保护与社会发展间的祸合关系。

当前，世界上许多地区根据经济社会发展过程中出现的生态退化、生态功效下降等问题，结合区域的可持续发展策略，进行了不同种类的生态补偿理论与实践探索研究。各种不同性质的生态补偿及实现机理具有生态补偿的衍生特征。

生态补偿作为一种实现经济社会发展与生态保护可持续发展的"绿色策略"，具有较强的政策亲和功能和现状耦合性能。生态补偿的种类已扩展到能源、环保、水资源、海洋、耕地（土地保护）、区域均衡等门类，并形成了具有门类特性的生态补偿理论基础与实践机制。

生态补偿作为管理环境资源，实现流域/区域均衡发展的综合集成手段，具有生态、经济、管理、制度方面的相关特性：

① 从生态视角看，生态补偿指借助人为干预，实现生态系统功能的自我修复和还原的外界干预措施。生态环境是否得到保护、恢复、治理是衡量生态补偿成功与否的标志。生态补偿在冲破环境演化自然规律的基础上，利于准确反映经济活动的各种环境代价和潜在影响，实现生态保护的实施者与受益者在时间利益上的均衡分配。

② 从经济学意义上考虑，生态补偿主要指克服环境外部不经济性，实现环境外部效益内部化的一种制度安排。生态补偿由以前单纯对环境破坏者收费拓展到对生态环境保护者补偿的双重含义。在此过程中，作为衡量区域间、区域内部个体间发展均衡的重要指标——社会公平性的出现，将生态补偿的经济学含义延伸到社会学领域。

③ 随着制度体制与经济学的结合，生态补偿作为一种机制，成为以内化生态环境保护者与破坏者之间相关利益活动产生的外部成本为原则的一种具有经济激励特征的制度。

④ 高速的经济增长导致对自然资源的超负荷开发利用，并引发在生态资源和功能价值分配上的不公平性。效率和公平作为衡量社会均衡发展的重要指标，存在对立统一的关系。生态补偿作为社会经济发展与生态环境保护两相兼顾的一种调节

手段，通过发挥其经济激励特性，使环境保护的利益相关者找到理想的利益结合点，利于生态资源的保护和社会生产力的提高。

⑤从法学意义上讲，生态补偿是从社会学的角度对不同利益群体生态保护责任分配的一种制度层面的界定。

在"水资源取之不尽"和"水资源无价"占统治地位时期，人们只是一味地将流域作为索取的对象，没有对过度开发利用水资源造成的生态环境问题进行补偿；在人们意识到自己的行为给流域生态造成的影响日益严重时，作为改善水生态环境以便提供自然资源和生态服务的流域生态补偿的理念日益流行，使得在生态经济系统内部出现了索取和保护补偿的双向输入和输出。

4. 流域水生态补偿概念

当前，随着流域水资源紧缺形势日趋严峻、部门间竞争性用水的矛盾突出，流域水生态补偿成为协调流域间利益冲突的有效手段。尽管国内外已针对流域生态补偿进行过相关研究和实践探索，但对于流域水生态补偿尚没有较为公认的定义。当前对流域水生态补偿的描述通常以具体的研究实例为基础，针对性强，缺少对生态补偿本质的理解。因此，流域水生态补偿在遵循流域生态演变、流域经济发展规律的基础上，呈现出不同的理论特点和发展分支。

流域水生态补偿指对流域水生态功能(或服务价值)实施保护(或功能恢复)行为的补偿。随着国际上对生态补偿相关机制研究的日趋深入，以及流域水资源竞争性开发利用、水污染加剧、水生态环境恶化等一系列问题的出现，流域水生态补偿作为一种全面、系统的资源管理策略和政策调控手段，备受环保及生态人士关注。各国学者结合各自区域的实践经验，在对生态补偿定义进行完善的基础上，给出对流域水生态补偿的概念：

①流域水生态补偿是一种对流域生态环境进行潜在保护的经济手段，是生态补偿机制在流域生态保护中的创新运用。流域水生态补偿作为流域各级政府实施的环境协商与利益博弈的经济行为，对财富分配和缩小贫富差距具有一定的调控作用。以往流域水生态补偿的实施经验表明，公平有效的补偿机制有助于实现贫困最小化和财富的转移。

从流域水资源的循环、开发、利用与保护的动态全过程考虑，流域水生态补偿既是对流域良好水生态维持所需投入的分摊和补偿，也是对区域内不同利益主体间发展不均衡现象的弥补。将流域水生态补偿界定为：由流域生态环境利益的受益者弥补为保护流域生态环境而自身经济利益受损害的受损者的过程。

流域生态补偿应包括：

a. 对流域生态系统本身保护(恢复)或破坏的成本进行补偿；

b. 通过经济手段将经济效益的外部性内部化;

c. 对个人或流域保护生态系统和环境的投入或放弃发展机会的损失的经济补偿;

d. 对流域内具有重大生态价值的区域或对象进行的保护性投入。因此，从某种意义上讲，流域水生态补偿主要通过一定的政策手段将流域水生态保护的外部效应内部化，并给流域生态保护投资者以合理的回报，激励流域上下游从事生态保护投资，并使生态资本增值。

② 水资源具有水量水质的双重属性，水资源量质联合控制是落实最严格水资源管理制度的依据。流域水生态补偿机制是以水质、水量环境服务为核心目标，以流域水生态系统服务价值增量和保护成本与效益为依据，运用财政、税收、市场等手段，调整流域利益相关者之间的利益关系，实现流域内区域经济协调发展的一种制度安排。结合当前流域的分区管理现状，提出基于河流水质水量的跨行政区界的生态补偿量计算办法，将流域水体行政区界河流水质和水量指标列为生态补偿测算内容，并认为"跨区域的流域生态补偿"指在各级地方政府之间，在因行政管辖权划分所产生地方利益不同而导致的流域资源分配和跨界环境污染等生态问题上，所进行的一种环境协商与利益博弈的经济行为。

③ 随着区际流域生态问题日益凸显，跨界流域水生态补偿机制的构建成为妥善解决水生态与环境效益外部性问题的有效途径。为促进流域水生态补偿方式明晰化，构建流域区际生态保护补偿机制实质上是利用横向财政转移支付的方式，将上游生态保护成本在相关行政区之间进行合理的再分配过程。中国水利水电科学研究院新安江流域生态共建共享机制研究课题组认为流域水生态补偿应遵循"谁开发谁保护，谁受益谁补偿"的原则，由造成流域水生态破坏或影响其他利益主体发展的责任主体承担补偿或修复责任；由水生态效益的受益主体，依据受益比例对水生态保护主体的成本投入进行分摊。

综上所述，国内学者借鉴国际成功的研究经验，在探讨的基础上，从管理、治理、恢复层面，给出流域水生态补偿的概念。流域水生态补偿是以可持续发展理论为指导方针，通过保护或修复受人类经济活动影响的水资源和生态资源，实现流域水生态服务功能的恢复和维持；同时对各利益主体因开发利用与保护流域水资源过程中产生的外部性问题予以补偿或赔偿；综合利用宏观调控和微观管理等手段，实现流域水生态整体管理，并保证水资源可持续利用的一种有效管理手段。

四、水资源可持续利用

(一) 水资源持续利用的提出

发展是人类永恒追求的主题。只有社会、经济持续发展，才能创造丰富和高度的精神文明。作为实现可持续发展的物质基础之一，水资源（包括水环境资源）目前正受到严峻的挑战，水资源短缺，水环境污染正严重地制约和威胁着人类社会的可持续发展。因此，必须选择合理的水资源利用方式，达到人类社会与自然生态环境的和谐，才能实现人类社会的可持续发展。

淡水资源的紧缺和使用不当，对持续发展和环境保护构成了严重且不断增长的威胁，其出路在于采取根本的、新的途径去评价、开发和管理水资源。这也就说明了人类需要用新的观念、思维和方法去探讨水资源持续开发利用的途径，从而满足人类社会和环境的多种需要，进而实现人类社会、经济的持续稳定发展。我国将可持续发展作为社会经济发展战略，明确提出"走可持续发展之路，是中国在未来和下一世纪发展的自身需要和必然选择"。水资源是地球上一切生物赖以生存的最重要的物质和环境组成中最活跃的因素，水资源作为区域经济发展的物质基础之一，实现水资源持续开发利用成为社会发展的必然要求和最优选择。

(二) 水资源持续利用的概念和内涵

1. 水资源持续利用的基本概念

水资源的开发利用是在一定的生态系统中进行的，是生态环境、社会经济和工程技术的结合。水资源开发利用与社会经济系统、生态环境系统密切相连。水资源持续利用的宗旨是保障人类社会的可持续发展，维护人类的生存环境，因此，水资源利用持续性应是一种自然—经济—社会复合系统的持续性，其基本概念可以定义为水资源开发利用是在水资源承载能力容许的范围内，在保护好生态环境的前提下，保障社会、经济可持续发展的利用状况。

2. 水资源持续利用的内涵

水资源持续利用的持续性基本含义是水资源开发利用既满足当代人的需求，又不对满足后代人需求的能力构成危害，集中体现在生态持续性、经济持续性和社会持续性三个方面，这是水资源生态经济社会复合系统中相互联系、密不可分的三部分。

一是水资源利用的生态持续性。水资源利用的生态持续性的基本含义是指水资源开发利用不能超越其生态环境系统的更新能力，即开发度不能超越水资源的承载能力，主要体现在水资源自然特性及其开发利用程度的平衡关系，其目的是寻求一种最佳的生态环境系统，使水资源能支撑生态完整性和社会经济发展，确保人类生存环境得以持续。

二是水资源利用的经济持续性。水资源利用的经济持续性强调水资源的开发利用能保障社会经济的良性的持续性的增长，体现在对水资源的开发利用能够持续提供保量、保质的水资源，并且使其提供的服务的经济效益达到最大化，达到最好的效果，从而保障经济的持续发展。

三是水资源利用的社会持续性。水资源利用的社会持续性的核心是水资源在当代人之间和当代人与后代人之间的合理分配，体现水资源持续利用的公平性原则。它主要包括当代人之间水资源利用的公平性、代际间的利用公平性和区域水资源分配利用的公平性。

总之，对于水资源可持续虽有各种不确定的解释，但它的内涵都包括了：对水资源的适度开发。对资源的利用后不应破坏资源的固有价值，并且尽可能地回避开发措施对资源的不利影响；不妨碍未来后人对水资源的使用，为后来开发留下各种选择的余地；不妨碍其他区域人类的开发利用及其水资源的共享利益；水的利用效率和投资效益是策略选择中的主要准则；不能破坏因水而结成的地质结构、生态系统。水资源持续利用应体现保护自然资源环境系统的生态观、经济增长的经济观以及公平分配的社会观。要实现水资源持续利用，就必须使水资源利用在经济、社会和环境之间达到互相协调。

(三) 水资源持续利用理论的新发展——水资源循环经济

1. 循环经济的概念

循环经济是一种以资源的高效利用和循环利用为核心，以低消耗、低排放、高效率为基本特征，符合可持续发展理念的经济增长模式。中国科学院可持续发展战略研究组认为循环经济有广义和狭义之分。广义的循环经济，是指围绕资源高效利用和环境友好所进行的社会生产和再生产活动；狭义的循环经济，是指通过废弃物的再利用、再循环等社会生产和再生产活动来发展经济。循环经济是指用生态学规律来指导人类社会的经济活动并以"3R"(减量化、再利用、再循环) 为社会经济活动行为准则的经济模式，通过提高资源利用率，最大限度地减少污染物的排放，提高经济运行质量和效益。

循环经济的原则 (简称"3R"原则) 为"减量化" (Reduce)、"再使用" (Reuse)、"再循环" (Recycle)，以更低的资源投入，达到更高效率的使用和最大限度的循环利用，并尽力减少废弃物的排放量，以此解决人口增长和经济发展与资源短缺、环境污染、生态破坏等方面的矛盾。"减量化"是指从源头控制废弃物的产生，节约资源，"再使用"是指以初始形式被多次使用，"再循环"是指重新变成可利用的资源。

2. 水资源循环经济

(1) 水资源循环经济的概念

关于水资源循环经济的概念，并没有统一的明确提法，大都是在循环经济的概念基础上提出一些近似的概念。从实施水资源循环经济的模式方面，有学者提出水资源循环经济应该至少包含两层含义：一是在用水环节，对于跑、冒、滴、漏、污染实现最小量化，最大限度地实现水的净化回收、循环利用，达到或接近水的零排放；二是尊重自然界水的循环规律，在区域范围内，通过经济、工程技术、立法等手段调整水资源的时空分布，便于水的利用，维护水的自然循环系统，使水资源得以永续利用。从社会水循环的角度，有学者提出水产业循环经济的概念：水产业的循环经济应是一种在对水资源不断循环利用基础上的经济发展模式，其中，污水处理资源化、减量化和无害化，是水产业循环经济的一条重要原则和标志。水循环经济首先是一种先进的水资源经济发展模式，它是建立在社会水循环系统分析的基础上，遵循循环经济的思想，按照水资源节约、水环境友好的原则，在人们生产和生活过程中，在水资源开发利用的各个环节，始终贯穿"减量化、再利用、再循环"的原则，重视采用新技术、新工艺、新材料，并以完善的制度建设、管理体制、运行机制和法律体系为保障，提高水的利用效益和效率，最大限度地减轻和降低污染，来实现社会发展的可持续性。

综上所述，水资源循环经济是以循环经济理论为指导，以无害化为基础，遵循减量化、再利用、资源化的原则，在水资源承载力的范围内，合理开发利用水资源，减少水污染，提高水资源利用率，保护和改善水生态系统，实现水资源可持续利用。

(2) 水资源循环经济的意义

循环经济是一种全新的经济增长方式，在当前我国经济快速发展，城市化规模不断扩大的过程中，对解决其产生的水资源短缺、污染等问题具有十分重要的意义。第一，人类社会的发展应纳入资源—环境—经济—社会这个开放复合系统中，把资源环境的承载能力和可持续利用潜力作为这个系统的约束机制，只有这样，才能从根本上改变人类在水资源的开发利用中单纯以经济增长为目标，不惜对水资源进行掠夺式、破坏性的开采和粗放式利用的情况，彻底扭转"大量开采—低效利用—污废水大量排放"的粗放模式。第二，发展水资源循环经济，通过在水资源利用过程中综合运用循环经济原理，能有效节约水资源，提高用水效率，减轻供水的压力和负担，缓解水资源的供需矛盾。第三，在传统的经济发展过程中，由于人类和自然长期处于对立的关系，水资源的脆弱性没有得到人类足够的重视，大量污废水的任意排放，导致水体受到严重污染，甚至丧失原有功能，多数城市地下水均受到一定程度的污染，并有逐年加重的趋势，日趋严重的水污染不仅降低了水体的使用功能，进一步加剧水资源短缺，还严重威胁到城市居民的生命健康与安全。发展水资源循环经济能够从源头上减少污染，降低排放，有利于改善和恢复水环境，对维持水体的良性循环起到重要作用。第四，水资源作为人类生存和发展不可替代的物质基础，是循环经济研究的重要领域。实现水资源循环利用，有利于降低成本，推动经济社会又好又快发展，是实现可持续发展的重要资源保障。

第八章　城市生态水系规划与优化调控

第一节　城市生态水系规划的基本思路与优化配置

城市生态水系规划布局是在城市"五位一体"生态水系健康评价的基础上，诊断识别城市生态水系健康面临的主要因素，特别是河流、水库生态系统的主要制约因素，协调给水、污水、雨水、景观水和回用水等子系统，开展低碳高效的生态水系规划，主要内容包括：①在多水源保障方面，根据区域水资源承载力，规划外区域调水和本地地表水的联合使用，形成区域内多水源（水库）连通，联合供水，满足"三生"用水需求；加强海绵城市建设，强化雨水资源收集与利用，补充为生态环境用水、景观用水；强调污水再生利用。②在水资源使用方面，强调"五水"（地表水、外调水、雨水、再生水、地下水）综合使用与调控，在城市区域内实现水资源优化配置、工业产业内优化配置、农业水资源高效低碳配置，同时满足生态需水保障。③在水生态修复方面，进行生态需水核算，结合多水源布局，实施水库连通，进行生态调控，满足景观用水、生态用水需求。④在水质保障方面，以供水安全为目标，实施水源地水环境保护与修复，基于"水十条"开展黑臭河流治理；污水处理厂高效低碳运行，保障污水处理与回用效率，实现水质水量联合调控。⑤在工程保障方面，开展水系连通工程、调水工程、防洪排涝工程、景观恢复工程、生态修复工程等。总之，新型的城市水系生态规划以水生态健康为目标，以水生态可持续发展为标准，实现"五水"共用、低碳高效、生态健康的城市水系生态环境。

一、城市生态水系规划的基本思路与框架

（一）生态水系规划指导思想和目的

城市生态水系一般都由河流、湖泊、水库等组成，在城市建设中承担了防洪排涝、供水水源、水体自净化、生态走廊、文化承载、旅游景观、水产养殖、改善城市环境等综合性功能，各功能之间相互作用、相互影响，使水系功能得以充分发挥。城市生态水系规划应在考虑城市水体生态健康的基础上，进行城市多水源（地表水、

地下水、外调水、再生水、雨水)综合利用、开发、配置与调控,通过工程措施、生态措施和管理措施等发挥城市水系各项功能。

1. 规划指导思想

城市生态水系一般是指集防洪排涝、供水、水质保护、亲水景观、水生态于一体,以实现人水和谐与社会经济可持续发展为目标,以水资源高效配置、水生态修复与滨水生态环境建设为核心,水量、水质、水生态并重,防洪、排涝、供水、治污、河道治理、环境改善统筹兼顾,融合水安全、水环境、水景观、水文化、水经济的城市水利综合性基础设施。水系生态规划以城市水系生态健康评价结果以及生态需水量核算结果为基础,充分考虑河流健康状况及生态水量配置,还河流健康生命,实现人水和谐相处,为城市社会经济发展提供有力支撑。

2. 规划目的

通过合理配置和使用各种水资源,水质、水量高度统一,确保持续高效地发挥城市生态水系的综合功能,促进城市健康发展,形成健康、环保、低碳的城市生态水系。

(二)生态水系规划技术框架体系

传统的水系生态规划重点在于城市防洪排涝规划、供水规划、水质保护规划、景观规划、水生态修复规划等,是一个系统的规划。在城市水系生态健康评价的基础上,以水质、水量和水生态为核心,考虑地表水、地下水、外调水、再生水、雨水等综合水资源的优化配置、生态调控,为水系生态规划提供技术支撑。

二、城市水资源优化配置

(一)区域水资源系统生命周期环境影响评价

区域水资源系统生命周期环境影响评价是围绕生命周期评价(Life Cycle Assessment, LCA)和不确定性分析方法建立一套适宜于区域水资源分配管理、环境管理以及系统不确定性管理的综合评估体系。具体而言,区域水资源系统生命周期环境影响评价主要围绕以下内容展开:

①以区域水资源为研究对象,将地表水、地下水以及海水作为水资源的三大来源,建立一定功能单位下不同类别水资源在生命周期各阶段的生命周期清单。

②以水资源流动分配为导向,以水资源系统中主要用户(居民、工业、农业以及生态)的水资源供给运输为目标,分析不同用户用水的生命周期各阶段的环境影响。

③ 以水资源在生命周期各阶段中不同水资源用户的供给为目标，选取水资源管理系统的温室气体效应、人体毒性、水生态毒性以及水体富营养化为主要的环境影响，运用模糊数学和蒙特卡洛模拟等理论和方法，建立一套适宜于中国区域水资源管理系统环境影响的不确定性分析方法。

④ 以不确定的水资源管理系统生命周期清单和环境影响为主要的立足点，建立一套水资源管理系统环境影响评价方法。该方法一方面能够体现水资源管理系统中不同阶段的环境影响，另一方面该环境影响评价模型参数的选取基于中国区域水资源管理的特点，充分考虑生态、居民、工业、农业的水资源供给条件。

区域水资源管理系统包括以下各部分：

① 水资源开采过程：该过程包括海水净化过程中的能源消耗。

② 水资源传输过程：包括水资源从水库到净水厂的能源消耗。

③ 水处理过程：水处理过程包括两种类别的过程，分别是净水处理过程和废水处理过程。分别考虑该过程中能源消耗以及主要化学品投入情况。

④ 水资源消费过程：考虑由于居民、工业以及农业等用水者的位置不同造成水资源传输的距离不同等问题。

⑤ 废水排放：根据不同的用水者的情况分别分析废水排放的情况。对农业而言，废水通过地表径流排入河流、湖泊之中，考虑该过程中非点源污染对生态环境的影响；对工业和居民而言，废水经过处理、满足国家的排放标准之后，排放到河流、湖泊之中，考虑该过程的水体污染物对生态环境的影响。

⑥ 水资源回用：回用水主要用于农业和工业生产过程，因水资源回用而减少的水资源系统的环境影响通过删减原则来体现。

⑦ 时间边界：按照水资源管理优化的规划情景，分别选取近期、中期以及远期作为 3 个规划时间。

(二) 不确定条件下水资源利用优化配置与风险管理模型

在水资源紧缺的区域中，水资源分配会面临众多水源如何有效地分配供给多用户的问题。对水资源的使用者而言，他们期望知道供给的水资源量，进而合理地安排生产活动。而对水资源分配部门而言，除了满足区域水资源使用方的需求外，还需要考虑如何保证在水资源分配过程中造成的环境影响最小。因为水资源的总量与降水量相关，所以水资源量是一个随机变量。如果水资源量是充足的，在水资源管理过程中，会产生一定的环境影响；如果水资源量不足，那么需要从距离区域更远的地方调取水资源，这样会产生更大的环境影响。具体来说，水资源管理系统中第一阶段的决策是在降雨随机变量发生之前，根据水资源使用者的需求进行水资源分配与规划；当水资源随机变化以及其他不确定因素出现后，第二阶段的决策需要考虑和分析这些不确定因素所导致的水资源管理方案的变化。

第二节　城市水生态安全评价

一、"五位一体"的城市水系健康诊断与评价技术

在河流健康内涵分析的基础上，针对河流的自然功能、生态环境功能和社会服务功能，根据河流的基本特征和个体特征，建立由共性指标和个性指标构成的城市水系健康评价指标体系。针对城市水系生态状况，提出基于城市供水、水质保障、防洪减灾、景观服务和生态保护"五位一体"的城市水系生态环境总体评价技术。

(一) 指标选取

城市自然水系一般指城市范围内河流、湖泊、湿地及其他水体构成的脉络相通的水域系统。健康的城市水系生态系统不仅意味着要保持生态学意义上的结构合理、生态过程的延续、功能的高效与完整，还强调城市水系的供水、防洪、水土流失控制、生物保护、景观娱乐等人类服务功能的有效发挥。在此基础上构建包含水量、水质、水生生物、物理结构与河岸带 5 个要素的城市水系健康评价指标体系。这 5 个要素互相依存、互相影响、互相辅助，完成不同的河流生态过程，发挥不同的功能，有机组成完整的河流生态系统。

(二) 标准建立

建立包含城市供水、饮水、污水处理、雨水收集等多节点的城市水系规划体系。评价标准的建立是为了更好地对城市水系的健康进行诊断，正确评价水系健康现状，也是水系健康评价的重点与难点。评价标准的建立主要有以下几种方法：① 历史资料法；② 实地考察；③ 多区域河流对比分析 (或称参照对比法)；④ 借鉴国家标准与相关研究成果；⑤ 公众参与；⑥ 专家评判。以上方法各有优劣，适用于不同类型的指标对象。一般将城市水系健康状况分为"健康、基本健康、亚健康、病态、濒于崩溃" 5 个级别，采用五分制对其进行数值量化。借鉴有关历史资料、相关研究成果与国家适用标准，并通过多区域对比分析确定。

二、城市河流与水库生态健康评价技术

在城市水系总体评价的基础上，对典型水系要素河流和水库生态系统状况开发评估技术。

（一）指标选取

河流生态系统可以用水质、水量、水生生物、河岸带状况、物理结构等5个要素来表达，这5个要素相互依存、相互影响、相互辅助，完成不同的河流生态过程，发挥不同的功能，有机组成完整的河流生态系统。

建立河流水系的评价指标体系。从众多的评价指标中选择和确定指标主要考虑三方面情况：① 评价指标具有独立性；② 从定性方面选择最能反映河流健康程度的指标；③ 有可能取得可靠资料。结合河流的特点，按照时间敏感性、数据易得性、指标非关联性的原则，遴选评价指标，并建立评价指标体系。

河岸带中的景观建设及防洪指标侧重于河流的社会功能方面，而由于过分强调社会效益，过度开发河流，削弱了河流的自然功能，于是引起了一系列的生态环境问题。因此将生态恢复作为核心问题，以此为依据选取指标体系，对河流的健康进行诊断，正确评价河流的健康现状。

（二）标准的建立及指标的计算

1. 水量

为了综合考虑人类活动对河流健康的影响，结合数据的可得性，选用水资源开发利用率作为反映水量状况的指标。水资源开发利用率是指评估河流流域内水资源开发利用量占流域水资源量的百分比。水资源开发利用率的计算公式如下：

$$WRU = WU/WR$$

其中：WRU——评估河流流域水资源开发利用率；

WR——评估河流流域水资源总量；

WU——评估河流流域水资源开发利用量。

水资源开发利用率表征流域经济社会活动对水量的影响，反映流域的开发程度，以及社会经济发展与生态环境保护之间的协调性。研究表明，水资源开发利用率与河道生态需水比例、社会系统的水资源消耗率有直接的关系。相同的消耗系数随着生态需水比例的提高，要求水资源开发利用率逐渐降低，如果要满足一定的生态需水比例，水资源开发利用率必须低于某一阈值。

2. 评价方法

由于河流生态系统健康具有多元性及复杂性等特点，评价因子与河流生态系统健康等级之间也存在复杂、不确定的关系，致使河流生态系统健康评价成为一个既确定又不确定的复杂问题。因此，采用集对分析方法进行河流生态系统健康的评价。其基本思路是把河流生态系统健康各评价指标的实测值和健康评价标准值构成一个集对。按照集对分析的原理，先根据每个评价样本中各评价指标的实测值计算出评价样本的初步联系度，然后对具体的评价值和评价标准进行深层次的统一、差异及对立的集对分析，通过两者间的联系度函数计算出评价样本中评价指标对评价标准的联系度，计算各评价指标的权重，最后结合样本的初步联系度和评价指标对评价样本的联系度，计算出评价样本中的综合联系度。最后根据置信度准则判定河流生态系统健康评价指标所处的级别。

三、基于人群安全感知的城市水安全评价

将城市水安全定义为：在城市这样一个特定区域内，能够为城市人群提供充足的水量和良好的水质，将水灾害降低到人类可接受范围内，且始终保持持续稳定的状态，同时满足城市水资源、水环境安全及城市人群的安全感知，保障城市可持续发展。

基于对已有的城市水安全评价方法分析的结果，从水量、水质及涉水风险方面选取对城市人群有影响且可以直接反映城市水安全现状的指标，有利于构建一套能保障城市水资源、水环境、水生态安全并满足人群对水安全感知的综合评价指标体系。在评价方法上，在采用模糊优选模型进行加权平均时结合城市人群安全感知进行指标体系的综合评价。

基于人群安全感知的城市水安全评价指标主要是用于衡量城市水能否保证基本的水系统安全与人群活动需求，主要反映其自然及社会经济属性。结合沿海城市的社会背景及水资源特点，并参照已有相关研究成果，将城市水安全评价指标体系划分为目标层、准则层和指标层三个层次。目标层为最终的评价结果，反映城市水安全的量化结果及其安全现状。准则层是目标层所要具体协调的因素，从水量、水质和涉水风险三个方面综合考虑。指标层则是分别针对准则层三个方面选取的对城市人群有影响且可以直接反映城市水安全现状的具体指标。

水量方面，选取可以反映城市水资源量、水资源利用程度、其他水源利用现状、人群用水量等方面的指标综合评价城市人群水量安全程度；水质方面，主要从城市地表水水质现状、地下水水质现状、城市人群健康饮水现状及城市污水处理能力等方面考虑，另外考虑到目前沿海城市由于人为超量开采地下水导致严重的海水入侵

问题，将海水入侵问题现状也作为一个重要的水质指标；涉水风险方面，水害是无法避免的灾害，如何减少水害对社会的影响是评价水安全的又一个重要因素，通过选取可以反映城市干旱受灾情况、洪涝受灾情况及城市涉水灾害控制能力的指标评价城市人群涉水风险防治安全度。

这些指标既有正向指标（也称效益型指标），又有负向指标（也称成本型指标）。指标体系中各指标的趋势不尽相同，正向指标是指标值越大、评价结果越好的指标；负向指标是指标值越小、评价结果越好的指标。不同类型指标的指标值标准化方式不同。该部分指标的选取是通过查阅相关统计文献，结合城市自然资源现状，参考基于人群安全感知的城市水安全的定义及数据可得性，综合考虑而确定的。具体指标值的获取需要查询相关文献或统计资料，并且通过实地调研及部门访谈，获取水资源利用、水质状况、涉水灾害程度及社会经济状况等相关信息。

四、水资源管理的创新研究

（一）水资源管理与生态文明建设

新时期应该全面加强生态文明建设，并将水资源管理工作纳入生态文明建设体系中，促进我国生态环境的改善。因此，新时期背景下，应该正确认识水资源管理和生态文明建设之间的关系，通过加强水资源管理为生态文明建设提供良好的支持，促进生态文明建设在新时期背景下取得良好的发展成效。

水是国家战略资源之一，在改善国家整体自然环境方面发挥着至关重要的作用，对生态文明建设有极其重要的影响。党高度重视我国社会主义生态文明建设，并将其归属到社会主义现代化建设工作中，希望借助生态文明建设促进我国的良性发展，为国家的持续稳定发展提供良好的支持。因此，在新时期背景下，各地区都应该保持对水资源管理和生态文明建设工作的高度重视，并积极探索水资源管理和生态文明建设的措施，希望促进生态文明建设取得良好的发展成效，为我国社会主义现代化建设奠定坚实的基础。

1.水资源管理与生态文明建设之间的关系

从生态文明建设角度进行解读，水资源是生态文明建设中的核心要素，加强水资源管理，对提高生态文明建设效果，促进我国社会主义生态文明发展具有一定的现实意义。对水资源与生态文明建设之间的关系进行分析，发现水资源管理工作的优化开展能够为生态文明建设提供一定的基础性支撑和实现保证，只有全面加强对水资源管理工作的重视，促进水资源管理作用的发挥，我国生态文明建设才能够逐步取得良好的发展成效，离开水资源管理，生态文明建设工作必将流于形式。

2.加强水资源管理，促进生态文明建设的良好发展

由于水资源管理工作与生态文明建设工作存在着紧密的联系，因此，在新时期背景下应该全面加强对水资源管理工作的重视，并积极探索借助水资源管理全面推进生态文明建设工作的措施，希望能够借助水资源管理工作逐步改善生态文明建设发展现状，促进生态文明建设在新时期背景下取得良好的发展成效。具体来说，在生态文明建设工作实践中要想借助水资源管理的力量促进生态文明建设的发展，可以从以下角度入手进行深入的研究和分析。

（1）全面贯彻落实水资源管理制度

基于水资源管理对生态文明建设工作的重要性，新时期在加强水资源管理工作的过程中应该建立健全严格的水资源管理制度，并将其作为加强生态文明建设制度方面的重要内容，在提高水资源管理成效的同时促进生态文明建设工作呈现出良好的发展态势。在具体操作方面，应该坚持党的领导，贯彻落实关于构建完整生态文明制度体系方面的内容，将水资源制度建设工作作为切入点和落脚点，为生态文明建设工作的良好推进创造有利条件。此外，针对水资源管理工作的实际需求，在认真贯彻落实指导思想的基础上，也应该构建相应的管理体制，推动水生态文明城市创建考核工作的开展，促进水资源管理制度作用的发挥，保证生态文明建设能够取得更好的发展成效。

（2）全面提高对水资源的调控和配置能力

在加强水资源建设和管理工作的过程中应该促进科学发展观的贯彻落实，并统筹经济建设和社会发展以及水资源利用三者之间的关系，借助科学的规划和利用实现三者之间的平衡发展，在促进经济建设的同时也实现对水资源的保护，在促进生态文明建设工作的持续推进工作实践中，相关工作人员应该对水资源战略配置格局进行新的优化，因地制宜地加强对配置制度的构建，保证能够实现对水资源的统一调度，促进社会的和谐稳定发展。唯有如此，水资源管理工作才能够真正发挥其辅助作用，促进生态文明建设的优化开展。

（3）加强水资源保护和水生态环境的修复

在水资源管理工作中水资源的保护和水生态的修复也是较为重要的内容，确保水资源管理工作在促进生态文明建设方面的作用得到进一步凸显。还应该将水资源的节约和水生态的修复作为重点工作，通过制定水资源强化论证措施、有偿使用措施以及水功能区管理措施等，增强对水资源的节约，促进水资源的循环使用，推动节能节水型社会的构建。在水生态环境修复方面，相关部门也应该保持高度重视，通过积极探索河流健康评估工作和河流环境修复工作等，加强对水环境和水生态建设工作的重视，保证在水资源管理工作的有效支撑下，生态文明建设效果能够得到

进一步凸显，为我国社会主义生态文明建设提供全方位的支持。

(4) 全面推进水生态文明创建工作

水生态文明创建思想的提出是践行生态文明建设理念的具体工作部署，在社会建设发展过程中，要想保证水资源管理效果，促进生态文明建设水平的逐步提高，就应该深入贯彻落实水资源管理制度的试点工作，并将水生态文明建设作为重点内容，希望能够构建人与水环境、自然和谐相处的现代化水利体系，为生态环保工作的逐步推进提供有效支撑。首先，基于全面统筹思想的指导和因地制宜原则的支持，应该科学合理地建设湖水联通系统，促进现代湖水网体系的构建，争取在社会上形成完整的水生态体系，保证水资源和水环境的承载能力得到明显的提高。其次，在水生态文明的建设过程中，应该注重对水生态文化的宣传，让社会大众和社会上的水利工程设计和建设组织能够认识到水生态环境维护工作的重要性，积极探索相应的水生态环境维护措施，争取实现对水资源有效利用和对生态环境保护工作的双赢，促进生态环保工作的优化开展。

综上所述，新时期背景下，国家建设过程中要求全面加强生态文明建设，为社会主义现代化建设提供相应的支持。在此背景下水资源管理工作也日渐受到广泛关注，借助水资源管理工作促进生态文明建设的良性发展成为相关部门重点关注的问题之一。所以，新时期将水资源管理和生态文明建设作为研究对象具有一定的现实意义，能够为生态文明建设工作的优化提供相应的理论参照。

(二) 水资源管理中水土保持关键点

1. 理顺关系，为采取水土保持措施树立标准

水土保持的水域效应，即水土保持措施对流域或区域水资源数量变化的影响，一是能够减少流域产沙模数和径流量，二是能够减少流域水流含沙量和洪峰流量，并延缓洪峰形成时间，改变洪水历时和产沙、产流的关系，在一定程度上改善区域水循环。水土保持工作与水资源质量呈正相关的关系，水土保持可对水质中的污染物进行过滤、吸收和转化，同时有害物质也会随流失的水土而迁移，从而扩大了污染源，导致有害物质在更大范围内影响地表水及地下水的质量，这种现象与非点源污染有关。非点源污染是指工农业生产与人们生活所产生的有害物质通过地表径流、土壤侵蚀、农田排水、地下淋溶、大气沉降等形式进入水、土壤或大气环境所造成的污染，其来源较广、潜伏性较强，且具有一定的随机性，根据实际污染物的来源及产生原因，可划分为农业非点源污染、水土流失非点源污染、农村生活非点源污染、降水降尘非点源污染、城市非点源污染等。农业非点源污染是来自农业生产当中的非点源污染，包括农药或水产养殖饵料药物等有害物质、秸秆农膜等固体废弃

物、畜禽养殖粪便污水等造成的污染；水土流失非点源污染是因水土流失而产生的非点源污染，包括土壤泥沙颗粒、氮磷等营养物质等造成的污染；农村生活非点源污染包括农村生活污水、垃圾等造成的污染；降水降尘非点源污染是大气中的污染物随着雨水的降落而产生的非点源污染，包括各种大气颗粒物造成的污染；城市非点源污染是伴随径流融入城市水体而产生的非点源污染。不同类型的非点源污染分布比较广泛，机理形成比较模糊，随水土流失后控制难度会更大。因此，需明确水土保持和水资源量与质的关系，找到水土保持的关键点，为采取水土保持措施树立标准。

2.采取科学措施，为做好水土保持工作确定方法

水土保持措施包括工程措施、生物措施和耕作措施。工程措施是以保持土体稳定和截排水建筑工程为主的水土保持手段，包括水窖、截水沟、拦沙坝、沉砂池、挡风墙、护土坡。生物措施也叫植物措施，是采用林草植被进行绿化，减少地表土壤侵蚀的水土保持手段。耕作措施是改变坡面微小地形、提高植被覆盖率、增强土壤抗蚀性的水土保持手段。这些措施对水质的影响主要体现在对非点源污染的控制上。

（1）工程措施

一是通过修筑治坡工程(如水平沟、鱼鳞坑、台地、各类梯川等)进行蓄水保土，在小范围内达到水土保持的目的；二是修建治沟工程，如拦沙坝、淤地坝、沟头防护等；三是兴建水窖、水池、排水系统和灌溉系统等小型水利工程，在保持水土的同时合理利用水资源；四是兴建中、大型水利工程，改善区域水资源的量与质。

（2）生物措施

主要是通过提高植被覆盖率来维护、改变和提高土地生产力，达到保土蓄水、提高土壤抗蚀性、改善土壤的目的。这种水土保持措施对水资源既有保护作用，又有改善作用。

（3）耕作措施

耕作措施通过改变坡面微小地形来提高植被覆盖，增强土壤抗蚀性，具有保墒蓄水、改良土壤的作用，也可减小或避免农业非点源污染。

3.进行水文分析，为水资源量与质的提升提供依据

对水资源量与质的检测需进行水文分析，借助相关的水文泥沙观测资料，通过水文分析可有效计算出水土保持措施之下水和沙的实际减少量，从而可分析出该水土保持措施的实际蓄水拦沙能力。

根据水土保持措施的实测结果和产沙特征，以及人类相关活动所增加的水土流失量，就能计算出其减水减沙效益。水文分析时，还要计算非点源污染物；非点源

污染物主要由两部分构成，即溶解态物质和吸附态物质，它们的主要污染方式是侵蚀。溶解态物质量是随着雨水流入水体的，吸附态物质量是随着土壤进入水体的。通过分析地表水与地下水径流，可有效地为水资源量与质的提升把好关。

(三) 水资源管理新思想及和谐论理念

1. 水资源的可持续利用

可持续发展观提倡资源高效配置和利用，水资源可持续利用就是要达到水资源和社会经济、自然环境与人类生存和谐发展，实现资源良性循环利用。水资源可持续利用要坚持以科学发展观为出发点，以点带面，注重整个区域的水资源高效利用，通过从一个点分析资源利用问题，体现整个地区资源结构的变化，并预测这种变化将来会造成哪种影响，进而真正实现水资源的长效可持续利用。

2. 水利利民

在我国，大量水库安全性不达标，而大量居民在蓄滞洪区生活着。对于这一严峻的现状，我们要尽快将水利建设的方案进行落实并实施。其一，要对年久失修的水库水阀进行修补或者更换，保证其防洪能力；其二，要确保居民的饮用水质量安全，保护水源地环境，实时监测水质；其三，要加强农业水利建设，在农业灌溉，牧区用水以及坡地整治等方面给百姓带来利好。其四，要大力保护水土，给城乡居民创造优良的生存环境。其五，要做好水库移民的安顿，提高水库移民的拆迁补偿费用，更要保证后期的扶持。

3. 现代水资源管理的和谐理论

水与人的和谐是现代水资源管理的实质。和谐论是阐述自然界和谐关系的重要理论，是关于多方参与者一起完成和谐关系的理论。和谐论理念无处不在，主要有：

① "以和为贵" 的价值观。

② 平和对待各种关系中存在的矛盾冲突，允许存在 "差异"，主张以和谐的方式去应对所有不和谐的问题。

③ 坚持以人为本、全面、协调、可持续的科学发展观，从而有效处理自然界以及人类社会面临的灾害。

④ 主张系统的观点，采用系统论的理论方法去探究和谐关系问题。

体现在水资源管理中的和谐论理念：

① 调整人和水的关系达到一个和谐的状态。

② 宣传普及人水和谐思想观念。

③ 协调分配各地区各用户各部门的用水量以及排污量。

④ 深化人水和谐思想，协调权衡水资源保护与开发。

现代化水资源的管理需从可持续发展角度出发，加深对水资源紧缺现状的认识；人水和谐思想也是最新的管理思想，更是和谐论理念的衍生品，因此在后续的水资源管理过程中还需要践行相关的理念，不断找到新的方式方法做好水资源的管理工作，争取能够更好地改变我国当前水资源浪费严重、污染严重以及使用不足的现状。

五、数字化技术在水资源管理中的应用

新时期，为了提高水资源管理水平，需要重视数字化技术的应用。通过实践分析，数字化技术在水资源管理工作过程的运用，大幅度提高了水资源管理效率，因此，在实践管理过程中，要提高对数字化技术的研究能力，以确保相关工作有效开展。

在有效地分析并运用数字化技术的过程中，要重视结合水资源管理现状开展实际工作，从而有针对性地提出更加完善的管理对策，以保证水资源管理工作有效开展。

(一)采集信息与传输数据的信息化管理系统

在水资源实际管理过程中，一定要有针对性地采集水资源的有关数据性信息。作为水资源管理部门，需要精准收集水资源管理的一些信息，利用水资源管理所设置的视频监控器、闸位数据收集器、水位传感器、雨量传感器等信息收集的相关装置，建构一个健全的水资源数字化信息的采集系统。有效利用信息采集的数字化技术，对水资源管理中的干渠、分干渠、水位的具体情况做进一步的监督工作，为水资源管理在速度与专业上达到信息化的有效保证奠定基础。以往的灌溉区域重点使用的是超短波无线通信网、数字微波通讯网作为通讯的工具。伴随着科学技术的逐步发展，以往的通信技术已被淘汰。所以，水资源管理的部门要迅速建构一个信息传输的渠道，并使用无线宽带达到水资源信息有效传输的目的。

(二)水资源管理数字化的网络系统建设工作

在水资源管理数字化技术的过程中，实现水资源信息资源共享的重点是利用现代化网络系统来施行。水资源管理部门要迅速建立一个可以传输图像、视频、音频等多个类型、且范围广的数据信息电脑网络平台，保证水资源信息可以真正得到有效的利用与开发，从而切实发挥水资源信息的作用。与此同时，水资源管理部门不仅要有效建立计算机网络平台，还需要建设相应的地理数字化系统和覆盖范围较为广泛的全球化定位系统。地理数字化系统可以为水资源信息做详细且科学性的整体性分析，全球定位系统可以帮助水资源管理部门精准掌握水资源产生问题的相关地点。作为水资源管理的部门，还需要利用模拟仿真系统，收集好全部的水资源信息，并实施标准化的存储与处理。

（三）水资源管理信息化水质与旱情监测系统

水资源管理部门需要在灌溉区设立一个监测断面，利用对断面的准确监测，有效提高灌溉区水质监测的实际性效果。若是发现水资源里有污染物，水资源管理部门需要使用水资源数字化的技术，模拟分析污染物扩散的实际路径，预测污染物的扩散区域，进而全面提高污染物处理的质量和整体效果。

水资源管理部门可以有效利用降水、土壤、气候等有关因素的情况进行旱情的预测。在旱情监测方面使用水资源管理数字化技术，可以准确分析水资源管理区域的具体状态，进而确定水资源管理区域有无旱情发生。通过逐步检测，如果发现水资源管理的地方有旱情，水资源管理部门就可以运用全球定位系统，将发生旱情的区域锁定。

（四）水资源领域主要运用的数字化信息技术

1. RS 技术

目前，数字化信息技术已经被大范围应用于水资源领域，这对水资源条件的不断改善发挥了重要作用。RS 技术属于遥感性技术，是现今数字化信息技术的一个种类，重点应用于旱情监测、水质监测、洪涝灾害、评估等多个水资源行业。

遥感技术的优势是可以使水资源的工作质量超越以往人工式的勘测，所以，在水资源工作领域被大范围实施应用。从遥感技术在水资源实践过程中的使用中发现，遥感技术收获的数据信息比较多，要规范信息种类，并做好详细的筛选和整理工作。在做水资源有关研究的时候，可以使用遥感技术，但是不要过度对其产生依赖。遥感技术有着不错的发展前景，技术上也很成熟，但是其自身也有不能全面获得有用信息、无关信息多等一些弊端。所以，在水资源实际工作过程中，就需要使用遥感技术和勘测技术的有效结合形式，利用人工来弥补遥感技术的缺憾，这样能够互相补充，为水资源研究提供更多可靠、准确的数据信息支持。

2. GIS 技术

GIS 地理信息系统是基于电脑硬件和软件全面支撑下，切实构成的空间性信息体系，主要依靠的是 GIS 技术，能够为地球表层的地理分布情况做有关的观测工作，之后对采集到的数据信息进行运算、管理、分析。GIS 技术在水资源领域的广泛性使用，可以作用于系统，并能够做好水资源信息的查询工作，再利用网络工艺，观测降水和洪峰流量等与水资源有关的因素，为防汛抗灾工作提供重要的凭据。

3. GPS 技术

GPS 技术有着精准度比较高、自动化强的特点，是全球卫星定位的一个系统，所以，在水资源领域广泛应用 GPS 技术，有利于水利信息空间位置供给和准确性定位，还能够准确测量出地形地貌的具体特征。当前，GPS 技术是在水下地形测量和防汛抗灾的时候，为灾害定位和灾后救援的顺利实行提供可靠性的依据。

通过数字化技术的引入，能够确保水资源管理工作的开展效率，因此，在实践分析过程中，必须提高对于数字化技术的运用能力，才能保证各项工作的有效顺利开展。

第三节　城市"三生"用水优化配置

城市"三生"用水包括生产用水、生活用水和生态用水。通过科学方法核算城市生态需水，从企业自身节水、工业结构调整、工业用水结构调整和用水政策调整几个方面优化配置城市工业用水，设计、比对、优化农业高效低碳用水策略，并从室内水系统、社区水系统、城市功能区水系统和城市总用水系统等 4 个不同系统层级构建城市生活用水网络体系并进行低碳优化配置，达到对整个城市"三生"用水系统的总体优化配置。

一、城市产业用水优化配置技术

为实现城市产业用水低碳优化配置，在现有城市水网基础上，补充多级水质供应和废水再生系统，形成城市梯级供水、用水网络系统。在现有技术条件下，根据不同用水类型的水质要求，设定各用水区域内水质等级。同时，根据各类污废水的水质状况，分类、分级回收再生循环利用，从而形成从单体到城市、涵盖不同城市功能区的城市梯级供水、多级用水的复合网络体系。

从企业自身节水、工业结构调整、工业用水结构调整和用水政策调整几个方面优化配置工业用水。

①企业自身节水：企业是节约工业用水的基本单元。在企业层面，开展用水审计活动，严防跑冒滴漏；推行节水器具使用，开发生产废水再生技术，充分利用企业再生水；开展企业生态园区建设，形成区域内各企业间梯级用水网络体系；开展生产用水、生活用水、生态用水、景观用水综合利用活动，优化区域用水网络体系。力争实现企业新水量最小化和工业废水零排放。

②工业结构调整：审核工业系统的行业构成，剖析城市现有工业各行业在经

济、用水、用能、废水排放等方面的份额，分析各工业行业水资源利用效率，锁定城市工业耗水大户，查找工业用水效率低下的工业部门，制定政策削减高耗低产行业，同时增加低耗高产优势行业，实现城市工业整体向低碳用水优化。

③工业用水结构调整：改变工业用水结构，由单一的新水类型转向新水、再生水、海水、雨水复合类型。其中，再生水既包括企业自身的废水再生，也包括企业以外自身功能区内、城市其他功能区、城市再生水系统的再生水。同时，开发海水工业应用技术、海水淡化技术、雨水收集利用技术，从而改善工业用水资源来源，优化工业用水结构。

④用水政策调整：调整工业用水政策，根据供水来源类型和水质，制定工业用水梯级水价制度。制定政策鼓励工业企业自身用水循环再生，鼓励工业企业使用海水、雨水、再生水，提升付费水在城市工业行业用水中的比重，逐步消除免费水。结合国民经济发展规划，因地制宜，针对各工业行业提出行业用水水价基准。

二、农业高效低碳化用水配置技术

农作物灌溉在农业用水中占有较大比重。我国是农业大国，农业耕地面积大，每年需要大量的农业灌溉用水。而灌溉技术的进步和普及可以大大降低农业用水量。针对此情况，在分析农业系统生命周期环境影响的基础上，结合农作物生物量和碳累积模型，建立城市高效低碳农作物灌溉系统综合管理模型。研究内容主要包括以下三点。

①农作物生物量评估：通过引入农作物生长函数，结合不确定性分析方法和城市水资源分布不确定分析，构建城市农作物生物量评价模型。

②不确定生命周期评价：通过分析城市农作物种植生命周期过程中相关物质和能源输入情况，结合统计分析模型、农业系统生命周期评价模型，建立城市农业系统生命周期清单，评估城市农业系统生命周期过程中的温室气体效应。

③低碳农作物灌溉系统优化管理：在城市农业系统生命周期温室气体效应评价的基础上，结合农作物生长函数、碳排放和碳累积模型，通过水资源分布和灌溉模式的不确定分析，在满足国家或地区农作物种植规划以及温室气体减排目标的条件下，建立城市高效低碳农作物灌溉系统综合管理模型。

三、城市生活用水低碳化配置技术

围绕城市生活用水，分别从室内水系统、社区水系统、城市功能区水系统和城市总用水系统等4个不同系统层级构建城市生活用水网络体系。

①室内水系统：围绕单体居民建筑，结合居民生活习惯、用水标准、用水类型

和现有生活污水处理技术水平，设定生活用水循环系数为 0.3~0.5，推荐使用 0.4。改善现有室内给排水系统，在现有室内生活用水单线路供水系统的基础上，补充设置室内再生水供应系统，形成双线路室内供水系统，此外，将消防给水切换为再生水。依此可节约生活用水的 30%~60%。

②社区水系统：社区水系统承担着社区内各单体建筑的供水和污水收集功能。与单体建筑相比，社区不仅涵盖各类单体建筑，还增加了社区内雨水收集、景观用水等系统。在原有社区水网基础上，在社区内补充雨水收集和生活用水再生系统，社区内水循环系数为 0.5~0.8，推荐采用 0.6，采用再生水供应室内再生水、消防水和社区内景观用水。改善现有社区室外管网系统，将现有室外生活用水单线路供水系统改为双线路供水系统，同时将雨水收集补充进入循环再生水系统，并将循环再生水系统用于社区消防、景观。依此可节约社区生活用水的 50%~80%。

③城市功能区水系统：城市功能区主要有居住区、工业区、商业区、文教区、休闲疗养及旅游区等。不同功能区域用水类型和排水水质差异很大，应分别结合各功能区特点规划设计功能区内室内外水系统网络体系。在各功能区内部，基于室内和室外水循环再生利用技术方法，进一步优化功能区内不同用水排水类型间的连接关系，力争各功能区内水资源充分循环利用，实现新水用量最小化、再生水用量最大化、功能区外排废水量最小化。在各功能区之间，将各功能区排放的不满足本功能区水质要求的再生水统一纳入城市再生水系统，二次再生后补充或供应城市生态、景观等用水。依此可节约各功能区用水的 40%~60%。

④城市总用水系统：在城市层面，将统筹城市各种水资源和各类用水系统及其间的联系。其水资源包括地表水、地下水、海水、雨水等。其用水系统将包括从一次水生产与供应为起点到末端用户、废水再生的各个环节；除了涵盖各类功能区外，还应考虑区域内农业系统以及水系与其他地区间的联系。利用前述单体、社区、功能区等水系统技术方法，城市层面在协调农业用水、生活用水、工业用水和生态用水之间关系的基础上，着重收纳各功能区排放的水质恶劣的外排水，利用废水深度处理技术，实现废水的无害化，并将废水外排至环境系统。收集各功能区排放的可用外排水，并设置城市再生水管网，将水输送到水质要求较低的功能区域。开发生活用水生态化技术，因地制宜地补充部分农业用水、生态用水和景观用水，从而形成城市梯级供水、多级用水的复合网络体系。

四、城市生态用水调控技术

对于"三生"用水中的生态用水，注重考虑生态用水调控。生态用水调控把供水调蓄设施（水库、调水工程等）、用水部门和河流生态系统作为一个整体的研究系统，其基本思想是从该大系统出发，以水平衡为基础，通过供水设施对系统的径流过程进行合理的调蓄，确定满足生态基流下的调控方案，得出可供给的最大水资源量及其时间过程，使系统中的生态用水和生产用水分配相协调，缺水率最小。

在生态调控分期的基础上，以河流健康评价的各指标得分为依据，结合当前河流的实际情况分析综合确定水利工程的生态调控目标。1—3月为封冻期，各河段水文指标和水体理化指标得分最低，是影响河流健康的主要因素。此时要改善河流健康状况，应以改善河道内水文及水质条件为调控目标。同时考虑到河流在此时期基本处于封冻阶段，生态系统对河流水量要求最低，因此将调控目标确定为维持河流一定规模、保证河道不断流的水量调控。3~5月、10~12月为河流枯水期，该时期河流水体理化指标得分变化明显，且该指标与河流水文条件高度相关。此外，河流景观效应指标得分在该时期下降，主要原因在于河流流量在枯水期较少且水质状况较差，直接导致人们对河流的亲近度不高。因此，将该时期的调控目标定位为改善水环境状况、维持河流自净稀释流量、提高水体水环境容量的水质调控。6—9月，河流处于汛期，该时期来水量较大且水环境状况最好，说明水量增大对水质的改善已经达到最大化。此时期，河流形态结构指标得分下降，表明此时段大流量洪水对河岸冲刷严重，河流含沙量增加，河岸侵蚀较其他时期重。同时结合河流的泥沙、河道淤积状况，将调控目标定位为维持河道输沙需水量的输沙调控。

想要找到合理正确的生态调控原则，必须清楚河流生态问题的来源，通过研究其规律及特征，给出适宜的调控方法。根据流域下游的生态系统所存在的问题，生态需水量调控以维持下游河道基本功能为目标，主要调控流域下游生物生长繁殖的基本生态需水量，防止泥沙淤积、具有可比拟天然冲沙能力的水量，防止水华、咸潮入侵所需的水量，防止河道萎缩及断流的水量等。可以通过改变水库的下泄流量、泄流时间以及泄流方式来满足下游河道生态系统的最小生态需水量。最终结果是保持河流以适宜生态径流量下泄，不允许河流径流量小于最小的生态径流量。其中，水库下泄流量可采用双断面控制法加以确定。

计算中设置两类水量控制断面，一类是水库下游附近的控制断面；另一类是水库下游、距离水库较远的控制断面。由于水库下游附近的河段受水库的影响最为剧烈，因此设置第一类控制断面，而第二类控制断面的设置是为了通过满足这些断面的生态需水量，实现满足流域主要河段的生态需水量的目的。

第九章　水污染治理技术

　　污水中的污染物一般以三种形态存在：悬浮（包括漂浮）态、胶体态和溶解态，污染物形态不同，需采用的净化处理方法也不同。水污染治理技术可以是物理处理、化学处理、物理化学处理和生物处理。可以根据不同的水污染形式选择合适的治理方法。

第一节　工业废水处理

一、几种常见的工业废水处理

（一）农药废水

　　农药废水主要来源于农药生产工程。其成分复杂，化学需氧量（COD）可达每升数万毫克。农药废水处理的目的是降低农药生产废水中污染物浓度，提高回收利用率，力求达到无害化。主要农药废水处理方法有活性炭吸附法、湿式氧化法、溶剂萃取法、蒸馏法和活性污泥法等。

（二）电泳漆废水

　　金属制品的表面涂覆电泳漆，在汽车车身、农机具、电器、铝带等方面得到广泛的应用。

　　用超滤和反渗透组合系统处理电泳漆废水。当废水通过超滤处理，树脂涂料可以被截住。透过超滤膜的水中含有盐类和溶剂，但很少含有树脂涂料再用反渗透处理透过超滤膜的水，透过反渗透膜的水中，总溶解固形物的去除率可以达到 97% ~ 98%。这样，透过水中总溶解固形物的浓度可以降低到 13 ~ 33 mg/L，符合终段清洗水的水质要求，就可用作最后一段的清洗水了。

（三）重金属废水

重金属废水主要来自电解、电镀、矿山、农药、医药、冶炼、油漆、颜料等生产过程。

（四）电镀废水

电镀废水毒性大，量小但面广。为了实现闭路循环，操作时必须注意保持水量的平衡。

（五）含稀土废水处理

稀土生产中废水主要来源于稀土选矿、湿法冶炼过程。根据稀土矿物的组成和生产中使用的化学试剂的不同，废水的组成成分也有所差异。目前常用的方法有蒸发浓缩法、离子交换法和化学沉淀法等。

1. 蒸发浓缩法

废水直接蒸发浓缩回收碘盐，工艺简单，废水可以回用实现"零排放"，对各类氨氮废水均适用，缺点是能耗太高。

2. 离子交换法

离子交换法仅适用于溶液中杂质离子浓度比较小的情况。一般认为常量竞争离子的浓度小于 $1.0 \sim 1.5$ kg/L 的放射性废水适于使用离子交换法处理，而且在进行离子交换处理时往往需要首先除去常量竞争离子。无机离子交换剂处理中低水平的放射性废水也是应用较为广泛的一种方法。比如：各类黏土矿（如蒙脱土、高岭土、膨润土、蛭石等）、凝灰石、锰矿石等。有些黏土矿如高岭土、蛭石，颗粒微小，在水中呈胶体状态，通常以吸附的方式处理放射性废水。黏土矿处理放射性废水往往附加凝絮沉淀处理，以使放射性黏土容易沉降，获得良好的分离效果。对含低放射性的废水（含少量天然镭和铀），有些稀土厂用软锰矿吸附处理（pH7 ~ 8），也获得了良好的处理效果。

3. 化学沉淀法

在核能和稀土工厂一般用化学沉淀法。去除废水中放射性元素

① 中和沉淀除铀和钍。向废水中加入烧碱溶液，调 pH 值在 7 ~ 9，铀和钍则以氢氧化物形式沉淀。

② 硫酸盐共晶沉淀除镭。

③ 高分子絮凝剂除悬浮物。放射性废水除去大部分铀、钍、镭后，加入 PAM（聚丙烯酰胺）絮凝剂，经充分搅拌，PAM 絮凝剂均匀地分布于水中，静置沉降后，

可除去废水中的悬浮物和胶状物以及残余的少量放射性元素，使废水呈现清亮状态，达到排放标准。

（六）纤维工业废水

与传统方法相比，用膜技术处理纤维工业废水，不仅能消除对环境的污染，而且经济效益和社会效益更好。

超滤法可用于回收聚乙烯醇（PVA）退浆水，一方面对环境起到一定的保护作用，另一方面回收的材料还可以再次用于生产。

（七）造纸工业废水

造纸废水主要来源于造纸行业的生产过程。造纸工业废水的处理方法多样。膜法处理造纸废水，是指造纸厂排放出来的亚硫酸纸浆废水，它含有很多有用物质，其中主要是木质素磺酸盐，还有糖类（甘露醇、半乳糖、木糖）等。过去多用蒸发法提取糖类，成本较高。若先用膜法处理，可以降低成本、简化工艺。

（八）印染工业废水

印染工业废水量大，根据回收利用和无害化处理综合考虑。

回收利用，如漂白煮炼废水和染色印花废水的分流，前者碱液回收利用，通常采用蒸发法回收，如碱液量大，可用三效蒸发回收，碱液量小，可用薄膜蒸发回收；后者染料回收，如士林染料（或称阴丹士林）可酸化成为隐色酸，呈胶体微粒，悬浮于残液中，经沉淀过滤后回收利用。

无害化处理方法则有物理法、沉淀法和吸附法等。为了提高出水水质，达到排放标准或回收要求，往往需要采用几种方法联合处理。

（九）冶金工业废水

冶金废水来源于冶金、化工、染料、电镀、矿山和机械等行业生产过程。冶金工业废水比较复杂，利用膜技术处理冶金工业废水应采用集成膜技术，并应注意采取恰当的预处理措施。

二、工业废水处理站设计

工业废水处理站设计与污水处理厂设计基本相似，其不同之处在于：

①工业废水处理站建设为企业行为，其设计报批的过程没有污水处理厂设计这么复杂和烦琐，一般通过厂方决定、报相应建设管理部门和环保部门立项审批通过

即可。

②工业废水处理站一般靠近工业企业建设，其设计更多地需要根据工业企业的具体情况和远期发展考虑。鉴于地价较贵，很多企业为节省占地，往往立体化建设废水处理站。

③工业废水成分较生活污水成分复杂，许多工业废水中均含有重金属、油类、抗生素、难降解有机物，因而物化处理、化学处理较常见。

④工业废水水量较小、污染物浓度较高，且水量、水质经常波动，因而废水处理的构筑物往往与生活污水处理有一定不同，如进水管渠较小，格栅非常窄（多自制），多数要设水质或水量调节池，二沉池多为竖流式沉淀池，固液分离除沉淀池外还有气浮池等。

工业废水处理站设计的关键在于选择合适的处理工艺及其构筑物。而工艺流程选择在于如何进行生化和物化技术的优化组合，或者选择先物化后生化工艺还是选择先生化后物化工艺。如果废水可生化性较好，且水量很大，宜采用先生化后物化；若可生化性较好，但水量很小，宜采用先物化后生化；若可生化性很差，或者含有一定浓度有毒有害的物质，如重金属、石油类、难降解有机物、抗生素等，宜物化在先，生化在后。

第二节　污水处理方法

一、物理处理法

所有利用物理方法来改变污水成分的方法都可称为物理处理过程。物理处理的特点是仅仅使得污染物和水发生分离，但是污染物的化学性质并没有发生改变。常用的过程有水量与水质的调节（包括混合）、隔滤、离心分离、沉降、气浮等。目前物理处理过程已成为大多数废水和污水处理流程的基础。

（一）格栅与筛网

筛网广泛用于纺织、造纸、化纤等类的工业废水处理。隔栅一般斜置在废水进口处截留较粗的悬浮物和漂浮物。阻力主要产生于残余物堵塞栅条。一般当隔栅的水头损失达到 10～15 cm 时就该进行清洗。现在一般采用机械，甚至自动清除设备。

(二) 离心分离

按离心力产生的方式, 离心分离设备可分为两种类型: 压力式水力旋流器 (或称旋流分离器) 和离心机。

(三) 沉淀池

沉淀池是分离悬浮物的一种常用构筑物。沉淀池由进水区、出水区、沉淀区、污泥区及缓冲区等五部分组成。

沉淀池按构筑形式形成的水流方向可分为平流式、竖流式和辐流式三种。

在平流式沉淀池内, 水是沿水平方向流过沉降区并完成沉降过程的, 废水由进水槽经淹没孔口进入池内。

竖流式沉淀池多用于小流量废水中絮凝性悬浮固体的分离, 池面多呈圆形或正多边形。沉速大于水速的颗粒下沉到污泥区, 澄清水则由周边的溢流堰溢入集水槽排出。如果池径大于 7 m, 可增加辐射向出水槽。溢流堰内侧设有半浸没式挡板来阻止浮渣被水带出。池底锥体为储泥斗, 它与水平的倾角常不小于 45°, 排泥一般采用静水压力, 污泥管直径一般为 200 mm。

辐流式沉淀池大多呈圆形, 辐流式沉淀池的直径一般为 6~60 m, 最大可达 100 m, 池周水深 1.5~3.0 m。沉淀后的水经溢流堰或淹没孔口汇入集水槽排出。溢流堰前设挡板, 可以拦截浮渣。当池径小于 20 m 时, 用中心传动; 当池径大于 20 m 时, 用周边传动。周边线速为 1.0~1.5 m/min, 池底坡度一般为 0.05, 污泥靠静压或污泥泵排出。

(四) 过滤

污水的过滤分离是利用污水中的悬浮固体受到一定的限制, 污水流动而将悬浮固体抛弃, 其分离效果取决于限制固体的过滤介质。

滤池的种类虽多, 但基本构造类似。一般用钢筋混凝土建造, 池内有入水槽 (图中未画出)、滤料层、承托层和配水系统; 池外有集中管系, 配有进水管、出水管、冲洗水管、冲洗水排出管等管道及附件。

滤池按滤料层的数目可分为单层滤料滤池、双层滤料滤池和三层滤料滤池。承托层必不可少, 其作用为: 防止过滤时滤料从配水系统中流失; 反冲洗时起一定的均匀布水作用。承托层一般采用天然砾石或卵石, 粒度为 2~64 mm, 厚度 100~700mm。

二、化学处理法

化学处理法就是通过化学反应和传质作用来分离、去除废水中呈溶解、胶体状态的污染物或将其转化为无害物质的废水处理法。通常采用中和、化学混凝、氧化还原、电解等方法。

(一) 中和

用化学方法去除污水中的酸或碱，使污水的 pH 值达到中性左右的过程称中和。

1. 中和法原理

当接纳污水的水体、管道、构筑物，对污水的 pH 值有要求时，应对污水采取中和处理。

对酸性污水可采用与碱性污水相互中和、投药中和、过滤中和等方法。中和剂有石灰、石灰石、白云石、苏打、苛性钠等。

对碱性污水可采用与酸性污水相互中和、加酸中和和烟道气中和等方法，其使用的酸常为盐酸和硫酸。

酸性污水中含酸量超过 4% 时，应首先考虑回收和综合利用；低于 4% 时，可采用中和处理。

碱性污水中含碱量超过 2% 时，应首先考虑综合利用，低于 2% 时，可采用中和处理。

2. 中和法工艺技术与设备

对于酸、碱废水，常用的处理方法有酸性废水和碱性废水互相中和、药剂中和和过滤中和三种。

① 酸碱废水相互中和。酸碱废水相互中和可根据废水水量和水质排放规律确定。中和池水力停留时间视水质、水量而定，一般 1 ~ 2 h；当水质变化较大，且水量较小时，宜采用间歇式中和池。

② 药剂中和。在污水的药剂中和法中最常用的药剂是具有一定絮凝作用的石灰乳。石灰作中和剂时，可干法和湿法投加，一般多采用湿式投加。当石灰用量较小时（一般小于 1 t/d），可用人工方法进行搅拌、消解。反之，采用机械搅拌、消解。经消解的石灰乳排至安装有搅拌设备的消解槽，后用石灰乳投配装置投加至混合反应装置进行中和。混合反应时间一般采用 2 ~ 5 min。采用其他中和剂时，可根据反应速度的快慢适当延长反应时间。

③ 过滤中和。酸性废水通过碱性滤料时与滤料进行中和反应的方法叫过滤中和法。过滤中和滚筒为卧式，其直径一般在 1 m 左右，长度为直径的 6 ~ 7 倍。由于其

构造较为复杂，动力运行费用高，运行时噪声较大，较少使用。

(二) 化学混凝

混凝是水处理的一种十分重要的方法。混凝法的重点是去除水中的胶体颗粒，同时还要考虑去除 COD、色度、油分、磷酸盐等特定成分。常用混凝剂应具备下述条件：

① 能获得与处理要求相符的水质。

② 能生成容易处理的絮体 (絮体大小、沉降性能等)。

③ 混凝剂种类少而且用量低。

④ 泥 (浮) 渣量少，浓缩和脱水性能好。

⑤ 便于运输、保存、溶解和投加。

⑥ 残留在水中或泥渣中的混凝剂，不应给环境带来危害。

混凝处理流程应包括投药、混合、反应及沉淀分离等几个部分。

(三) 氧化还原

污水中的有毒有害物质，在氧化还原反应中被氧化或还原为无毒、无害的物质，这种方法称为氧化还原法。

常用的氧化剂有空气中的氧、纯氧、臭氧、氯气、漂白粉、次氯酸钠、三氯化铁等，可以用来处理焦化污水、有机污水和医院污水等。

常用的还原剂有硫酸亚铁、亚硫酸盐、氯化亚铁、铁屑、锌粉、二氧化硫等。如含有六价铬的污水，当通入 SO_2 后，可使污水中的六价铬还原为三价铬。

按照污染物的净化原理，氧化还原处理法包括药剂法、电解法和光化学法三类，在选择处理药剂和方法时，应遵循下述原则：

① 处理效果好，反应产物无毒无害，最好不需进行二次处理；

② 处理费用合理，所需药剂与材料来源广、价格廉；

③ 操作方便，在常温和较宽的 pH 范围内具有较快的反应速度。

(四) 电解

电解法的基本原理就是电解质溶液在电流作用下，发生电化学反应的过程。阴极放出电子，使污水中某些阳离子因得到电子而被还原 (阴极起到还原剂的作用)；阳极得到电子，使污水中某些阴离子因失去电子而被氧化 (阳极起到氧化剂作用)。因此，污水中的有毒、有害物质在电极表面沉淀下来，或生成气体从水中逸出，从而降低了污水中有毒、有害物质的浓度，此法称电解法，多用于含氰污水的处理和从污水中回收重金属等。

三、物理化学处理法

物理化学法是利用物理化学反应的原理来除去污水中溶解的有害物质，回收有用组分，并使污水得到深度净化的方法。常用的物理化学处理法有吸附、离子交换、膜分离等。

（一）吸附

吸附是一种物质附着在另一种物质表面上的过程，它可以发生在气—液、气—固、液—固两相之间。在污水处理中，吸附则是利用多孔性固体吸附剂的表面吸附污水中的一种或多种污染物，达到污水净化的过程。这种方法主要用于低浓度工业废水的处理。

1.吸附原理

吸附剂与吸附质之间的作用力有静电引力、分子引力（范德华力）和化学键力。根据固体表面吸附力的不同，吸附可以分为三种基本类型，即物理吸附、化学吸附、离子交换吸附。

2.吸附剂

活性炭是目前应用最为广泛的吸附剂。在生产中应用的活性炭一般都制成粉末状或颗粒状。活性炭的吸附能力不仅与其比表面积有关，还与活性炭表面的化学性质、活性炭内微孔结构、孔径及孔径分布等诸多因素有关。常用活性炭其比表面积在 $500 \sim 1700$ ㎡/g，微孔有效半径在 $1 \sim 1000$ nm，其中小孔半径在 2 nm 以下，过渡孔半径在 $2 \sim 100$ nm，大孔半径在 $100 \sim 10\,000$ nm。小孔容积一般在 $0.15 \sim 0.90$ mL/g，其比表面积应占此面积的 95% 以上，活性炭表面吸附量主要受小孔支配来完成。

活性炭按用途又分为环保治理系列活性炭、脱硫专用炭等。它们具有不同的特点，适用于不同的环境。

（二）离子交换

离子交换法是水处理中硬水软化及除盐的主要方法之一，在废水处理中，主要用于除去废水中的金属离子。其实质量不溶性离子化合物（离子交换剂）上的可交换离子与溶液中的其他同性离子发生的交换反应。

离子交换方式可分为静态交换和动态交换两种。

静态交换：将污水与交换剂同时置于一耐腐蚀容器内，使它们充分接触（可进行不断地搅动)直至交换反应达到平衡状态。

动态交换:污水与树脂发生相对移动,它又有塔式(柱式)与连续式之分。

(三)膜分离

利用透膜使溶剂(水)同溶质或微粒(污水中的污染物)分离的方法称为膜分离法。其中,使溶质通过透膜的方法称为渗析;使溶剂通过透膜的方法称为渗透。

膜分离法依溶质或溶剂透过膜的推力不同,可分为三类:

① 以电动势为推动力的方法,称电渗析或电渗透。

② 以浓度差为推动力的方法,称扩散渗析或自然渗透。

③ 以压力差(超过渗透压)为推动力的方法有反渗透、超滤、微孔过滤等。

在污水处理中,应用较多的是电渗析、反渗透和超滤。

第三节 污水处理工艺

一、污水三级处理工艺

污水处理工艺流程选择的影响因素较多,主要有:① 污水的水质、水量及所需处理的程度等;② 工程造价与运行费用;③ 当地的地形、气候等条件。总之,应根据具体的情况,进行调查研究并经科学实验和技术经济比较后决定。一般来说,生活污水和城市污水的性质相对变化不大,经验积累较多,已形成较为典型的处理流程,按处理程度划分,可分为一级处理、二级处理和三级处理。

一级处理:主要处理对象是漂浮物和悬浮物及 pH 值调节,采用的处理设备依次为格栅、沉砂池和沉淀池。经一级处理后出水,BOD 去除率约为 30%,一般达不到排放要求,还须进行二级处理。截留于沉淀池的污泥可进行污泥消化或其他方法处理。条件许可时,出水可排放于水体或用于污水灌溉。

二级处理:在一级处理的基础上,再进行生物处理,称为二级处理。其去除对象是污水中呈胶体态和溶解态的有机物。二级处理工艺按 BOD 的去除率可分为两类:一类 BOD 去除率为 75% 左右(包括一级处理),处理后出水 BOD 达 60 mg/L,称为不完全二级处理;另一类 BOD 去除率达 85% ~ 95%(包括一级处理),处理后出水 BOD 达 20 mg/L,称为完全二级处理。二级处理采用的典型设备有生物曝气池(或生物滤池)和二沉池,产生的污泥经浓缩再进行厌氧消化或其他方法处理。二级处理的主体工艺是生物化学处理。

三级处理：在二级处理之后，为了进一步去除二级处理所残留的污染物、营养物质（N 和 P）、微生物及其他溶解物质等所采用的处理措施为三级处理。经过三级处理，BOD 能够从 20 ~ 30 mg/L 降至 5 mg/L 以下，且大部分 N、P 被去除。具体采用的方法有化学絮凝、过滤等。有时，三级处理的目的不是排放，而是直接回收，这时，三级处理的去除对象还包括废水中的细小悬浮物及难以生物降解的有机物、微生物和无机盐等，采用的方法还有吸附、离子交换、反渗透、消毒等。三级处理与深度处理虽然在处理程度或深度上基本相同，但其概念还是有所区别。三级处理强调顺序性，即其前必有一、二级处理；深度处理，其前不一定要有其他处理。

三级处理常用于二级处理后，主要方法有生物脱氮除磷法、混凝沉淀法、砂滤法、活性炭吸附法、离子交换法和电渗析法等。三级处理是深度处理的同义语，但两者又不完全相同。深度处理以污水回收、再用为目的，属于在一级或二级处理后增加的处理工艺。污水再利用的范围很广，从工业上的重复利用、水体的补给水源到成为生活用水等。

工业废水的处理流程，随工业性质、原料、成品及生产工艺的不同而不同，具体处理方法与流程应根据水质与水量及处理的对象，经调查研究或试验后决定。

二、水体污染综合防治

随着工业的发展、城市规模的扩大和人民生活水平的提高，废水的产量与日俱增，废水中的污染成分日趋复杂，污染物的数量日益增加。在这种情况下，仅仅强调污染源的治理远远不能彻底解决水体污染问题。因为这样做不仅耗资大、耗能多，而且难以控制污染，不能从根本上解决水体污染问题。因此，采取控制废水排放、充分循环利用、综合处理、区域防治和加强管理等综合措施，成为防治水体污染的发展方向。

（一）控制废水排放

控制废水排放的着眼点是，不要被动地等到废水产生后进行末端治理，而是要采取积极的办法使污水消除在生产过程中，或减少生产过程中的废水排放量，其措施如下。

①改革生产工艺和管理制度，发展水量消耗少的工艺，尽可能减少和避免跑、冒、滴、漏，降低新鲜水的补充量。

②提高水的重复利用率，重复用水就是根据不同的生产工艺对水质的不同要求，即将甲工段排出的废水送往乙工段，将乙工段的废水送入丙工段，实现一水多用。当然亦可在各工段用水之间进行适当的处理，此外，也可根据实际情况进行循

环处理使用。

③改革生产工艺，实现清洁生产，尽量不用或少用易产生污染的原料及工艺。例如采用无水印染工艺，印染时不用水，则每染一匹布大约可少排废水20 t；又如采用无氰电镀工艺，在生产过程中用非氰化物电解液代替氰化物电解液，可避免生产用水中含有毒的氰化物。

④经过一定处理的废水不排入水体，优先考虑农田灌溉、养殖鱼类和藻类等水生动植物。

（二）建立自然净化系统

每个企业、居民点、区域和地方，都要根据水源、水质、污染、治理等综合情况，有条件地建立和利用自然净化能力。

①水体本身是一个天然的污水净化场所，许多废水所带入的污染物可以在水体中得到自然净化，但应注意不应超出水体的自净能力。

②土壤的自净作用。某些污水灌溉农田、草场或休闲地不仅能利用水资源，而且也能够充分利用土壤的自净作用，净化废水。其净化作用主要有土壤本身的吸附、过滤、离子交换及微生物和植物根系的吸附和分解等，值得注意的是，土壤污染后恢复较慢，应避免超过其自净能力和污染地下水。

（三）统一规划处理系统

根据工矿区和城镇的水系分布情况，分区、分段研究和确定污染负荷、治理状况和自净程度，建立统一的布局和处理系统。

①建立综合性污水处理厂。城镇污水和工业废水通过排水管道集中在一起，在统一的污水处理厂处理。其优点是建设投资少，便于统一管理，节省占地面积，能充分发挥技术措施的作用。

②调整工业布局。水体的自净能力是有限的，合理的工业布局可以充分利用自然环境的自净能力，变恶性循环为良性循环，起到发展经济、控制污染的作用。在缺水较严重的地区，不兴建耗水量大的企业。对于用水量大、污染严重又无有效治理措施的企业应采取关、停、并、转的措施，尤其是那些城镇生活区、水源保护区、名胜古迹、风景游览区、疗养区、自然保护区不允许建设污染水体的企、事业单位。

③修建调节水库和曝气设施。在小区段利用这些设施调节水量，缓解水的污染程度，同时增加水体的溶解氧量和自净能力。

④在一定范围内组织闭路水系统。在一个工厂、一个区域可组织闭路工业和生活用水系统，使废水循环使用或以废治废。

总之，实践证明，由于技术、经济、资源等条件的限制，单一的治理措施难以从根本上解决水的污染问题，而全面规划、综合防治才能比较经济、有效地解决污染问题。

第四节 污水再生利用

人口的增长增加了对水的需求，也加大了污水的产生量。考虑到水资源是有限的，在这种情况下，水的再生利用无疑成为贮存和扩充水源的有效方法。此外，污水再生利用工程的实施，不再将处理出水排放到脆弱的地表水系，这也为社会提供了新的污水处理方法和污染减量方法。因此，正确实施非饮用性污水再生利用工程，可以满足社会对水的需求而不产生任何已知的显著健康风险，已经为越来越多的城市和农业地区的公众所接受和认可。

一、回用水源

回用水源应以生活污水为主，尽量减少工业废水所占的比重。因为生活污水水质稳定，有可预见性，而工业废水排放时污染集中，会冲击再生处理过程。

城市污水水量大，水质相对稳定。就近可得，易于收集，处理技术成熟，基建投资比远距离引水经济，处理成本比海水淡化低廉。因此当今世界各国解决缺水问题时，城市污水首先被选为可靠的供水水源进行再生处理与回用。

在保证其水质对后续回用不产生危害的前提下，进入城市排水系统的城市污水可作为回水水源。

当排污单位排水口污水的氯化物含量大于 500 mg/L，色度大于 100（稀释倍数），铵态氮含量大于 100 mg/L，总溶解固体含量大于 1500 mg/L 时，不宜作为回用水源。其中氯离子是影响回用的重要指标，因为氯离子对金属有腐蚀性，所以应严格控制。

二、再生水利用方式

再生水利用有直接利用和间接利用两种方式。直接利用是指由再生水厂通过输水管道直接将再生水送给用户使用；间接利用就是将再生水排入天然水体或回灌到地下含水层，从进入水体到被取出利用的时间内，在自然系统中经过稀释、过滤、挥发、氧化等过程获得进一步净化，然后再取出供不同地区用户不同时期使用。

三、水资源再生利用途径

再生的污水主要为城市污水。参照国内外水资源再生利用的实践经验，再生水的利用途径可以分为城市杂用、工业回用、农业回用、景观与环境回用、地下水回灌以及其他回用等几个方面。

（一）城市杂用

再生水可作为生活杂用水和部分市政用水，包括居民住宅楼、公用建筑和宾馆饭店等冲洗厕所、洗车、城市绿化、浇洒道路、建筑用水、消防用水等。

城市污水回用于生活杂用水可以减少城市污水排放量，节约资源，利于环境保护。城市杂用水的水质要求较低，因此处理工艺也相对简单，投资和运行成本低。因此，再生水城市杂用将是未来城市发展的重要依托。

（二）工业回用

工业用水一般占城市供水量的80%左右。世界的水资源短缺和人口增长，以及关于水源保持和环境友好的一系列环境法规的颁布，使得再生水在工业方面的利用不断增加。

厂区绿化、浇洒道路、消防与除尘等对再生水的品质要求不是很高，也可以使用回用水。但也要注意降低再生水内的腐蚀性因素。

其中，冷却水占工业用水的70%~80%或更多，如电力工业的冷却水占总水量的99%，石油工业的冷却水占90.1%，化工工业占87.5%，冶金工业占85.4%。冷却水用量大，但水质要求不高，用再生水作为冷却水，可以节省大量的新鲜水。因此工业用水中的冷却水是城市污水回用的主要对象。

（三）农业回用

农业灌溉是再生水回用的主要途径之一。再生水回用于农业灌溉，已有悠久历史，目前，是各个国家最为重视的污水回用方式。

农业用水包括食用作物和非食用作物灌溉、林地灌溉、牧业和渔业用水，是用水大户。城市污水处理后用于农业灌溉，一方面可以供给作物需要的水分，减少农业对新鲜水的消耗；另一方面，再生水中含有氮、磷和有机质，有利于农作物的生长。此外，还可利用土壤—植物系统的自然净化功能减轻污染。

农业灌溉用水水质要求一般不高。一般城市污水要求的二级处理或城市生活污水的一级处理即可满足农灌要求。除生食蔬菜和瓜果的成熟期灌溉外，对于粮食作物、饲料、林业、纤维和种子作物的灌溉，一般不必消毒。就回用水应用的安全可靠性而言，再生水回用于农业灌溉的安全性是最高的，对其水质的基本要求也相对容易达到。再生水回用于农业灌溉的水质要求指标主要包括含盐量、选择性离子毒性、氮、重碳酸盐、pH 值等。

再生水用于农业应按照农灌的要求安排好再生水的使用，避免对污灌区作物、土壤和地下水带来不良影响，取得多方面的经济效益。

（四）景观和环境回用

这里所说的景观与环境回用是指有目的地将再生水回用到景观水体、水上娱乐设施等，从而满足缺水地区对娱乐性水环境的需要。

由再生水组成的两类景观水体中的水生动物、植物仅可观赏，不得食用；含有再生水的景观水体不应用于游泳、洗浴、饮用和生活洗涤。

（五）地下水回灌

地下回灌是扩大再生水用途的最有益的一种方式。地下水回灌包括天然回灌和人工回灌，回灌方式有三种，即直接地表回灌、直接地下回灌、间接回灌。

城市污水处理后回用于地下水回灌的目的主要有：

① 减轻地下水开采与补给的不平衡，减少或防止地下水位下降、水力拦截海水及苦咸水入渗，控制或防止地面沉降及预防地震，还可以大大加快被污染地下水的稀释和净化过程。

② 将地下含水层作为储水池（贮存雨水、洪水和再生水），扩大地下水资源的储存量。

③ 利用地下流场可以实现再生水的异地取用。

④ 利用地下水层达到污水进一步深度处理的目的。可见，地下回灌溉既是一种再生水间接回用方法，又是一种处理污水方法。

再生水回用于地下水回灌，其水质一般应满足以下一些条件：首先，再生水的水质不会造成地下水的水质恶化；其次，再生水不会引起注水井和含水层堵塞；最后，再生水的水质不腐蚀注水系统的机械和设备。

（六）其他回用

再生水除了上述几种主要的回用方式外，还有其他一些回用方式。

1. 回用于饮用

污水回用作为饮用水，有直接回用和间接回用两种类型。

直接回用必须是有计划的回用，处理厂最后出水直接注入生活用水配水系统。此时必须严格控制回用水质，绝对满足饮用水的水质要求。

间接回用是在河道上游地区，污水经净化处理后排入水体或渗入地下含水层，然后成为下游或当地的饮用水源。目前世界上普遍采用这种方法，如法国的塞纳河、德国的鲁尔河、美国的俄亥俄河等，这些河道中的再生水量比例为13%~82%；在干旱地区每逢特枯水年，再生水在河中的比例更大。

2. 建筑中水

建筑中水是指单体建筑、局部建筑楼群或小规模区域性的建筑小区各种排水，经适当处理后循环回用于原建筑物作为杂用的供水系统。

在使用建筑中水时，为了确保用户的身体健康、用水方面和供水的稳定性，适应不同的用途，通常要求中水的水质满足以下几点条件应：不产生卫生上的问题；在利用时不产生故障；利用时没有嗅觉和视觉上的不适感；对管道、卫生设备等不产生腐蚀和堵塞等影响。

第十章　污染水环境生态修复工程

第一节　污染水环境修复理论

一、水环境修复

(一) 水环境修复概念

自然变迁和人类不适宜的生产、生活活动，造成了水环境不同程度的改变和损害，而且到目前为止受到损害的速率远远大于其自身的及人工的修复速率。同时，水环境的破坏必然导致水资源的损耗，造成人类生存环境质量的下降和生存空间的缩小。因此水环境问题已经成为超越国界的全球性问题。延缓、阻止乃至逆化水环境受损进程，是保证社会经济可持续发展的必要条件。国际上对修复受损水环境的重要性已形成共识，对受损水环境的修复技术研究十分重视。

水环境修复技术（Water environment remediation technology）是利用物理的、化学的、生物的和生态的方法减少水环境中有毒有害物质的浓度或使其完全无害化，使污染了的水环境能部分或完全恢复到原始状态的过程。

(二) 水环境修复目标与原则

水环境修复一般不可能达到完全恢复水环境的原始状态，因此，水环境修复的目标是，在保证水环境结构健康的前提下，满足人类可持续发展对水环境功能的要求。

环境修复工程所遵循的原则不同于传统的环境工程学。在传统环境工程领域，处理对象能够从环境中分离出来（如废水或者废物），需要建造成套的处理设施，在最短的时间内，以最快的速度和最低的成本，将污染物净化去除。而在水环境修复领域，所修复的水体对象是环境的一部分，在修复过程中需要保护周围环境，不可能建造能将整个修复对象包容进去的处理系统。如果采用传统治理净化技术，即使对于局部小系统的修复，其运行费用也将是天文数字。因此，水环境修复比传统环境工程需要的专业面更广，包括环境工程、土木工程、生态工程、化学、生物学、毒理学、地理信息和分析监测等，需要将环境因素融入技术中。

水环境修复的原则包括：

① 水体的地域性根据地理位置、气候特点、湖泊类型、功能要求、经济基础等因素，制订适当的水环境修复计划、指标体系和技术途径。

② 生态学原则根据生态系统自身的演替规律分步骤分阶段进行修复，并根据生态位和生物多样性原则构建健康的水环境生态系统。

③ 最小风险和最大效益原则水环境修复是一项技术复杂、耗资巨大的工程，对水环境的变化规律和机理的认识还有待提高，往往不能准确预计修复工程带来的全面影响，因此需要对工程仔细论证，降低风险，同时获得环境效益、经济效益和社会效益的统一。

二、水环境修复基本内容

(一) 水环境现场调查

任何一个水环境修复工程，都需要对修复现场进行科学的调查。水环境现场调查的主要目的是确定污染程度，包括污染区域位置、大小、特征、形成历史，污染变化趋势和程度等。现场调查内容包括外部污染源的范围和类型、内在污染源的变化规律、底泥土壤环境的形态和性质、水动力学特征等。

(二) 水环境修复设计

1. 设计原则

主要包括：① 制定合理的修复目标，并遵循法律法规方面的要求；② 明确设计概念思路，比较各种方案，进行现场研究；③ 考虑可能遇到的操作和维修方面的问题，公众的反应，健康和安全方面的问题；④ 估算投资、成本和时间等因素的限制，结构施工容易程度，编制取样检测操作和维修手册等。

2. 设计程序

主要包括：① 项目设计计划。综述已有的项目材料数据和结论、确定设计目标、确定设计参数指标、完成初步设计、收集现场信息、现场勘察、列出初步工艺和设备名单、完成平面布置草图、估算项目造价和运行成本。② 项目详细设计。重新审查初步设计、完善设计概念和思路、确定项目工艺控制过程和仪表、详细设计计算、绘图和编写技术说明相关设计文件、完成详细设计评审。③ 施工建造。接收和评审投标者并筛选最后中标者、提供施工管理服务、进行现场检查。④ 系统操作。编制项目操作和维修手册、设备启动和试运转。⑤ 验收和编制长期监测计划。

三、水环境修复工程

(一) 物理修复工程

目前，在水环境修复中所采用的主要物理措施有引水冲刷／稀释、曝气、机械／人工除藻、底泥疏浚等。

1. 冲刷／稀释

冲刷／稀释是采取引水冲污稀释污染水体，增加流域水资源量，加快污染水体流动，加强水体自净功能，提高水环境承载能力。引水的直接作用是加快水体交换，缩短污染物在水体中的滞留时间，降低污染物浓度指标，使水体水质得到改善。同时，水体流动性的加强对沉积物—水体界面物质交换也有一定影响，增加河流下层溶解氧含量，对底泥污染物释放产生一定的抑制作用，有助于水体生态系统的恢复。引水冲刷／稀释在国内外水污染控制中得到广泛运用，取得良好的效果。

2. 曝气

污染水体接纳大量的有机污染物后，有机物大量分解造成水体溶解氧浓度急剧降低，甚至出现厌氧状态，导致溶解氧释放以及臭味气体产生。通过人工曝气，使水体底层溶解氧得以恢复，水体中溶解铁、锰、硫化氢、二氧化碳、氨氮及其他还原组分浓度大为降低，改善水生生物的生存环境。同时，人工曝气可以有效限制底层水体中磷的活化和向上扩散，限制浮游藻类的生产力。

3. 机械／人工除藻

用机械／人工方法收获水体中的藻类，可在短期内快速有效地去除藻类及藻华。在某些特定环境，利用自然动力收获藻类可有效地减轻富营养化的危害。例如，在太湖水环境修复中，利用风力、湖流在水源区域建造富集藻类的专门设施来收集藻类，避免了"水华"阻塞取水口而引起的水质恶化，取得良好的效果。

4. 底泥疏浚

水体沉积物为水生生物提供重要的栖息生境，是水环境生态系统的重要组成部分。一方面，沉积物是水环境中污染物的主要蓄积库，进入水环境的污染物大部分会迅速转移到沉积物中。在一定条件下，沉积物中的污染物可能向水体重新释放，导致水体污染。另一方面，沉积物在很大程度上影响了污染物在水生食物链中的转移和积累，尤其是底栖生物可能从沉积物中富集重金属及其他污染物。因此，采取环境疏浚等手段，可以降低水体的内源污染负荷量和底泥污染物重新释放的风险。对于沉积物中的重金属和持久性有毒有机污染物而言，只能通过环境疏浚方法从湖泊中去除。

（二）化学修复工程

进入水体中的污染物，在水环境中发生复杂的化学反应，污染物形态和化学性质不断发生变化。因此，根据水体中主要污染物的化学特征，可以采用化学方法改变污染物的形态（化学价态、存在形态等），从而降低污染物的危害程度。目前采用的化学方法主要包括化学沉淀、钝化、酸碱中和、化学除藻等。

1. 化学沉淀

化学沉淀（Precipitation）法通过向水体投加铁盐或铝盐，通过吸附或絮凝作用与水体中的无机磷酸盐产生化学沉淀，降低水体磷的浓度，控制水体的富营养化。同时，铝盐能够形成氢氧化铝沉淀，而氢氧化铝在沉积物表层形成"薄层"，可以阻止沉积磷的释放。

2. 钝化

钝化（Deactivation）法是根据铝盐、铁盐、硫酸铝铁、钙盐、泥土颗粒和石灰泥等能与无机和颗粒磷产生沉淀，从而减少水体中磷的含量，修复富营养化水体。美国有一种称为 CLEAM-FLOLAKE-CLEASETM 的产品，是硫酸钙、硫酸铝和硼酸的混合物，可以沉淀水体中的铁和磷，同时降低亚硝酸盐和锰的水平，在许多不同湖泊和水库的应用中成功地去除了藻类和其他水生植物。

3. 酸碱中和

酸碱中和（Neutralization）法是向水体中添加石灰进行酸碱中和，调整水体酸碱度，以适应水生态系统的物种生长、繁殖的需要。石灰材料包括石灰石、生石灰和熟石灰。同时，加入熟石灰能够促进磷酸盐形成稳定的磷酸钙沉淀，控制水体中的磷酸盐浓度和叶绿素水平。该方法已在美国、加拿大、挪威和瑞典等国得到广泛运用。

4. 化学除藻

化学除藻（Chemical algae removal）法主要采用各种化学除藻剂进行除藻，其效果最显著，但也最具有危险性。因为这些除藻剂的化学成分均为易溶性的铜化合物（硫酸铜），或者螯合铜类物质，这些化合物对鱼类、水草等生物产生一定程度的伤害甚至导致死亡，并且有致癌作用，还会产生其他一些不可预测的不良后遗症。所以，化学除藻剂在使用时要非常慎重，严格按照要求的用量操作，否则会造成严重后果。

（三）生物修复工程

生物修复（Bioremediation）是利用生物（特别是微生物）催化降解有机污染物，从而去除或消除环境污染的过程，即利用培育的植物或培养、接种的微生物的生命活动，对水中污染物进行转移、转化及降解，从而使水体得到净化，目前已成功应用于底泥、地下水、河道和近海洋面的污染治理。在水体的生物修复过程中，各种生物会在不同层次互相影响，互相结合而起到不同的净化作用。与传统的化学、物理处理方法相比，生物修复技术有以下优点：污染物可在原地被降解；修复时间较短；就地处理操作简便，对周围环境干扰少；较少的修复经费，仅为传统化学、物理修复经费的30% ~ 50%；人类直接暴露在污染物下的机会减少；不产生二次污染，遗留问题少等。

地表水环境的主要污染特征是水体富营养化、重金属、有毒有机物以及有机污染，根据污染物的主要特点，地表水环境生物修复技术可以分为生物操纵、植被群落恢复和生物除藻等类型。

(四) 生态工程修复

水环境生态修复技术包括具有复合生态系统的生态塘处理、以植物和微生物为主要处理功能体的湿地处理和土地处理等。

1. 生态塘处理

生态塘（Ecological pond）是以太阳能为初始能源，通过在塘中种植水生作物，进行水产和水禽养殖，形成人工生态系统。在太阳能（日光辐射提供能量）的推动下，通过生态塘中多条食物链的物质迁移、转化和能量的逐级传递、转化，对进入塘中污染水体中的有机污染物进行降解和转化，最后不仅去除了污染物，而且以水生作物、水产的形式作为资源回收，净化的污水也能作为再生水资源予以回收再用，将污水处理与利用结合起来，实现了污水处理资源化。

2. 人工湿地处理

人工湿地（Constructed wetlands）是近年来迅速发展的水体生物生态修复技术，已经成为提高大型水体水质的有效方法。人工湿地的原理是利用自然生态系统中物理、化学和生物的三重作用来实现对污水的净化。人工湿地系统是在一定长宽比及底部有坡度的洼地中，由土壤和填料（如卵石等）混合组成填料床，污染水可以在床体的填料缝隙中曲折地流动，或在床体表面流动。在床体的表面种植具有处理性能好、成活率高的水生植物（如芦苇等），形成一个独特的动植物生态环境，对污染水进行处理。人工湿地的显著特点之一是其对有机污染物有较强的降解能力，出水质量好，可以结合景观设计，种植观赏植物改善风景区的水质状况。其造价及运行费远低于常规处理技术。

3. 土地处理技术

土地处理（Land treatment）技术是一种古老但行之有效的水处理技术。它是以土地为处理设施，利用土壤—植物系统的吸附、过滤及净化作用和自我调控功能，达到对水净化的目的。土地处理系统可分为快速渗滤、慢速渗滤、地表漫流、湿地处理和地下渗滤生态处理等。国外的实践经验表明，土地处理系统对于有机化合物尤其是有机氯和氨氮等有较好的去除效果。

第二节　污染湖泊水库水环境修复工程

一、湖泊水库水环境

（一）湖泊水库的概念

湖泊是指陆地表面洼地积水形成的比较宽广的水域。现代地质学定义：陆地上洼地积水形成的、水域比较宽广、换流缓慢的水体。汉语定义：湖与泊共为陆地水域，但湖指水面有芦苇等水草的水域，泊指水面无芦苇等水草的水域。

湖泊的形成、演化、成熟直至最终死亡，是在一定环境地质、物理、化学和生物过程的共同作用下完成的。因此，湖泊类型和湖泊环境表现出显著的地域特点。世界湖泊根据湖盆成因分类主要有如下几种：

① 构造湖，地壳活动形成的构造断陷湖通常规模和水深较大，如美国大湖区的形成与地质构造活动有关；俄罗斯的贝加尔湖、我国云南的洱海和泸沽湖等也是典型的构造断陷湖。

② 火山湖，火山成因的湖泊规模相对较小，但水深较大，如我国的五大连池。

③ 壅塞湖，如岷江上游形成的诸多海子，云南程海也是断陷构造与地震滑坡共同形成的。

④ 冰川湖，阿拉斯加和加拿大有大量现代冰川作用形成的湖泊。

⑤ 河流成因的湖泊，这类湖泊的亚种比较多，主要分侧缘湖、泛滥平原湖、三角洲湖和瀑布湖等，我国长江中下游的大量湖泊均属于此类。

⑥ 水库，人造的湖泊，而规模较小的称为水塘、塘坝和蓄水池。一般的形成方法是在河流的中上游建造堤坝，河水把河谷淹没后便形成水库。不过也有的水库是建于海上的，如香港的船湾淡水湖。水坝一般都建于狭窄的谷地，因为两岸的山坡可以作为水库的天然围墙，而水坝的长度也可大大缩短。兴建之前，需要将被水淹地带的民居和古迹移到其他地方。

湖泊一般都是天然形成的，而水库一般是在河流水系基础上人为设计和建造的。

相对来说，天然湖泊水深比较浅，而水库通过建造水坝形成，水深度比较大。水库通常具有更大的流域面积，比较大的水面面积，更深的平均和最大深度，比较短的水力停留时间，水体流动形态相差比较大。这些不同之处都会影响到其水体修复技术和措施的选择。

但是，湖泊和水库有着许多相似之处。例如，其生物过程和一些物理过程是类似的，具有相同的动物群落（Fauna）和植物群落（Flora），两者都可能发生分层现象，其富营养化现象也是雷同的。

(二) 湖泊水库水动力学

水动力学（Hydrodynamics）过程决定着水体内部各种物质和能量的输移转化过程，在很大程度上决定着水质的宏观变化过程，是研究和掌握湖泊水库水质变化规律的关键之一。

1. 水来源

流域降水、汇流是湖泊水库水的主要来源。水量与流域降水的强度、范围和汇流过程紧密相关。入湖径流水量的计算分为两类：① 通过各级河流汇合进入湖泊，可以在河口设置观测站，实际测量；② 激流，即沿湖泊周围陆地分散进入湖泊。除此之外，还有湖面降水，是降雨水深与湖面面积的乘积，可以不考虑水量损失。在缺乏实际监测资料的情况下，一般对入湖径流量进行估算。

2. 吞吐量

湖泊水库吞吐量一般用水力停留时间或者换水周期表示。水力停留时间指汇流水在湖泊水库中的平均滞留时间，而换水周期表示湖泊水库水量吐故纳新一次平均所需要的时间。

溶解性污染物的浓度在很大程度上依赖于湖泊水体的交换和稀释过程。因此，湖泊水体平均停留时间的倒数又称为"水力冲刷率"或者"水体交换率"。

另外，汇流携带流域污染物包括泥沙和悬浮物质，在入湖时由于过流断面突然扩大而流速变缓，其所携带的颗粒物质发生沉降；而出流将湖泊中的物质（如营养盐、浮游植物及其悬浮碎屑等）携带出湖泊。因此，由入流和出流的水质可推算湖泊污染物或者营养盐的累积量。湖泊水量往往随着湖泊水面面积和水体深度的变化而变化。

3. 水团运动

湖泊水库中水体在多种因素的推动下，形成不同形式的流动。主要划分为密度流、吞吐流（又称为倾斜流）和风生流。密度流是由于水体温度分布不均匀所导致的密度不均匀引起的。吞吐流是湖泊水库与河道相连的出、入流所延伸的湖泊水库内部的水流。河流径流速度比较大，因此，当河流汇入湖泊水库时，由于惯性力而对湖泊水库水体带来冲击，同时由于水量堆积而形成重力梯度。重力梯度与惯性力合在一起形成了湖泊水库内的局部推流，自入湖口向内呈扇形分布。风生流是由水面上的风力引起的，是水流的主要动力。风力产生的摩擦力直接带动约 3 m 深的水层流动，间接带动整个水体的循环。相关的参数包括水面风场、风应力系数、温度场、水底摩擦阻力系数、水体水平和垂直方向的扩散系数等。由此，风力场受许多因素的影响，包括局部地形地貌、下垫面非均匀性、太阳辐射场，具有非常大的不确定性，是水流动力学研究的难点。

风成流对湖泊水库水体混合和传质具有重要的影响。风成流是由风对水面的摩擦力和风对波浪背面的压力作用引起的。风力首先引起表层水运动并带动次层水运动，从而引起更大范围的水体运动。而水体沿风向的运动会引起下风向水体的堆积或者称为局部"壅水"。这种水体局部堆积产生重力梯度，导致底层水体逆向流动。因此，风成流实际上具有双向大范围的传质搬运特征，对水体和污染物的平面分布有着重要作用。风成流还以风浪的形式影响水体垂直方向的混合。风浪是风力作用于水面而产生的水团周期性振荡起伏运动，引起水体在垂直方向运动迁移和混合。这种现象对于浅层湖泊影响非常显著。

(三) 湖泊水库生态系统

湖泊水库作为地球上重要的淡水积蓄库，在地表陆地水文系统的淡水循环中占有重要地位。地表可利用的液态淡水 90% 蓄积在天然湖泊和水库中。湖泊水库的非生物环境和水生生物群落构成动态平衡的生态系统。湖泊水库生态系统是湖盆、湖水、水体性质和水生生物组成的自然综合体，由诸多物理、化学和生物要素构成相互联系、相互依存、相互作用并具有特定生态功能的综合体系。

湖库生态系统包含非生物成分 (如营养盐)、生产者 (如浮游植物)、消费者 (如浮游动物) 和分解者 (如细菌) 等。湖泊水库生态系统与陆地生态系统有显著区别。湖泊水库生态系统以水为栖息介质，有利于水生生物对营养物质的直接吸收利用。水生生物营养盐包括碳、氮、磷、硅、铁、锰、硫、锌、铜等。相对而言，氮和磷在天然水体中含量要少得多，因此常常成为许多藻类生长的制约因素，其他元素由于水生生物需求量极少，且常有足够数量满足水生生物的生命活动，因此一般不会成为水生生物生长的制约因素。

水生生态系统中的初级消费者主要是形体较小的各种浮游动物，其种类和数量随浮游植物变动。浮游动物的种类十分复杂，包括无脊椎动物的大部分门类，差不多每一类都有永久性浮游动物的代表。水生生态系统的大型消费者，除了草食性浮游动物，还包括其他食性的浮游动物、底栖动物、鱼类等，它们处于食物链的不同环节。水生生态系统的另一条食物链，是以细菌等微型消费者为起点的碎屑食物链。细菌是最主要的非光合作用生物群落，它们充当分解者的角色。一些细菌（耗氧微生物）利用游离氧将动植物残体分解，另一些细菌（厌氧微生物）则利用含氧无机盐中的氧将动植物残体分解。

湖泊水库生态系统的一个重要特征是湖泊水库生态系统组成的圈层结构。正常健康的湖泊水库系统通常具有典型的向心分带特征，包括岸上带、水陆交错带、浅水带和深水带。广义的岸上带包括湖区流域分水岭以内的湖泊水库水面以上的陆地部分。水陆交错带指湖泊水库水生生态系统和陆地生态系统之间的界面区，属于生态交错带的一种。湖泊水库水陆交错带的范围通常介于湖泊水库最低水位和最高水位之间受水体影响较大的岸上带，其景观和性质受水体和陆地两方面影响。浅水带主要指从水陆交错带到光补偿深度以内的范围，其外沿通常是沉水植物的生长边界。深水带指水深超过光补偿深度的下限至湖底的湖区。

二、污染湖泊水库环境修复工程

外源污染（Exogenous pollution）包括点源污染（工业污水、生活污水等）和面源污染（初期雨水径流、空气降尘、农业废物倾倒等），外界污染物质的输入是绝大多数湖泊水库受损的根本原因。从长远角度来看，根本上控制水体污染，首先应该减少或拦截外源污染物质的输入。控制外源污染源主要是利用管理、工程、技术手段限制污染物质进入湖泊水库，避免已退化湖泊水库的受损程度加剧，防止新的污染发生的根本方法，主要包括改变生产和消费方式以减少污染物的产生，建设相关处理设施以减少进入湖泊水库的污染物质浓度和总量等。

湖泊水库的污染源控制可分为点源污染控制（Point source pollution control）和非点源污染控制（Non-point source pollution control）两种类型。

（一）点源污染控制

湖泊水库点源具有明确的、相对固定的物质来源，一般采取"末端处理技术"和执行严格的排放标准来进行控制。目前，由于"末端处理技术"为核心技术的"零排放"环境政策的高昂代价和对复杂环境问题处理的低效，点源污染控制已经走向综合性控制，包括管理上的排放标准、总量控制、高效污水处理厂的建立、鼓励清洁生产、构建循环经济的发展模式、改善城市居民生活方式、广泛的环保意识宣传教育等。我国点源控制工作起步较晚，点源仍然是湖泊水库环境重要的污染物来源。随着近年大量污水处理厂和其他配套措施的建立、运行，重点湖泊水库的点源负荷逐渐得到控制。

生活污水处理系统的设计要结合地方特点，针对污染源的排放途径及特点，可采用集中处理、分散处理或二者相结合的方式。集中处理技术通过建立污水处理厂有效去除氮、磷、SS 等污染物；分散式生活污水可通过修建小型污水处理厂，或因地制宜建立生物塘和污水净化槽等进行处理。

许多污染物（如农药、油漆）采用单一方法往往难以奏效，需要采用物化方法和生物方法相结合的综合手段进行处理。对污水中的氮、磷可以采用生物硝化—反硝化与化学沉淀相结合的方法进行处理。

总之，点源污染控制方案的选择应全面综合社会、经济、技术、设备等因素，制定出经济、有效、合理的治理方案。

（二）内源污染控制

湖泊水库内源污染（Endogenous pollution）是指湖内污染底泥中的污染物重新排入水体的过程，包括污泥和水体内污染物的释放。

湖底沉积物是水环境生态系统的重要组成部分，为水生生物提供重要的栖息生境，具有重要的生态功能，被看作与水、大气和土壤并列的环境污染物迁移、转化和蓄积的"第四环境介质"。沉积物是流域污染物质循环中的主要蓄积库。对于污染严重的湖泊水库，一定环境条件下沉积物中长期累积的大量有害物质的突然释放，可能成为威胁水环境安全的潜在"化学定时炸弹"。底泥中污染物的释放过程与湖泊水库水环境状况及底泥的特性等密切相关，在湖泊水库的点源与非点源得到有效控制后，这一过程一般都会加快，即底泥污染物的释放速率会明显增加。因此，湖底沉积物中堆积的大量污染物向水体释放，是导致湖泊水库污染的一个不可忽略的来源。

对湖泊水库污染内源主要采用沉积物疏浚工程、沉积物表面覆盖、曝气氧化、化学钝化处理等控制沉积污染物的释放。特别是对污染或淤积严重的浅水湖泊水库，疏浚工程运用最为普遍，效果也最为明显。

第三节　污染河流水环境修复工程

一、河流水环境修复

（一）河流水环境修复的目标

河流的修复程度取决于许多因素，如环境质量下降的程度、河流自我恢复的能力等。修复项目的限制条件包括环境的变化、土地的开发、河流作用的变迁及项目财政状况等。

由于环境的变迁，河流修复很难使其恢复到"原始"状态。而且这种修复甚至需要改变相应的汇水流域环境和泥沙的输运，可能需要改变土地的用途。因此，河流修复的目标需要根据环境的变化、经济状况和汇水流域的变迁而具体情况具体分析。

许多地方，尤其在城市地区，对于河流的修复纯粹是从景观美学的角度出发。实践表明，这种修复方式很可能加剧水质的污染。以景观美学为目的的河流修复往往铺筑成为石头或者水泥混凝土界面的河岸，建成水泥石头的河床，导致水流速度加快。实际上，雨水冲刷将静止界面上的各种物质包括油、橡胶、金属、油漆等各种有害物质带入水流中，这种河流流动速度被人为加快，这种界面不利于水生生物生存繁殖。而河流生态修复一般包括恢复垫层、池塘和浅滩。

因此，不同专业的人员，对于河流修复有不同的理解。河流管理人员倾向于美学景观，而科学家赞成生态意义上的修复，也有的人强调自然恢复，但自然恢复可能需要上百年的时间。此时，需要对河流进行人工干预，加速修复工作，但人工修复往往成本非常高。

由于河流污染重、生态差、问题多，修复工作难以一蹴而就，因此河流水环境修复目标可以分为长远目标和近期目标。

(二) 河流水环境修复的原则

河流水环境修复应从流域出发，依据不同河流的特点、环境问题、修复目标等因素综合考虑，全面设计，突出重点。

① 从流域出发的原则。河流水环境修复工作，仅仅着眼于河流水体本身，往往治标不治本，必须从流域的高度和角度，统筹分析，综合考虑流域的社会经济产业结构、土地利用和分配、污染治理措施和力度、处理设施运行和管理等诸多方面，使得水环境修复工作取得切实成效。

② 坚持可持续发展的原则。以可持续发展作为基本原则，河流水环境修复应与所在地区的社会经济发展、生态建设紧密结合，在水环境改善的同时考虑产业结构优化调整、实现环境与经济双赢战略，促进环境、社会与经济协调发展，确保流域水资源的永续利用和经济社会的可持续发展。

③ 遵循自然原则。在河流水环境修复中，应遵循自然原则，充分利用流域水系的自然生态优势，深入挖掘河流的自我修复能力，实施最小人工干预的自然修复原则。在开展综合修复之前，应当开展河流生态健康的调查与评估，保护好尚具有原生态和天然生态系统结构的部分河段；针对生态环境已发生退化或被破坏的部分，

可采取人工修复的方法。在修复过程中，应尽量参考原有的自然生态系统结构与组成，使得修复后的河流结构和功能尽量恢复到受干扰前的状态。如若无法恢复到被破坏前的状态，也需参照类似河流、相似区域以及相近天然生态系统的结构来修复河流的生态组成和服务功能。

④ 坚持水量、水质与水生态"三修复"原则。河流水环境修复方案设计应坚持水量、水质与水生态协调统一，与文明管理有机结合的原则。从河流的优化水量水位保障、水污染防治与水质改善、生态系统良性循环、水体与沿岸景观的控制、河流的防洪安全及防枯调度、河川文化的延续等方面全面考虑，体现水资源、水生态、水环境三位一体的设计思想。

（三）河流水环境修复的核心内涵

1. 水量修复

河流水量修复应当是河流水环境修复的首要任务。水量是河流体系中最重要的要素，没有水量就没有水质，没有水量就没有河流的生态服务功能。因此，应当充分重视修复河流的基流，优化河流水量水位。

2. 水质改善

河流水质改善，可以采取控制、净化、修复的技术思路，解决入河污染源的问题，以截污治污为综合治理基础，控制沿河漏排、直排污染源，结合污染底泥疏挖处理处置，同时结合生态堤岸建设等多种生态修复工程，形成河流水质改善与生态修复的完整体系。

3. 生态修复

由于人们对河流生态系统的干扰与影响，使得河流堤岸人为化，岸边生态系统退化，河流自然景观消失，生物栖息地破坏等，导致河流的自然特性弱化与生态结构破坏，河流的服务功能全面退化。因此，在河流的水环境修复之中，逐步恢复河流生命水体特征，修复河流的生态结构和功能的生态修复，与河流水量修复、水质修复共同组成河流修复的关键举措。

（四）河流水环境修复的总体框架

河流修复的总体方案应当根据河流的特征、水污染状况、生态破坏程度以及修复项目的目标进行科学合理的编制，总体而言，河流修复的总体框架包括河流污染源控制、河流基流/水位与安全保障、河流水量补给与保障、河流水质改善、河流生境改善、河流水生态修复、河流景观修复和河流生态文明管理等方面，不同的河流，修复的内容、侧重点和措施不尽相同。

二、河流水环境修复工程

(一) 污染控制

过量纳污是河流环境污染与生态破坏的根本原因，控制入河污染是河流环境修复的根本措施。污染控制 (Pollution control) 是根据河流修复的水质目标，进行水体污染物总量控制，开展流域污染源的源头控制和污染减排工程。源头控制措施包括区域产业结构优化、工业企业清洁生产、产业园区循环经济、固体废物源头收集和资源化、流域综合节水和降雨径流源头控制等。污染减排工程包括工业废水处理和达标排放、污水集中收集和处理、入河截污工程、分散入河污水收集和处理以及城市降雨径流污染控制等。

1. 入河截污

截污是将污水收集后排放至市政污水管道系统，最大限度地削减入河外源污染物，是河流水质改善的根本和前提。截污工程包括水体沿岸污水排放口、分流制雨水管道初期雨水或旱流水排放口、合流制污水系统沿岸排放口等永久性工程。

2. 分散入河污水处理

随着污水处理设施的建设，集中排放的工业和生活污水得到控制，分散入河污水对河流水环境的影响日益凸显。分散入河污水一般为城中村、分散村落产生的污水，由于位置分散、污水量小，很难按照城镇污水集中处理的方式进行，通常要因地制宜地采用小型、造价低、维护容易的污水处理技术。

(1) 分散入河污水的水质水量特点

① 单一排放口污水量少，总负荷大，这些污水基本上未经任何处理便直接排放入河，成为河流污染的主要污染负荷之一。

② 水质、水量波动大。以村镇生活污水为例，其排放不均匀，水量变化明显，日变化系数一般为 3.0 ~ 5.0，在某些变化较大的情形下甚至可能为 10.0 以上。

(2) 分散入河污水处理模式

针对分散入河污水的特点，分散入河污水处理技术应满足冲击负荷能力强、宜就近单独处理、建设费用低、操作管理简单等要求。目前，研究和应用较多的技术包括土地处理、人工湿地生态处理、地埋式有/无动力一体化设施处理、氧化塘、生物接触氧化等。为保证后续处理效率，部分地区还开展了源分离技术方法研究和实践，将生活污水中的黑水与灰水分离处理。

目前，分散入河污水处理系统的技术模式主要包括：

① 分散处理模式。治理区域范围内村庄布局分散、人口规模较小、地形条件复

杂、污水不易集中收集的连片村庄，多采用无动力庭院式小型湿地、污水净化池和小型净化槽等分散处理技术。

②适度集中处理模式。村庄布局相对密集。人口规模大、经济条件好、村镇企业或旅游业发达的连片村庄，可采用活性污泥法、生物接触氧化法、氧化沟法和人工湿地等进行适度的集中处理。

（3）分散入河污水处理技术

分散生活污水处理按照流程一般分为预处理、生化处理、深度处理三个阶段。三种常见处理工艺组合包括：

①厌氧生物处理＋自然处理。适用于经济条件一般，空闲地比较宽裕，拥有自然池塘或限制沟渠，周边无特殊环境敏感点的村庄，如选择人工湿地，需要一定的空闲土地。处理规模一般小于 800 m³/d。

②沼气池＋厌氧生物处理＋人工湿地。适用于有畜禽养殖的村镇，房屋间距较大、四周较空旷、沼气回用、周边有农田可以消纳全部的沼液和沼渣，宜作单户、联户使用。

③厌氧生物处理＋好氧生物处理＋自然处理。适用于居住集聚程度较高、经济条件相对较好、对氮磷去除要求较高的村庄。

（二）环境疏浚

环境疏浚（Environmental dredging）主要是清除水体的内源污染。水体中的内污染源（Internal pollution source）是指通过入湖河流、水体养殖、旅游、船舶、水生植物残骸以及大气干湿沉降等方式输入及河流本身携带的污染物与泥沙结合在一起形成的污染底泥。当外源污染得到控制后，内源污染是水体水质好坏的决定性因素。水体污染治理必须"内外兼治"，不仅要严格控制外源性污染物和营养物质的输入，还要通过底泥疏浚、底泥氧化、覆盖底泥层等技术措施达到治理内源污染的目的。

1.疏浚设备

根据工程施工环境、工程条件和环保要求，通过技术经济论证，综合比较，选择环保性能优良、挖泥精度高、施工效率高的疏浚设备。对于 N、P 污染底泥，一般选用环保绞吸挖泥船、气力泵等环保疏浚设备；对于重金属污染底泥，一般选用环保绞吸挖泥船、气力泵和环保抓斗等环保疏浚设备；对于含有毒有害有机物的污染底泥，宜选用环保抓斗挖泥船。

2.疏浚的施工

（1）施工方式

选定了疏浚施工设备后，根据不同条件采用分段、分层、分条施工方法。对于环保绞吸挖泥船，当挖槽长度大于挖泥船浮筒管线有效伸展长度时，应分段施工；当挖泥厚度大于绞刀一次最大挖泥厚度时，应分层施工；当挖槽宽度大于挖泥船一次最大挖宽时，应分条施工。对于环保斗式挖泥船，当挖槽长度大于挖泥船抛一次主锚能提供的最大挖泥长度时，应分段施工；当挖泥厚度大于泥斗一次有效挖泥厚度时，应分层施工；当挖槽宽度大于挖泥船一次最大挖宽时，应分条施工。对环保疏浚工程，应先疏挖完上层流动浮泥后再疏挖下层污染底泥。对于近岸水域部分，为维护岸坡稳定，可采用"吸泥"方式施工。

(2) 施工工艺流程

环保绞吸式挖泥船施工的主要工艺流程根据输送距离长短分为两种：①短距离输送，即挖泥船挖泥—排泥管道输送—泥浆进入堆场—泥浆沉淀—余水处理—余水排放；②长距离输送，即挖泥船挖泥—排泥管道输送—接力泵输送—排泥管道输送—泥浆进入堆场—泥浆沉淀—余水处理—余水排放。

环保斗式挖泥船施工的主要工艺流程根据输送方式分为两种：①陆上输送，即挖泥船挖泥—泥驳运输—污泥卸驳上岸—封闭自卸汽车运送—污泥倒入堆场或二次利用；②水上运输，即挖泥船挖泥—泥驳运输—污泥卸驳—堆场存放。

污染底泥输送方式包括管道输送、汽车输送及船舶输送。

3. 堆场选择与设计

(1) 堆场选择原则

堆场选择原则有：①符合国家现行有关法律、法规和规定；②符合地方总体规划和湖泊河流总体治理规划要求；③符合环境保护要求；④满足工程要求，包括堆场面积和容积是否满足工程要求，堆场排水是否可行等；⑤尽量选择低洼地、废弃的鱼塘等，少占用耕地；⑥尽量选择有渗透系数小或对污染物有吸附作用土层的场地。

(2) 堆场形式

按照堆存方式可分为常规堆场和大型土工管袋堆场两种。常规堆场是通过建造围堰而形成的堆泥场，一般宜尽量利用现成的封闭低洼地、废弃的鱼塘等作为污染底泥的堆放场地，以减少围堰高度和降低围堰建造成本。土工管袋堆场由基础、高强度土工布织成的大型管袋(具有脱水减容的功能)、副坝等组成，污染底泥直接存储在大型土工管袋中。

(3) 余水应急净化处理设施

余水应急处理方法包括设立事故储水池、设立应急加药设备等。在场地条件允许的情况下，在堆场附近设立应急事故储水池。储水池容积根据施工地点的具体条件，可设计储存2~4 h余水量的池容。储水池应采取一定的防渗措施，以此作为事故或紧急情况下未达标余水应急储存及处理的地点。场地条件不允许的情况下应储备余水应急处理的絮凝剂及投药设备,以备紧急情况下增加投药量所需。

(4)堆场后处理

①堆场快速脱水。堆场底泥快速脱水方法包括表面排水和渐进开沟排水法、沙井堆载预压法、塑料排水带堆载预压法、真空预压法、机械脱水法及管道投药快速脱水干化法。

②堆场快速植草。优先考虑选择工程区内符合条件的本土草种,同时考虑草种生长及污染修复问题,综合考虑经济、生态、景观问题、外来物种与本土物种等因素。快速生长草种有黑麦草、白三叶、苇状羊茅、象草、串叶松香草、紫花苜蓿。可根据牧草种类、土壤和气候条件确定具体播种方式。播种方式一般可分为条播、点播和撒播。

4.疏浚技术存在的问题

疏浚技术存在的问题有:①成本高;②如果疏浚过程中采取的疏浚方案不当或技术措施不力,很容易导致底泥孔隙水中的磷及其他污染物质重新进入水体,也有可能在水流和风的作用下将释放的污染物质扩散进入表层水体;③疏浚过深会去除底栖生物,破坏鱼类的食物链,破坏原有的生态系统。如果底泥被完全疏挖,可能需要2~3年才能重新建立底栖生物群落,不利于水生生态系统的自我修复。

(三)底泥原位处理

河流底泥原位处理(In-situ treatment of river sediment)是在不移除污染底泥的前提下,采取措施防止或控制底泥中的污染物进入水体,主要有底泥原位覆盖、化学修复和生物修复等。

1.底泥覆盖

(1)基本原理

底泥原位覆盖技术又称为封闭、掩蔽或密封技术,主要是通过在污染底泥上放置一层或多层覆盖物,使污染底泥与水体隔离,防止底泥污染物向水体迁移,采用的覆盖物主要有未污染的底泥、清洁沙子、砾石、钙基膨润土、灰渣、人工沸石、水泥,还可以采用方解石、粉煤灰、活性炭、土工织物或一些复杂的人造地基材料等。底泥覆盖的功能包括:①通过覆盖层,将污染底泥与上层水体物理性隔开;②覆盖作用可稳固污染底泥,防止其再悬浮或迁移;③通过覆盖物中有机颗粒的吸附作用,有效削减污染底泥中污染物进入上层水体;④改良表层沉积物的生境。底泥原位覆盖技术可与底泥疏浚技术联用,将表层污染沉积物进行有效疏浚后,在残留底泥表面铺设覆盖材料,以防疏浚后沉积物的重新悬浮和残留污染物的释放。

（2）技术关键

覆盖层是该项技术的关键，覆盖的形式可以是单层的，也可以是多层的。通常会添加一些要素来增强该技术的功能，如在覆盖层上添加保护层或加固层（以防止覆盖材料上浮或水力侵蚀等）及生物扰动层（防止生物扰动加快污染物的扩散）。根据使用的覆盖材料的不同，可以将原位覆盖技术分为被动覆盖和主动覆盖两种。被动覆盖技术主要是使用被动覆盖材料（如沙子、黏土、碎石等）处理有机污染和重金属污染的底泥；主动覆盖技术主要是利用化学性主动覆盖材料（如焦炭和活性炭等）隔离处理底泥中营养盐等污染物，也有一些企业生产具有特定功能的主动覆盖材料。底泥原位覆盖的施工方式主要有表层机械倾倒、移动驳船表层撒布、水力喷射表层覆盖、驳船下水覆盖、隔离单元覆盖。影响底泥原位覆盖技术的关键指标有底泥环境特征指标、覆盖材料的材质、覆盖层的厚度及覆盖的施工方式选取等。

（3）优点与局限性

相比于别的控制技术，底泥原位覆盖技术花费低，对环境潜在的危害小，适用于多种污染类型的底泥，便于施工，应用范围较广。但该技术也存在明显的局限性：一方面，由于增加覆盖材料会增加水体中底质的体积，减少水体的有效容积，因而在浅水或水深有一定要求的水域不宜采用；另一方面，在水体流动较快的水域，覆盖后覆盖材料会被水流侵蚀，也会改变水流流速、水力水压等条件，如果对这些水力条件有要求，也不宜采用。

2.底泥原位化学修复

（1）基本原理

原位化学修复（In-situ chemical remediation）是向受污染的水体中投放一种或多种化学制剂，通过化学反应消除底泥中的污染物或改变原有污染物的性状，为后续微生物降解作用提供有利条件。用于修复污染底泥的化学方法主要有氧化还原法、湿式氧化法、化学脱氧法、化学浸提法、聚合、络合、水解和调节 pH 值等。其中，氧化还原法适于修复复合污染底泥；化学脱氯法是修复多氯污染物污染底泥的常用方法；化学浸提对重金属污染底泥的修复非常有效。目前较多应用的化学修复药剂有氯化铁、铝盐等。

（2）优点和局限性

化学修复方法见效快，目前应用较为广泛。不过由于化学修复需要使用大量的化学药剂，制剂用量难以把控，而且一些化学制剂本身对水体生态环境有影响，同时化学反应可能受 pH 值、温度、氧化还原状态、底栖生物等的影响。如运用原位钝化技术处理底泥时，作为钝化剂的铝盐、铁盐、钙盐应用环境各有不同。同时，由于风浪、底栖生物的扰动会使钝化层失效，使底泥中的污染物重新释放出来，影响了钝化处理的效果。

第四节　污染地下水环境修复工程

一、地下水的基本特征与污染

（一）水文循环与地下水

水在海洋、大气和陆地之间无休止地运行称为水文循环（Hydrological cycle）。流域是一个地表排泄区和地表面以下土壤与地层的综合体，地表以下的水文过程与地表水文过程同样重要。

地下水（Underground water）是存在于地表以下岩（土）层孔隙中各种不同形式水的统称，是陆地水资源重要的赋存形式，全球绝大部分水资源以地下水的形式存在。我国地下水资源比较丰富，达到8700亿 m³/a，但是实际可开采量仅为2900亿 m³/a。地下水是我国人民生活、城市和工农业用水的重要水源。全国2/3 的城市以地下水为供水水源，农业灌溉用水占了地下水总开采量的81% 左右。

地下水根本上来源于大气降水，同时以地下渗流方式补给河流、湖泊和沼泽，或直接注入海洋，上层土壤中的水分则以蒸发（Evaporation）和蒸腾（Transpiration）回归大气，从而积极地参与地球上的水循环过程。地下水由于埋藏于地下岩土的孔隙之中，其分布、运动和水的性质，受到岩土特性以及储存空间特性的深刻影响。与地表水系统相比，地下水系统显得更为复杂多样。

地下水不同于地表水（如湖泊、水库和河流），一旦污染后，治理起来更加困难。因为受污染的地下水在土壤岩石孔隙中，地质条件复杂，调动起来非常困难，不容易像地表水那样集中处理；地下水中相当一部分污染物吸附在土壤和岩石表面，给地下水的处理增加了难度；另外，地下水所处区域人类活动频繁，地上建筑物密集，限制了相关处理技术的实施。

（二）地下水形态

地下水在土壤中分为两种形式：在地下水位以上，呈不饱和状态，称为包气带（Vadosezone）；在地下水位以下，呈饱和状态，称为饱和带图。在包气带，水的压力小于大气压，而在饱和带，增加而增加。所以，如果水井深度达到饱和带，水井中的水位就能够代表地下水静水压。

在饱和带中，具有比较高的渗透性并且在一般水压下能够传递输送大量地下水的层带，称为蓄水层；而渗透性比较差，不能够传递输送大量水的层带，称为弱含水层，一般位于蓄水层的上下边线。

蓄水层（Aquifer）又分为非承压蓄水层和承压蓄水层。非承压蓄水层，地下水的水位就是其上边缘，将包气带和饱和带分开，并且随着气压变化而变化。因此，非承压蓄水层受地面水文和气象因素的影响比较大。在丰水季节，蓄水层接受的补给水量大，地下水水位上升，水层厚度增加；相反，在干旱季节，排泄量比较大，水位下降，水层厚度变薄。非承压蓄水层频繁参与水体循环，也容易受到人为活动的影响，极易受到污染。

承压水层（Artesian aquifer），其上边缘存在比较密实的弱含水层或者隔水层，将其与包气带分开。因此，被隔开的含水层承受着一定的压力。如果钻井深度到达承压含水层，水位将上升到一定程度才停止。达到平衡时的静止水位超出隔水层底部的距离称为承压水头。承压含水层受到隔水层的限制，与大气圈和地表水体的联系相对较弱。因此，承压含水层不容易受到污染，但是一旦污染以后，修复也比较困难。

（三）地下水污染

地下水的污染（Groundwater pollution）是指由于人类活动使地下水的物理、化学和生物性质发生改变，因而限制或妨碍它在各方面的正常应用。由于工农业生产的快速发展，大量废物的排放污染了地下水环境，如各种废物（水）、农业肥料、杀虫剂等，导致局部地区地下水严重污染。此外，由于过量开采和不合理地利用地下水，常常造成地下水位严重下降，形成大面积的地下水位降落漏斗，尤其在地下水开采量集中的城市地区，还会引起地面沉降。

按照引起地下水污染的自然属性，地下水污染源可划分为自然污染源（Natural pollution source）和人为污染源（Anthropogenic pollution sources）两个类型。

自然污染源包括地表污染水体、地下高矿化水或其他劣质水体、含水层或包气带所含的某些矿物等。自然污染源主要是由于地下水所处的土壤、岩层等环境条件，地下水的补给、反补给等运动及生物和微生物的生化作用等各种自然过程造成的。

人为污染源包括工业污染源、农业污染源、生活污染源、矿业污染源、石油污染源等。随着社会生活和工业生产的不断发展，此类污染物的种类和数量不断增加，其影响范围不断扩大，在某些地表水匮乏的地区，因为地下水水环境的恶化而影响经济发展和人民生活的现象越来越严重。

地下水污染途径是指污染物从污染源进入地下水中所经过的路径。除了少部分气体、液体污染物可以直接通过岩石空隙进入地下水外，大部分污染物是随着补给地下水的水源一道进入地下水中的。因此，地下水污染途径可分为以下形式：

① 通过包气带渗入。这是一种普遍的地下水污染途径，包括连续渗入和断续渗入。连续渗入废水（废液）坑、污水池、沉淀池、蒸发池、排污水库、蓄污洼地、化粪池、排污沟渠、管道的渗漏段、输油管和贮油罐损坏漏失处等地方的污染物通过包气带进入地下水环境。由于土壤的过滤、吸附等自净能力，可使污染物浓度发生变化，这种污染程度受包气带岩层厚度和岩性控制。断续渗入是地面废物堆、垃圾填坑、饲养场、盐场、尾矿坝、污水废液的地表排放场、化工原料和石油产品堆放场、污灌农田、施用大量化肥农药的农田等地，被大气降水淋滤，一部分污染物通过包气带下渗污染地下水。这种情况只发生在降雨期，在非降雨期则没有。

② 由集中通道直接注入。在处理废液废水时，利用井、钻孔、坑道或岩溶通道直接排放到地下，通过土壤或岩层的过滤、扩散、离子交换、吸附、沉淀等自净作用，使污染物浓度降低。但是如果废液排放太多，超过土壤或岩石的自净能力，则会造成地下水的污染，污染范围会逐渐扩散蔓延，如果地下水流速较大时，污染带可以向下游延伸很远距离，造成地下水的大片污染。

③ 由地表污染水体侧向渗入。污染地表水体，如污染河水，可以污染布置在河谷里的岸边取水建筑物（水源井），导致地下水的污染。污染地表水侧向渗入污染地下水时，污染影响带仅限于地表水体的附近，呈带状或环状分布，污染程度取决于地表水污染的程度、沿岸地层的地质结构、水动力条件以及水源地距岸边的距离等因素。

④ 含水层之间的垂直越流。开采封闭较好的承压含水层时，承压水水位下降，与潜水形成较大的水头差。如果承压顶板之上有被污染了的潜水，潜水可以通过弱透水的隔水顶板、承压含水层顶板的"天窗"、止水不严的套管（或腐蚀套管）与孔壁的空隙以及经由未封填死的废弃钻孔流入，污染承压含水层。同时，开采潜水或浅层承压水时，深部承压含水层中的咸水同样可以通过上述途径向上越流污染潜水或浅部承压水，导致浅层水的污染。

造成地下水水质恶化的各种物质都称为地下水污染物。地下水污染物的种类繁多，从不同的角度可分为各种类型。按理化性质可分为物理污染物、化学污染物、生物污染物、综合污染物；按形态可分为离子态污染物、分子态污染物、简单有机物、复杂有机物、颗粒状污染物；按污染物对地下水的影响特征可分为感官污染物、卫生学污染物、毒理学污染物、综合污染物。

（四）地下水污染化学特征

地下水化学特征与土壤密不可分。土壤是地球表面非常薄的一层矿物质，主要由黏土、粉砂和粗砂、卵石等组成。土壤主要矿物质包括硅、铝、钙、铁、锰、钠、钾、硫、氯、碳。

有机物是土壤的重要组成部分，对于土壤中的金属离子形态具有决定性影响。有机物主要来源于植物的腐烂分解，此外还有植物分泌物。土壤有机物能够与土壤中的金属离子结合形成有机金属化合物。有机金属主要是金属离子和土壤腐殖质的络合物，受 pH 值和氧化还原电位影响。

植物是土壤生态的主体，对浅层土壤和地下水化学过程具有重要的调节作用。植物能够释放氢离子、还原剂和络合剂。

地下水生长着丰富多样的细菌和真菌，包括好氧微生物、兼氧微生物、厌氧微生物及自养微生物等。细菌的平均直径是 $1\mu m$，它可以在地下水中生长和迁移。细菌的活动反过来对地下水水质产生极大的影响。

有机物在浅层地下水中通过好氧微生物的作用，进行好氧降解，而在深层土壤地下水中主要是厌氧发酵降解。

金属离子不能被降解，而且在不同的深度和不同的氧化还原条件下，呈现显著不同的形态。以金属铁为例，在表层地下水，氧气可能与溶解性的亚铁离子反应，氧化为三价铁离子。三价铁离子不稳定，容易形成氢氧化铁沉淀。

在用泵从水井取水过程中，水泵抽吸作用改变了地下水原有的流向，深层地下水来不及补充，导致含铁离子浓度比较高的浅层地下水向深层流动。这部分水没有足够的时间经历类似深层地下水那样的过程将铁离子沉淀下来，从而增加水井出水中铁的浓度。另外，泵吸作用也加剧了空气向地下水中的扩散，导致亚铁离子被氧化，形成氢氧化铁沉淀，堵塞水井壁。在某些地区，铁在地下水中含量较高，用水井取水过程中，呈溶解状态的铁容易被氧化而沉淀，堵塞井壁，导致水井出水量减少甚至不得不废弃水井。

二、污染地下水环境修复

（一）污染地下水环境修复概述

受污染地下水环境的修复技术按照场地可分为原位修复技术（In-situ remediation technology）和抽出处理技术（Pump-and-treat technology）两种方法。抽出处理技术是将已受到污染的地下水抽取至地面后，对其进行净化处理，处理后经表层土壤反渗回地下水中。净化处理方法主要是一些常规的物理、化学和生物处理技术。原位修复技术是利用物理化学方法或微生物法在地下含水层对污染地下水直接进行修复的技术。目前，原位修复技术是地下水污染修复技术研究的热点。原位修复技术不但处理费用相对节省，而且可以减少地表处理设施，最大限度地减少污染物的暴露。同时，该技术减少了对地下水环境的扰动，是一种很有前景的地下水污染治理技术。相对于地表水而言，地下水的迁移、补偿、运动速率、微生物种类和数量、复氧速率及溶解氧含量等有利于污染物降解和转化的条件都比较差，加之地下水存在的地质条件复杂，又常受到地面建筑的影响，无法进行大规模集中式处理，所以地下水一旦被污染后，其治理和修复也十分困难，往往需要一个长期的过程。同时，任何一种地下水处理的适用性都是有限的，当单独采用某种技术不能达到控制污染的目的时候，将几种修复技术有机结合在一起，形成一个净化处理系统，可以发挥组合工艺的整体优势，从而达到修复污染水环境的目的。

（二）污染地下水环境修复工程设计

1. 现场调查

现场调查主要目的是确定污染程度，污染区域位置、大小、特征、形成历史、迁移方向和速度等。现场调查主要内容包括：

① 地下水污染源调查包括点源和非点源调查。点源调查包括工矿企业废污水排放调查、城镇生活污水调查及集约化、规模化养殖污染源调查；非点源调查包括农田径流营养成分流失调查、农村生活污水及生活垃圾排放量调查、分散式禽畜养殖污染物排放调查、城市径流污染物流失调查等。

② 地下水污染途径调查包括地表各种形式的污水坑、池、塘、库等的面积、容量、结构及衬砌情况，投入使用时间，周边植被，包气带厚度和岩性，污水种类、成分，排污规律，排放量，池中水位变化规律，渗漏情况等；地表固体废物的堆放地、地表填坑、尾矿砂的废物种类、成分、可溶性、面积、体积，表层土的岩性，填坑底是否衬砌，埋藏封闭程度，堆放填埋时间，有无淋滤污染地下水的迹象；地下污水管道、储油库等渗漏情况，建筑物建立的年代、维修情况，是否有腐蚀侵蚀等损坏情况；废弃勘探孔的封填情况；溶洞、落水洞、大裂隙、废坑道等情况；矿区的旧坑道、老窑；各种地表水体（河流、湖泊等）的污染情况及其与地下水之间的连通关系等。

③ 水文地质调查查明污染区的地质构造特征、地层分布、岩性特征，含水层的埋藏深度厚度、分布及各含水层之间的水力联系，地下水的补给、排泄条件，地下水的水化学成分及目前污染状况；地下水开采过程中地下水污染的变化；潜水与承

压水混合开采井的分布和数量，分析含水层间水力关系及对地下水水质的影响；水岩相互作用对水质的影响，特别是不同地段的污水下渗对地下水水质的影响；地下水水化学调查。

2. 勘探试验

污染水文地质调查中常常选用物探方法查明地质和水文地质条件，如了解古河道的位置，构造破碎带及岩溶发育带位置，基岩埋藏深度等。在地面调查和物探成果的基础上，才布置钻探和试验工作。污染水文地质调查需要进行野外试验工作，根据不同目的进行专门试验。抽水试验可以取得必要的水文地质参数，评价含水层的富水性，判断地下水与地表水或含水层之间的水力联系，查明含水层的边界条件等，测定弥散参数，查明污染源和途径。试坑渗水试验可以取得地层浅部渗透性能的参数，研究土层的净化作用和土层中污染物质的迁移作用。土层净化作用的野外试验主要是模拟污水灌溉和污水渠渗漏对地下水的污染影响，了解土层的吸附净化能力。实验室的工作主要有水化学分析和土样试验，研究污水和天然水与岩石之间的相互作用，测定物理化学作用参数、包气带土层自净能力，以及在含水层中进行污染物迁移模拟试验等。

3. 设计步骤

在设计前需要仔细研究污染物类型、地质、水力和现场限制等，确定修复的目标，了解相关法律法规方面的要求，比较多种设计思路和方案，进行现场中试研究，考虑各种可能遇到的操作和维修方面的问题，征求公众的意见，考虑健康和安全方面的影响，比较各种设计在投资成本、时间等方面的限制，考虑结构施工容易程度，以及制定取样检测操作、维修规则等。设计程序如下：

① 项目设计计划。综述已有的项目材料数据和结论、确定设计目标、确定设计参数指标、收集现场信息、进行现场勘察、列出初步工艺和设备名单、完成平面布置草图、估算项目造价和运行成本、完成初步设计。

② 项目详细设计。重新审查初步设计、完善设计概念和思路、确定项目工艺控制过程和仪表、完成概念设计，详细设计计算、绘图和编写技术说明相关文件，完成详细设计评审。

③ 系统施工建造。接收和评审投标者并筛选最后中标者，提供施工管理服务，进行现场检查。

④ 系统操作。编制项目操作和维修手册，设备启动和试运转。

三、地下水污染控制

(一) 污染源的控制

1. 源去除

污染场地的类型多样，污染源也各不相同。污染源的去除就是消除污染物的泄漏，如修复或更换泄漏的储存罐、管道等；开挖污染的土体或抽取污染源处高浓度的污染地下水，然后进行相关的处理等。源去除处理包括对污染源进行原位和异位的处理，如化学处理、焚烧、固化、分离等。

2. 源控制

有些污染源是很难去除的，如城市垃圾填埋场渗滤液泄漏的污染源，如果填埋规模很大，很难通过开挖或抽取等方式彻底去除城市垃圾或渗滤液，因此，需要对污染源的泄漏进行控制。可以采用源包容方法，即对污染源进行防护系统设置、阻隔、封闭等。常用的方法是设置水平或垂直防渗透屏障，如可以对垃圾填埋场的底部防渗层进行强化修复，增强其防渗性能，防止渗滤液的下渗；也可以强化场地的顶部盖层，避免外部水的渗入，从而减少垃圾的渗滤液的产生。在有些情况下，可以设置垂直的防渗墙，把污染源隔离开来，避免污染源对周围环境的影响。对于农业活动的污染场地，可以通过控制和调节农药、化肥的施加，避免污染的加重。

(二) 污染羽的控制

通过在地下水污染源周围建立低渗透性垂直屏障，将受污染水体圈闭（阻隔）起来，能够控制污染源，阻截受污染地下水流出，阻止污染羽扩散。垂直阻截系统施工简单，成本低廉，污染源控制效果显著。一般来说，阻截系统可以用于处理小范围的剧毒、难降解污染场地，作为一种永久性的封闭方法；但多数情况下，它应用于地下水污染治理的初期，作为一种阶段性或应急的控制方法。

垂直阻截墙（Vertical blocking wall）最初在坝体、坝基和水库等水利水电工程中起到防渗和除险加固作用，随着垂直阻截墙技术的不断发展，这一技术也被广泛应用于地下水环境污染的控制工程中。根据墙体建造施工方法的不同，选用墙体材料的不同，形成了多种不同类型阻截墙。其中比较常见的有泥浆阻截墙（Slurry cut-off wall）、灌浆阻截墙、板桩阻截墙等。泥浆阻截墙的深度受开挖的限制，一般在较浅地层应用；灌浆和板桩技术不受深度的限制，但费用较大，在污染场地应用中需要考虑经济方面的要求。灌浆阻截墙技术采用灌浆或者喷射注浆的方式向地层中灌入水泥浆液形成阻截帷幕。为了灌注的水泥能够形成连续的墙体，要求灌注井距离尽量小一些，有时需要设置两排灌注井。当灌注地层的渗透系数较大时，有利于灌浆阻截墙的构筑。这一方法在水利工程、市政工程中得到广泛应用，故可以借鉴成熟的经验。板桩阻截墙通常是把缝式连接而成的钢板打入地下，形成工程屏障。钢板连接处会逐渐形成细小地层介质的填充，使屏障的防渗性能增加。该项技术费用较大，随着材料科学的发展，工程塑料逐渐可代替钢板，从而降低工程造价。

四、污染地下水抽取处理修复

(一) 抽取处理概述

抽取处理技术（P&T）是采用水泵将污染地下水从蓄水层抽出来，然后在地面进行处理净化，使溶于水中的污染物得以去除，是一种早期应用于地下水污染的修复技术，目前应用仍然很普遍。在处理过程中，该方法一方面通过不断地抽取污染地下水，使污染羽的范围和污染程度逐渐减小，防止受污染的地下水向周围迁移，减少污染物的扩散；另一方面使含水层介质中的污染物通过向水中转化，抽取出来的含污染物地下水可以在地面得到合适的高效处理净化，然后重新注入地下水或作其他用途，从而减轻地下水的污染程度。但是，许多污染物不溶解于地下水，因此，抽取处理方法仅能去除溶于水的污染物，不能彻底清除地下水中污染物。而且，该方法也不能保证全部地下水尤其是岩层中的污染物得到有效去除。目前，抽取处理方法主要应用于地下环境中混溶态（或分散态）污染物的修复，对于自由态的 NAPLs 污染物，可以采用两相抽提技术处理。

P&T 适用的污染物范围较广，包括许多有机和重金属等污染物，如 TCE、PCE、DCE、VC、BTEX、PAHs、Cr、As、Pb、Cd 等。

抽取处理技术的应用首先要切断污染源，如地下储存罐的泄漏、固体废物填埋场的渗漏等，要去除或控制污染源，否则，抽取的过程会加速污染物从污染源向环境中的迁移，并使修复效率降低。P&T 方法的关键由两个部分组成：一是如何高效地将污染地下水抽出；二是地表处理技术的选用和效果分析。对于从含水层中抽取出来的污染地下水，可以采用环境工程污水处理的多种方法进行处理，如吸附、过滤、气提、离子交换、微生物降解、化学沉淀、化学氧化、膜处理等。

(二) 抽取处理原理

地下水通过水泵和一个或者多个水井抽取上来。在抽取过程中，水井水位下降，与周围地下水形成水力梯度，导致周围的地下水不断流向水井，从而在每一个水井周围形成一个漏斗形状地下水区域。水井应该合理地覆盖污染区域，并且水井的抽水速率应该高于污染物在地下水中的扩散速率。在受污染地下水的抽出处理中，井群系统的建立是关键，井群系统要能控制整个受污染水体的流动。处理后地下水的去向有两个：一个是直接使用，另一个则是用于回灌。用于回灌，一方面可稀释受污染水体，冲洗含水层；另一方面还可加速地下水的循环流动，从而缩短地下水的修复时间。

尽管用泵抽取出来的水中的污染物可以得到高效率的去除，但是却不能保证地下水尤其是土壤中的污染物能够得到有效去除。

（三）抽取处理现场调查

在实施技术修复前，需要进行现场调查，主要内容包括以下方面：

① 地质和水力参数。水力渗透率、水力梯度、传递系数、地下水流动速度、蓄水层厚度、储存系数、水自流与泵抽比例。

② 污染物方面的参数。污染物性质、溶解度、可吹脱特性、吸附特性、可生物降解特性以及环境排放标准等，污染带深度和分布、迁移方向和速率等。

③ 水化学特性。pH值、总溶解性固体、电导率、总悬浮固体、总铁、溶解性铁、总锰、溶解性锰、钙硬度、总硬度、溶解氧和温度等。

④ 地下水流量变化。包括短期变化、长期变化和流量的稳定性等。

⑤ 土壤特性。土壤地质起源、土壤分层结构、颗粒尺寸分布、空隙率、有效空隙率、有机质含量等。

⑥ 环境标准。土壤修复标准、水处理和排放标准。

（四）抽取处理现场实验

在条件允许的情况下应该进行现场实验。通过现场实验，实际测定水泵的出流流量、持续时间，以及控制污染带迁移，计算所需要的水力传导系数等。基于实地水泵抽提实验得到的数据进行设计会更加可靠。

1. 水泵抽提实验

可以在专门挖掘的井或者在已有的观察监测井中进行。对于开放式的蓄水层，需要实验时间一般是72 h；而对于承压蓄水层，24 h实验时间即可。在某些水量比较低的情况下，8~24 h即可。通过水泵实验，应该测定泵出流水量随着时间下降的趋势，根据相关方程可以计算出相应的水力传导系数、比产率系数或者比储存系数。

2. 地下水位实验

一种实验是在瞬间抽取一定的水量，然后观察记录水位随着时间恢复的过程；另一种实验是瞬间将一大块固体放入地下水，然后观察地下水水位随着时间回落的过程。根据两个实验都可以估算相关水力传导系数。这两种方法实际上仅仅测定了局部的水力传导系数，具有一定的局限性。这两种方法的结果没有水泵抽提实验准确，但是方便和成本低廉，不需要安装水泵等设备。

(五) 抽取处理工程主要设备

P&T 修复地下水一般可分为两大部分：地下水动力控制过程和地面污染物处理过程，系统构成包括地下水控制系统、污水地面处理系统和地下水监测系统。

1. 抽水井及抽水泵

抽水井一般选用水井钻机进行成井施工，采用全孔回转清水冲洗钻进，钻孔应圆整垂直；井管应由坚固、耐腐蚀、对地下水水质无污染的材料制成，并采用胶结剂封闭牢固，防止渗水漏砂；滤料石回填到位，潜水含水层上部严格止水，防止地表水进入含水层；成井后及时采用冲水头及潜水泵抽水联合洗井，达到水清沙净的要求；井 (孔) 口应高出地面 0.5 m 以上，井 (孔) 口安装保护盖 (保护帽)；选择抽水泵时，要充分考虑 P&T 系统操作过程中的抽水流量和总压头，同时应安装流量和压力计量器等。

2. 地下水监测设备

监测设备是 P&T 系统必不可少的组成部分，用于监测修复系统运行期间的状态，包括地下水水位监测、水质监测和含水层恢复监测。其中，水位监测用于确定 P&T 系统是否形成了向内的水力梯度，能够阻止地下水流和溶解性污染物越过隔离带的边界；水质监测主要是监测污染物是否越过隔离边界及边界处污染物浓度的变化；含水层恢复监测主要监测抽水井和监测井中的污染物浓度变化，以确定合理的抽水量和污染物清除结果，一般的监测设备包括地下水位仪、地下水水质在线监测设备等。

(六) 抽取处理存在的问题及优化

1. 抽取处理存在的问题

在污染地下水的抽取处理过程中，随着系统运行时间的推移，污染物抽取处理的效率会逐渐下降，污染地下水的抽取过程存在所谓拖尾效应和反弹效应。根据工程经验，抽出—处理的修复时间较长，一般为 5~10 年，有的甚至持续几十年。修复时间的长短主要取决于污染含水层的水文地质条件、污染物的特性，如在均质含水层中，易流动可溶解的污染物，其处理效果好；非均质含水层中，污染物易被吸附，或存在自由相的 NAPLs 时，需要很长时间进行处理。

P&T 需要较长时间的主要原因可归结为地下水污染物浓度的"拖尾"和"反弹"效应。拖尾，就是指抽取处理系统运行到一定阶段后，污染物浓度下降速度逐步减缓的现象；所谓反弹，就是指在抽取过程中断后所出现的污染物浓度快速上升的现象。拖尾和反弹现象的出现主要是由于含水层介质中污染物的吸附／解吸反应、沉淀／溶解反应、地下水流速的改变及含水介质的复杂性等。

如果没有拖尾效应，随着抽水的进行，地下水中的污染物浓度会逐渐降低，最后水中的污染物得以去除。这是基于没有考虑含水层介质中的污染物作用的一种理想状态，实际上这种假设是不存在的。污染场地中，污染物不但存在于地下水中，同时也存在于含水层介质中。当抽取进行时，存在于含水层介质大孔隙通道中的污染地下水首先被抽取出来，表现为抽出的地下水中污染物浓度较大，且随时间不断下降；随着抽取的进行，在含水层介质"骨架"中存在的地下水进入孔隙通道，此时抽取去除的效率受含水层介质骨架中地下水／污染物渗流和迁移控制，在地下水和介质之间存在着污染物迁移分配的动态平衡关系，地下水中污染物浓度的变化受这一平衡关系的控制。当地下水的抽取与污染物在液固体系中的释放达到某种平衡时，表现为抽出地下水中污染物的浓度在某一水平波动，污染物浓度不再快速下降，这就是拖尾效应发生的机理。

地下水污染浓度的"反弹"现象相对容易理解，当 P&T 系统停止运行后，存在于含水层介质骨架中的污染物仍要释放进入地下水中，随着接触时间的增加，其释放量也增加，故地下水中污染物的浓度会发生升高的现象。

含水层介质的渗透性能越差，其发生拖尾和反弹的效应就越强，因为较细的地层介质可以"截留"更多的污染物，并更不容易释放进入地下水中；而分选好的卵砾石等渗透性非常好的含水层，其拖尾和反弹效应不强，因而有较好的修复效果。

2. 抽取处理系统优化

由于污染物的缓慢迁移和相间传输，抽取处理系统需要运行很长时间控制和清除污染地下水。在系统运行过程中，应对获得的相关数据进行阶段性总结分析，不断修正概念模型，优化抽取处理方案，提高系统性能。必要时可以在系统运行的不同阶段，根据实际情况组合其他修复技术。抽取处理系统的性能评估主要通过监测水位和水力梯度，地下水流向、流速，抽取速率，抽出水和处理系统的水质，污染物在地下水和介质中的分布情况等来实现。

3. 表面活性剂强化抽取

表面活性剂强化含水层修复技术（Surfactant enhanced aquifer remediation, SEAR）是对抽取处理技术的改善。表面活性剂能够提高难溶有机污染物在水中的溶解度，并且由于注入冲洗溶液的水力强度而发生运移，然后通过设在含水层中的抽取井造成的水力梯度，将污染物混合液抽取到地表进行分离、处理。

表面活性剂种类繁多，在利用表面活性剂进行修复时，由于表面活性剂的选择直接关系到修复的效率与成本，所以选择合适的表面活性剂至关重要。

（七）抽取处理技术的适用条件

抽取处理技术适合于短时期的应急控制，不宜作为场地污染治理的长期手段。具体特点如下：① 使污染物从地下环境中去除，可用于多种污染物的去除（有机和无机），是污染刚发生时可以采用的应急方法；② 在污染初期，地下水中污染物浓度较高时，有较好的去除效率；③ 抽出的污染地下水可以考虑送入污水处理厂进行处理；④ 随着抽取处理的进行，地下水中污染物的浓度变小，抽取处理的效率降低，出现"拖尾效应"，污染的处理时间较长；⑤ 当停止抽水时，地下水中污染物浓度升高，出现反弹现象。

总之，抽取处理方法可以用于有机或重金属污染地下水的处理，应用较为广泛，其修复效果受诸多因素影响，如场地岩性、污染物形式、含水层厚度、抽水量、抽水方式、井布局、井间距、井数量等；其缺点是达到修复目标所需的修复时间长。

五、污染地下水气体抽提修复

（一）气体抽提原理

气体抽提技术利用真空泵和井，在受污染区域诱导产生气流，将呈蒸气、吸附态、溶解态或者自由相的污染物转变为气相，抽提到地面，然后将抽提的蒸气采用热解氧化法、催化氧化法、活性炭吸附法、浓缩法、生物过滤法及膜分离法等方法进行收集和处理。气体抽提系统包括抽提井、真空泵、湿度分离装置、气体收集管道、气体净化处理设备和附属设备等。

气体抽提技术的基础是污染物质的挥发特性。在孔隙空气流动时，含水层中的污染物质不断挥发，形成蒸气，并随着气流迁移至抽提井，集中收集抽提出来，再进行地面净化处理。因此，气提技术取决于污染物质的挥发特性、土壤和地层结构对气流的渗透特性。气流可以由负压诱导产生，也可以由正压形成。气体在土壤和岩层空隙中的流动呈三维形式。气体流动受许多因素的限制，如包气带岩性、空隙率、空气渗透率、土壤和地层渗透性的各向异性、地下水的埋深、污染泄漏情况和对流导管布置等。

气体抽提技术的主要优点包括：① 能够原位操作，比较简单，对周围干扰小；② 有效去除挥发性有机物；③ 在可接受的成本范围内，能够处理较多受污染的地下水；④ 系统容易安装和转移；⑤ 容易与其他技术组合使用。在美国，气体抽提技术几乎已经成为修复受加油站污染的地下水和土层的"标准"技术。气体抽提技术适用于渗透性较好的均质地层。

(二) 气体抽提过程

气体抽提过程一般分为几个阶段。初期，介质孔隙中空气含有的挥发性有机物处于平衡甚至饱和状态。当开始抽提时，呈饱和平衡状态的气相首先移走，液相状态的有机物传质至气相，并被带出来，气流中有机物浓度相对稳定。当大部分自由相状态的有机物被移走，平衡被破坏，气相移动的速度大于污染物质从液相或者固相挥发传质的速度。此时，液相呈乳化状态或者黏附在土颗粒表面物质逐渐挥发，然后是水相中呈溶解状态物质的挥发，被吸附在土颗粒表面上的有机物脱附。为了有效地增加空气流量，一般用塑料覆盖抽提井周围的地面，使空气在更大范围内扩散，使有限的空气通过更多的土层。周边覆盖还可以减少雨淋，减少水渗流所产生的不利影响。为了提高抽提效果，也可以特别设置空气注入井，直接插入空气难以通过的污染区域。在使用真空泵抽吸时，为减少地下水上升所造成的影响，需要将抽提井的底部封住。

在应用气体抽提技术时，需要考虑污染物特征，如成分、类型、时间、浓度、阶段及分布等，同时考虑环境条件，如水文地质条件、土壤湿度、地表特征、污染水平和垂直范围等。

(三) 抽提蒸气后处理技术

抽提蒸气后处理技术主要有热解氧化技术 (又称为焚烧技术)、催化氧化技术、吸附技术、浓缩、生物过滤、膜分离技术等。

参考文献

[1] 李红清，闫峰陵，江波，等.重大水利工程湿地生态保护与修复技术[M].
    北京：科学出版社，2022.

[2] 崔丽君.水利工程生态环境效应研究[M].长春：吉林科学技术出版社，
    2022.

[3] 杨念江，朱东新，叶留根.水利工程生态环境效应研究[M].长春：吉林科
    学技术出版社，2022.

[4] 蒋红，刘杰，周钟总.大国重器中国超级水电工程水生生态保护研究与实
    践[M].北京：中国水利水电出版社，2022.

[5] 于萍，孟令树，王建刚.水利工程项目建设各阶段工作要点研究[M].长春：
    吉林科学技术出版社，2022.

[6] 董哲仁.河湖生态模型与生态修复[M].北京：中国水利水电出版社，2022.

[7] 王建华，胡鹏.中国水环境和水生态安全现状与保障策略[M].北京：科学
    出版社，2022.

[8] 赵静，盖海英，杨琳.水利工程施工与生态环境[M].长春：吉林科学技术
    出版社，2021.

[9] 王煜，彭少明，葛雷.大型水利枢纽工程生态效益评估关键技术[M].北京：
    中国水利水电出版社，2021.

[10] 董永立.城市生态水利规划研究[M].长春：吉林科学技术出版社，2021.

[11] 舒乔生，侯新，马焕春.城市河流生态修复与治理技术研究[M].郑州：黄
    河水利出版社，2021.

[12] 聂菊芬，文命初，李建辉.水环境治理与生态保护[M].长春：吉林人民出
    版社，2021.

[13] 闫少锋，李瑞清，许明祥.基于汉北流域水循环与水环境恢复的河流生态
    需水量研究[M].郑州：黄河水利出版社，2021.

[14] 刘利文，梁川，赵璐.大中型水电工程建设全过程绿色管理[M].成都：四
    川大学出版社，2021.

[15] 魏永强.现代水利工程项目管理[M].长春：吉林科学技术出版社，2021.

[16] 曹刚，刘应雷，刘斌．现代水利工程施工与管理研究 [M].长春：吉林科学技术出版社，2021.

[17] 张燕明．水利工程施工与安全管理研究 [M].长春：吉林科学技术出版社，2021.

[18] 谢金忠，郑星，刘桂莲．水利工程施工与水环境监督治理 [M].汕头：汕头大学出版社，2021.

[19] 丹建军．水利工程水库治理料场优选研究与工程实践 [M].郑州：黄河水利出版社，2021.

[20] 贺国林，张飞，王飞．中小型水利工程施工监理技术指南 [M].长春：吉林科学技术出版社，2021.

[21] 张永昌，谢虹．基于生态环境的水利工程施工与创新管理 [M].郑州：黄河水利出版社，2020.

[22] 张伟，蒋磊，赖月媚．水利工程与生态环境 [M].哈尔滨：哈尔滨地图出版社，2020.

[23] 程玉彬，周艳辉，齐鑫．水利工程技术与生态环境监测 [M].长春：吉林科学技术出版社，2020.

[24] 倪泽敏．生态环境保护与水利工程施工 [M].长春：吉林科学技术出版社，2020.

[25] 严力蛟，蒋子杰．水利工程景观设计 [M].北京：中国轻工业出版社，2020.

[26] 谢文鹏，唐文超．水利工程施工新技术 [M].北京：中国建材工业出版社，2020.

[27] 林雪松，孙志强，付彦鹏．水利工程在水土保持技术中的应用 [M].郑州：黄河水利出版社，2020.

[28] 赵永前．水利工程施工质量控制与安全管理 [M].郑州：黄河水利出版社，2020.

[29] 刘志强，季耀波，叶成恒．水利水电建设项目环境保护与水土保持管理 [M].昆明：云南大学出版社，2020.

[30] 许建贵，胡东亚，郭慧娟．水利工程生态环境效应研究 [M].郑州：黄河水利出版社，2019.

[31] 张亮．新时期水利工程与生态环境保护研究 [M].北京：中国水利水电出版社，2019.

[32] 郝建新．城市水利工程生态规划与设计 [M].延吉：延边大学出版社，2019.

[33] 董哲仁．生态水利工程学 [M].北京：中国水利水电出版社，2019.